操作	函数
文档	宏

职场精英
Excel
效率倍增手册

[日]日经PC21 / 编
Nikkei PC21
朱立坤、刘毅 / 译

中国青年出版社

律师声明

　　北京市中友律师事务所李苗苗律师代表中国青年出版社郑重声明：本书由日本日经BP社授权中国青年出版社独家出版发行。未经版权所有人和中国青年出版社书面许可，任何组织机构、个人不得以任何形式擅自复制、改编或传播本书全部或部分内容。凡有侵权行为，必须承担法律责任。中国青年出版社将配合版权执法机关大力打击盗印、盗版等任何形式的侵权行为。敬请广大读者协助举报，对经查实的侵权案件给予举报人重奖。

侵权举报电话

全国"扫黄打非"工作小组办公室　　　　中国青年出版社
010-65233456 65212870　　　　　　010-59231565
http://www.shdf.gov.cn　　　　　　　E-mail: editor@cypmedia.com

版权登记号:01-2019-3528

图书在版编目（CIP）数据

职场精英Excel效率倍增手册 / 日本日经PC21编; 朱立坤,刘毅译
. — 北京:中国青年出版社,2020.7
ISBN 978-7-5153-5980-9

I.①职… II.①日… ②朱… ③刘… III.①表处理软件 IV.①TP391.13

中国版本图书馆CIP数据核字（2020）第042744号

职场精英Excel效率倍增手册

[日] 日经PC21 / 编　朱立坤、刘毅 / 译

出版发行: 中国青年出版社
地　　址: 北京市东四十二条21号
邮政编码: 100708
电　　话: （010）59231565
传　　真: （010）59231381
企　　划: 北京中青雄狮数码传媒科技有限公司

策划编辑: 张 鹏
责任编辑: 张 军
封面设计: 乌 兰

印　　刷: 北京瑞禾彩色印刷有限公司
开　　本: 880×1230 1/32
印　　张: 11.5
版　　次: 2020年7月北京第1版
印　　次: 2020年9月第4次印刷
书　　号: ISBN 978-7-5153-5980-9
定　　价: 88.00元（附赠独家秘料,加封底QQ群获取

本书如有印装质量等问题，请与本社联系
电话: （010）59231565
读者来信: reader@cypmedia.com
投稿邮箱: author@cypmedia.com
如有其他问题请访问我们的网站: http://www.cypmedia.com

前言

Excel现已成为日常工作中不可或缺的办公软件。由于其具有强大的功能，几乎可以应用到所有的办公场合。正因为其应用范围广泛，只要稍稍掌握一些操作技巧，就可以大幅提高工作效率。

在那些能够灵活掌握和运用Excel操作技巧的人中，恐怕自学成才的人要占到多数。但这些读者可能会遗漏一些可以使操作更加简便的实用技巧。本书从各个要点的本质出发向读者阐述Excel的使用技巧，但这样做绝不是舍近求远，因为只有掌握真正解决问题的能力才是王道。

本书主要分为"操作"、"函数"、"文档·制图"和"编程（宏）"等四部分，内容全部是涉及日常工作的题材，可以更加有效地学习Excel。如果是初次接触Excel的读者，请从开头的"基础篇 Excel入门"开始阅读。

在本书中我们使用了超过千份的Excel截图，希望速成的读者只需通过浏览图片即可掌握相关要点。我们在这些截图中将需要注意的部分也加以注释。同时考虑到某些细微操作容易混淆，我们使用数字进行顺序标识。当然，如果能够更深入地阅读正文，读者还会获得更多的知识与信息。

我们准备了内容丰富的示例，这些文件可以直接下载，共计50个文件夹、314份工作表。读者使用这些工作表动手实操，可以更加真切地掌握Excel实用技巧。

我们在书籍装订方面也有所考虑，使其可以放在桌子上180°展开，方便读者在操作电脑时阅读本书。

建议读者将本书常置案头，增强自身Excel技能，提高工作效率。

（日）日经PC21

Contents 目录

Contents

Contents

Contents

Excel入门

在 学习Excel使用方法之前，让我们先温习一下Excel启动和保存的方法，以及打印设置等基础功能。

首先我们从界面构成与选项卡名称开始介绍。**图1**为启动Excel后的界面，界面最上部条状范围被称为选项卡，这里的每个按钮可以实现不同的功能。经常使用的功能也可以通过"自定义快速访问工具栏"进行操作。下面网格状的区域被称为"工作表"，每个格子被称为"单元格"，在这里可以输入数字、文字、算式等，从而形成一个表格文件。

❶界面构成

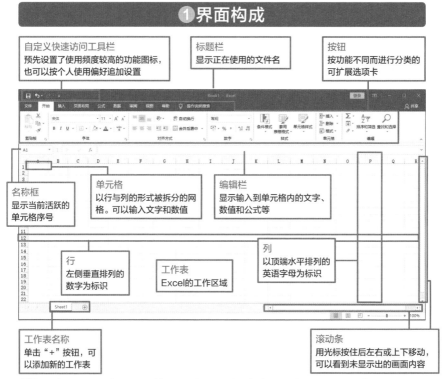

自定义快速访问工具栏
预先设置了使用频度较高的功能图标，也可以按个人使用偏好追加设置

标题栏
显示正在使用的文件名

按钮
按功能不同而进行分类的可扩展选项卡

名称框
显示当前活跃的单元格序号

单元格
以行与列的形式被拆分的网格。可以输入文字和数值

编辑栏
显示输入到单元格内的文字、数值和公式等

行
左侧垂直排列的数字为标识

工作表
Excel的工作区域

列
以顶端水平排列的英语字母为标识

工作表名称
单击"＋"按钮，可以添加新的工作表

滚动条
用光标按住后左右或上下移动，可以看到未显示出的画面内容

⬆**图1** 是打开Excel程序后所显示的界面。这里需要牢记各选项卡下按钮的名称。尽管我们在文中介绍时使用的是Excel 2016，但其他版本名称几乎也都一致。

根据显示窗口的大小，功能选项卡的配置与形状会发生相应变化

需要强调的一点是：在界面上部的功能选项卡有时会发生"形变"的现象。这是由于窗口的宽窄与界面解析度的不同，选项卡自动改变了按钮的设置与形状（**图2**）。例如在图2的上图中，"对齐方式"与"数字"选项组中排列了很多图标，只需单击一次即可实现其功能。然而，在窗口变窄的下图中，只显示出了选项组的名称。此时，就需要先单击"对齐方式"等选项组中的下三角按钮▼后，才能看到该组中所包含的所有功能按钮的图标。

另外，尽管Excel中通常以"图标+帮助提示"的方式显示各个按钮，但当窗口变窄时只能显示出图标。如果想要获得某一按钮的功能提示，则需要将光标放在该按钮上，这时Excel会自动显示出该按钮的帮助提示，在不熟悉该按钮的功能时可以此作为参考。

接下来让我们看看Excel的打开与保存操作。想要打开Excel时，可以单击"开始"菜单按钮，在应用程序列表中选择Excel选项（下页**图3**）。具体操作是：在缩略字母一览表中，选择E选项，即可找到Excel。如果是Excel 2013或2010版本，则需要在Microsoft Office的M中寻找。

自Excel 2013以后的版本，当启动Excel后首先会显示最近使用的文档和模板，如果想要看到图1中的界面，选择"空白工作簿"选项即可。

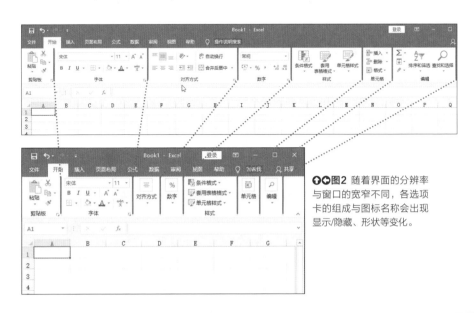

◐◑**图2** 随着界面的分辨率与窗口的宽窄不同，各选项卡的组成与图标名称会出现显示/隐藏、形状等变化。

❷启动与保存

●从开始菜单打开Excel

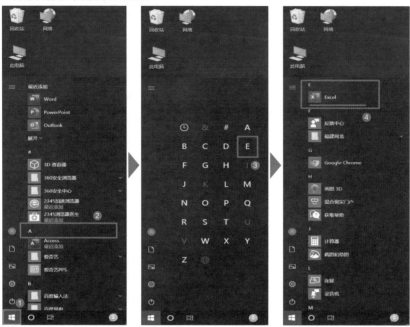

⬆**图3** 单击"开始"菜单按钮（❶），在应用程序列表中找到Excel选项吧。点击英文首字母或汉字名称首字母缩写（❷），找到E（❸），以E开头的程序或文件夹会置顶排序（❹）。如果是Excel 2013或Excel 2010版本，则需要先找到Microsoft Office 2013或Microsoft Office 2010文件夹，然后从英文字母M开始搜索。

　　如果要打开已有文件，则在文件资源管理器中双击该文件，在读取文件的同时Excel会自动启动并打开该文件。

　　保存文件时，在"文件"选项卡中选择"另存为"选项，在右侧面板中选择"这台电脑"或"浏览"选项，可以将文件保存在本地硬盘中（**图4**、**图5**）。

打印前设定纸张的方向与尺寸等内容后，预览确认

　　制作完成后的表格，在打印前需要再次确认。如果能在打印输出前确认文件的内容与格式，可以对错误的出现防患于未然。在"文件"选项卡中选择"打印"选项，右侧会出现预览画面（**图6**），可以放大预览界面，也可以确认每一页的内容。

●在"文件"选项卡中保存

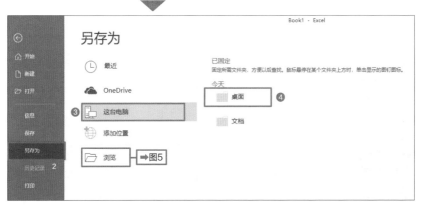

图4 保存时在"文件"选项卡中选择"另存为"选项（❶❷）。在右侧面板中选择"这台电脑"选项（❸），然后在右侧选择需要保存的文件位置（❹）。

◆图5 在图4中选择"浏览"选项后，可以打开"另存为"对话框，将文件保存到指定的文件夹中，输入文件名后单击"保存"按钮即可（❶~❸）。

❸打印预览与打印

●在打印预览中确认表格内容

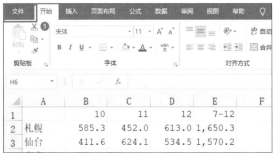

◖◗**图6** 执行"文件"→"打印"操作，打开打印预览与打印的设定界面（❶ ❷）。在打印页数较多时，单击▶按钮可以转至下一页，单击◀按钮可以返回前一页（❸）。单击"缩放到页面"按钮，可放大预览界面（❹）。

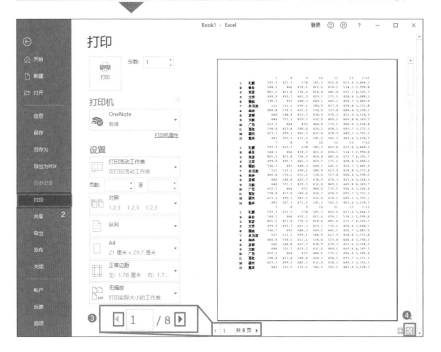

在"打印"面板中还可以设定纸张方向与页边距（**图7**）。如果出现少部分内容到第二页的情形，可以将第一页页边距缩小一些。图7中设置的内容，会立即显示在右侧预览界面中。

所有设置完成并确认预览后，单击"打印"按钮，即可将文件付之印刷了。

●调整设定后打印

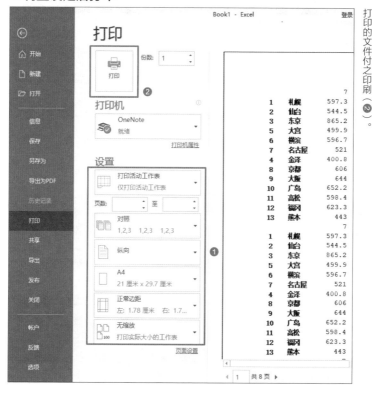

通过"Excel选项"对话框灵活进行自定义设置

最后，介绍一下"需要掌握的便捷设置变更方法"。首先从用户名的变更开始（**图8、图9**）。所谓的"用户名"就是在保存界面等处显示的"作者名"。"审阅"选项卡下"新建批注"（Excel 2013/2010版本显示为"添加批注"）中也会显示作者名，因此将内部文件与外部文件区分使用会更安全。变更需在"Excel选项"对话框中进行。首先在对话框左侧选择"常规"选项，然后在右侧面板中的"用户名"文本框中输入替换名称即可。这项设置在Word与PowerPoint中也通用。

在"Excel选项"对话框中，还可以变更其他的多种设置。例如，在"常规"选项面板中设置新建文档的工作表数，"高级"选项面板中可以对单元格移动方向进行调整等。

❹设置的变更

●用户名变更

◐◑图8 在"文件"选项卡下选择"选项"选项,会自动打开"Excel选项"对话框的"常规"设置面板(**❶**)。在"对Microsoft Office进行个性化设置"选项区域中填入新的用户名(**❷**)。在此处设定的用户名在Word等Office软件中是通用的。

◐图9 用户名可以显示在文档的属性中。例如,在"另存为"对话框里就能看到"作者"一项。

最后介绍一下能够提高工作效率的用户自定义设置。

自定义快速访问工具栏位于工作界面的左上角,此处可以添加一些常用的功能按钮。Excel默认设定的按钮有"保存""撤销""恢复"等。添加如"打印预览"或"新建"等经常使用的功能按钮后,单击即可执行对应的操作,从而

●为自定义快速访问工具栏添加功能

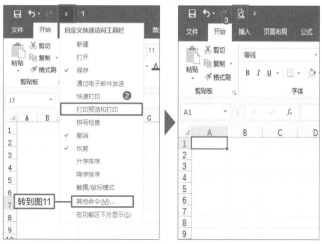

⇪图10 单击"自定义快速访问工具栏"下三角按钮,选择要添加的功能选项。在示例界面中,我们选择了"打印预览和打印"选项(❶❷)。选择后,在快速访问工具栏中可以看到新添加的功能按钮(❸)。

⇪图11 如果需要添加的功能在"自定义快速访问工具栏"下拉列表中没有找到,选择图10下拉列表中的"其他命令"选项,在打开的面板中选择需要添加的功能(❶~❸)。

缩短时间,提高效率(**图10**)。打开**图11**的设定界面后,可以添加如"冻结窗格"等高级阶段的功能按钮,从而免除了执行"视图"→"冻结窗格"→"冻结窗格"的烦琐操作,只需光标单击一次"自定义快速访问工具栏"的按钮,即可完成,省时省力。

Part 1

操作

在Excel中隐藏着许多相见恨晚的使用窍门,
有如此简便快捷的操作方法,
真希望早点就学会了。
在本章中,
我们将学习各种高效的使用方法。

文 / 五十岚俊辅、石坂勇三、仙石诚、土屋和人、服部雅幸

总论

在职场上学不到的高效技能

在使用效率方面，似乎没有哪种软件能像Excel一样，将新手与老手之间的差距表现得如此淋漓尽致。或许，在你的身边，对于同一项工作，有的人可以5分钟轻松搞定，而有的人即使20分钟或30分钟也不能处理得很利索。

二者间的差距就在于，是否积累了对细微操作灵活运用的技巧。按照自己的想法将表格清晰地表现出来，轻松地画几条线，按照要求的格式将日期正确地表示，这些小技巧的积累，对于日常工作中提高效率是非常有帮助的（**图1~图4**）。与其掌握那些高度复杂的函数或编程（VBA），不如重新梳理一下基本的操作技巧，这样对于提高效率更有帮助。

然而，在碰到棘手的问题时，多数的基础操作还是需要依靠自己独特的方式处理的。例如，在公司实习时曾学习过复制与粘贴的技巧，像使用"鼠标拖曳完成替换（移动·插入）"这样的实用小技巧很难会被注意到，如图1所示。要么是自学成才，要么是请教身边有耐心的Excel高手（碰到的话就是幸运）。

因此，在本章中，我们将介绍关于编辑、输入、格式、加工等Excel基本操作方面的高效技能。

满满的大技巧、小窍门和基础知识

● 使用鼠标拖曳便捷地完成数据替换

你了解拖曳替换功能吗？

2	仙台	544.5	466	410.1
3	东京	865.2	821.8	736.2
4	大宫	499.9	493.7	665.3
5	横滨	596.7	493	648.3
6	名古屋	521	531.1	699.1
7	金泽	400.8	570.5	651.1
8	京都	606	548.8	622.7
9	大阪	644	725.3	829.5
10	广岛	652.2	464	452
11	高松	598.4	413.8	580.6
12	福冈	623.3	499.3	682.5

啊？还有这回事？

P24

○ **图1** 作为本章中介绍Excel实用技巧与基础知识的一项内容，按住Shift键的同时用鼠标进行拖曳，即可实现数据的替换。

● 平均拆分与单元格合并的技巧

		C	D	E	F
	厂商	丰田	本田	铃木	大发
轻型车	驱 动 方 式	FF		4WD	
	排气量 [cc]	658			
	油耗 [km/L]	33.4	34.5		33.4
	座 数	4		2	
	新 车 价 格	¥1,250,000	¥1,330,000	¥1,620,000	¥1,___,000

想做成
这样的表格

P68

◑ 图2 在对"有内容的单元格"进行平均拆分或数据排序时，如果掌握技巧就可以很容易地完成工作。

● 表示日期的格式多种多样

P88

同一数值的
显示方式可以
多种多样

	A
	42732
	42732
	42732
	42732
	42732
	42732
	42732
	42732
	42732
	42732

	A
1	2016/12/28
2	上午12时00分00秒
3	2016年12月28日
4	2016年12月28日（三）
5	2016年12月28日 星期三
6	平成28年12月28日
7	平成28年12月28日（星期三）
8	H28.12.28
9	28-Dec-16
10	28-Dec-16 Wed
11	28-Dec-16 Wednesday

妈呀，
这么多！

◑ 图3 在Excel中处理日期数据时非常容易让人抓狂。日期数据的格式非常多，掌握这些格式的结构，可以很容易切换到自己喜欢的格式。

● 将标准的表格以明了易懂的形式重新排列

P104

	A	B	C	D
1	姓名	注音假名	Email	TEL
2	富田 和明	トミタ カズアキ	kazu@example.com	090-0123-4567
	かなえ	オオモリ カナエ	kanae@example.com	090-0234-5678
	纯	オオコウチ ジュン	jun@example.com	090-0345-6789
	太	スズキ ショウタ	shuota@example.com	090-0567-8901
	人	ヤベ ハヤト	yabe@example.com	090-0678-9012
8				
9				
10				
11				
12				
13				
14				

这里有100条
数据，想排列
成右图的样子

	A	B
1	地址簿（用于印刷）	
2	富田 和明	kazu@example.com
3	トミタ カズアキ	TEL 090-0123-4567
4	大森 かなえ	kanae@example.com
5	オオモリ カナエ	TEL 090-0234-5678
6	大河内 纯	jun@example.com
7	オオコウチ ジュン	TEL 090-0345-6789
8	铃木 翔太	shuota@example.com
9	スズキ ショウタ	TEL 090-0567-8901
10	矢部 隼人	yabe@example.com
11	ヤベ ハヤト	TEL 090-0678-90__
12		
13		
14		
15		
16		

◑ 图4 可以通过简单的操作用清晰明了的形式将表格中的通讯簿重新排列，即使数量再多也不用担心。

通过拖曳快捷实现数据替换

编辑篇

"将这几项排列在上面""还是将这行放在前面好"——在完成一份表格后，总会觉得有更好的排列方式，伴随着这样的反复摸索，对数据进行重新排列。

但是有没有高效的排序操作呢？让我们思考一下，如何将来自不同地区分店销售额的汇总数据按照一定顺序重新排列（**图1**）。

如果没有掌握这个窍门，你会花费大量时间！

		10	11	12	7-12
4	札幌	585.3	452.0	613.0	1,650.3
5	仙台	411.6	624.1	534.5	1,570.2
6	名古屋	584.9	617.9	418.8	1,621.6
7	金泽	536.0	527.4	604.4	1,667.8
8	东京	818.4	681.4	672.7	2,172.5
9	横滨	649.1	645.1	450.7	1,744.9
10	大宫	429.7	571.5	428.4	1,429.6
11	京都	638.9	670.3	431.6	1,740.8
12	大阪	632.0	869.1	669.8	2,170.9
13	广岛	464.0	572.2	496.0	1,532.2

◐ **图1** 将表格中红色与蓝色的数据进行互换，是在完成一份表格时经常会发生的事情。完成这项操作的最佳方式就是使用鼠标进行拖曳。虽然通过复制粘贴也能完成这项操作，但复杂的操作流程会浪费掉很多时间。若想提高Excel的使用效率，请先从这里着手。

对使用效率完全没有概念的初学者来说，首先想到的就是复制粘贴。以图1为例，首先将名古屋与金泽的数据进行剪切，并将其粘贴在临时位置。再将从东京到大宫的数据按照"剪切"和"粘贴"的步骤上移，最后将临时安置的名古屋与金泽的数据下移，完成操作。尽管这样的步骤也能达到最终效果，但从效率的角度来看，本书对此只能打出满分的一半，即五十分。

有读者可能会说，如果使用诸如Ctrl+X或Ctrl+V等快捷键，操作会更加简便呢？然而，即便如此，最多也只能给到六十分。如果还想继续提高分数，那就试试使用鼠标对单元格进行拖曳来实现移动·插入的操作方法吧。

按住Shift键后出现H就意味着可"移动·插入到这里"

首先，演示一个简单的单个单元格替换示例（**图2**）。

单击选定想要移动的单元格。之后，将光标移至外框上，会出现一个带有四个方向的箭头，此时就可以进行拖曳了。将鼠标向上下左右移动时，这个四边形方框也会随之移动。

现在开始要划重点了，当将其拖到想要插入的位置时，按住Shift键，一直呈现出四边形的方框，瞬间变成了一个扁平的H形状。这表示"如果将鼠标松开就可以将其移动·插入到这里"的意思。

按住Shift键的同时移动按住的鼠标，当H出现在目标位置时，松开鼠标按键。需要注意的是，如果此时先松开Shift键，将会导致拖曳失败。要确认已经将单元格移动·插入到目标位置后再松开Shift键。

在这项操作中，尽管是通过Shift键+拖曳而完成的，但并不意味着需要一直按住Shift键。只有在达到目标位置时，松开鼠标的时候按住即可。

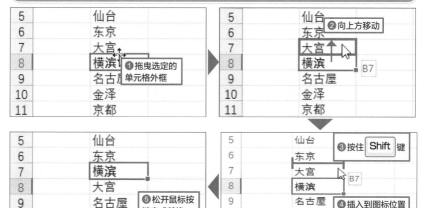

按住Shift键，拖曳单元格实现插入

⬆图2 想要将"横滨"移动至"东京"与"大宫"之间。重点是Shift键。首先选择想要移动的单元格，按住外框进行拖曳（**❶❷**）。拖曳中按住Shift键，会出现H形状（**❸**）。经过位置调整后松开鼠标（**❹❺**）完成替换。

想摆脱复杂的键盘操作就用右键拖曳

用同样的操作方法，还可以完成表格中特定行的替换，或数行内容的整体替换（**图3~图5**）。牢记替换时要同时按住Shift键+鼠标拖曳。

试着操作以行为单位的替换

4	札幌	585.3	452.0	613.0	1,650.3
5	仙台	411.6	624.1	534.5	1,570.2
6	东京	818.4	681.4	672.7	2,172.5
7	大宫	429.7	571.5	428.4	1,429.6
8	横滨	649.1	645.1	450.7	1,744.9
9	名古屋	584.9	617.9	418.8	1,621.6
10	金泽	53		604.4	1,667.8
11	京都			431.6	1,740.8

❶选择替换范围，拖曳外框

4	札幌	585.3	452.0	613.0	1,650.3
5	仙台	411.6	624.1	534.5	1,570.2
6	东京	818.4	681.4	672.7	2,172.5
7	大宫	429.7	571.5	428.4	1,429.6
8	横滨	649.1	645.1	450.7	1,744.9
9	名古屋			418.8	1,621.6
10	金泽			604.4	1,667.8

B7:F7

❷拖曳过程中按住 **Shift** 键

4	札幌	585.3	452.0	613.0	1,650.3
5	仙台	411.6	624.1	534.5	1,570.2
6	东京	818.4	681.4	672.7	2,172.5
7	横滨	649.1	645.1	450.7	1,744.9
8	大宫	429.7	571.5	428.4	1,429.6
9	名古屋	584.9	617.9	418.8	1,621.6
10	金泽			604.4	1,667.8
11	京都	638.9	670.3	431.6	1,740.8

❸松开鼠标完成替换

◆**图3** 在进行以行为单位的移动·插入时，也可以使用Shift键进行操作。将单元格选定后按住Shift键+拖曳，当出现横向的巨大H时，将其拖曳到目标位置后松开鼠标即可（❶~❸）。

数行替换的方法一样

将上面的2行移到下面

	札幌	585.3	452.0	613.0	1,650.3
	仙台	411.6	624.1	534.5	1,570.2
	名古屋	584.9	617.9	418.8	1,621.6
7	金泽	536.0	527.4	604.4	1,667.8
8	东京	818.4	681.4	672.7	2,172.5
9	横滨	649.1	645.1	450.7	1,744.9
10	大宫	429.7	571.5	428.4	1,429.6
11	京都	638.9	670.3	431.6	
12	大阪	632.0	869.1	669.8	2,170.9
13	广岛	464.0	572.2	496.0	1,532.2

将下面的3行插入到上面

◆**图4** 用上面的方法也可将数行的内容一起完成替换。让我们试着将从"东京"到"大宫"之间的所有数据移动到"仙台"与"名古屋"之间。这样的情形在实际作表时是随处可见的。

对于不习惯使用键盘操作的读者，我们推荐使用鼠标右键进行拖曳的操作方式（**图6**）。选定某个单元格或数个单元格后，按住鼠标右键拖曳其外框，在到达目标位置时松开鼠标，会弹出快捷菜单，根据菜单提示选择处理方法，在移动·插入时将该内容"移动选定区域，原有区域下移"即可。当然，与后文中将会介绍的Ctrl+拖曳（第30页图11）功能相同的"复制此处"，Ctrl+Shift+拖曳功能相同的"下移后复制"等命令也是可以使用的。

需要注意的是，使用拖曳进行"移动·插入"时，格式也会随着一同被替换，而且边框线也会随之移动。下一章会介绍不移动边框线的替换（排序）方式。

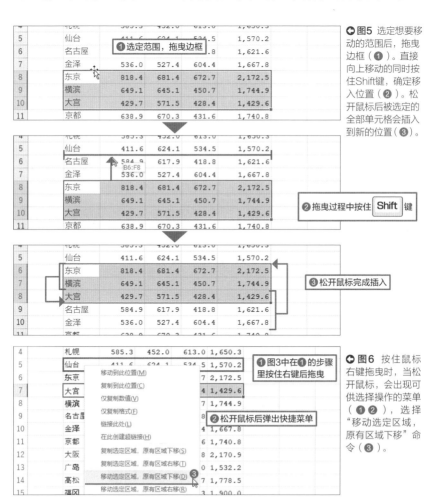

○**图5** 选定想要移动的范围后，拖曳边框线（**1**）。直接向上移动的同时按住Shift键，确定移入位置（**2**）。松开鼠标后被选定的全部单元格会插入到新的位置（**3**）。

❷拖曳过程中按住 **Shift** 键

❸松开鼠标完成插入

○**图6** 按住鼠标右键拖曳时，当松开鼠标，会出现可供选择操作的菜单（**1**、**2**），选择"移动选定区域，原有区域下移"命令（**3**）。

❶图3中在❶的步骤里按住右键后拖曳

❷松开鼠标后弹出快捷菜单

列替换OK，但有时也会出现NG

使用拖曳方式替换单元格，不仅仅在行的方向可以操作，在列的方向也是通用的。当拖曳选定范围的外框时按下Shift键后，H变成了I形状（**图7**）。这表示列方向"移动·插入"的位置，其他的基本操作方式与在行的方向上的操作方法是相同的。

除了替换操作，还可以对表格中的任何位置进行"移动·插入"的操作，目标位置的单元格向下移动，而所选范围的列并不发生任何移动，如**图8**所示。

当需要在任意位置执行"移动·插入"操作时，要注意拖曳的目标位置，因为不同的位置，可能不会出现H或I的图形（**图9**）。

通常情况下，向正上方、正下方和左右两侧拖曳都没有问题。而当所选择的拖曳内容与目标位置在行或列上出现部分重合时，是不会出现H或I形状的图形的。这是由于在向该位置执行移动·插入操作时，会由于移动而破坏行或列的完整性。因此，在进行"移动·插入"操作时，无论是向正上方、正下方还是左右两侧，尽量选择那些不会对原来的选择范围产生影响的位置进行移动。

可能有很多Excel中级使用者并不熟悉Shift+拖曳的操作方式，但却对拖曳所选单元格外框的操作耳熟能详。因此，有必要再复习一下这一操作要点。

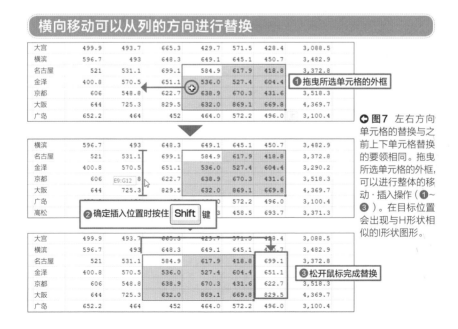

横向移动可以从列的方向进行替换

❶拖曳所选单元格的外框

❷确定插入位置时按住 **Shift** 键

❸松开鼠标完成替换

◆**图7** 左右方向单元格的替换与之前上下单元格替换的要领相同。拖曳所选单元格的外框，可以进行整体的移动·插入操作（❶~❸）。在目标位置会出现与H形状相似的I形状图形。

28

向任意位置进行移动·插入操作

横滨	596.7	493	648.3	649.1	645.1	450.7	3,482.9
C9:E12	521	531.1	699.1	584.9	617.9	418.8	3,372.8
金泽	400.8	570.5	651.1	536.0	527.4	604.4	3,290.2
京都	606	548.8	622.7	638.9	670.3	431.6	3,518.3
大阪			829.5	632.0	869.1	669.8	4,369.7
广岛	652		452	464.0	572.2	496.0	3,100.4
高松	598.4	413.8	580.6	626.3	458.5	693.7	3,371.3
福冈	623.3	499.3	682.5	632.4	618.3	649.3	3,705.1
熊本	443	567.3	671.1	541.2	502.5	403.6	3,128.7

❶插入任意位置

横滨	596.7	493	648.3	649.1	645.1	450.7	3,482.9
名古屋	584.9	617.9	418.8				1,621.6
金泽	536.0	527.4	604.4				1,667.8
京都	638.9	670.3	431.6				1,740.8
大阪	632.0	869.1	669.8				2,170.9
广岛	521	531.1	699.1	464.0	572.2	496.0	3,283.4
高松	400.8	570.5	651.1				3,400.9
福冈	606	548.8	622.7				3,677.5
熊本	644	725.3	829.5	541.2	502.5	403.6	3,646.1
	652.2	464	452				
	598.4	413.8	580.6				
	623.3	499.3	682.5				
	443	567.3	671.1				

❸单元格原来的位置变成空白

❷将插入部分相对应的单元格下移

❸ 图8 "插入移动"作为移动单元格的一项基本功能，不仅可以在行与列之间进行替换操作，也可以向任意位置进行插入操作（❶~❸）。操作完成后，单元格原来的位置会变成空白。

注意无法进行插入操作的位置

◯对目标位置无影响

可以执行插入操作的移动状态

◯同列内范围（上下）

◯同行内范围（左右）

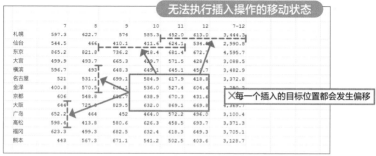

无法执行插入操作的移动状态

✕每一个插入的目标位置都会发生偏移

❸ 图9 有时，即使按住Shift键对所选择的范围进行拖曳，光标形状也不能变成H或I的图形。这是由于执行移动·插入操作会破坏原有单元格的整体性，而对该位置无法进行操作。

使用Ctrl键进行复制，使用Alt键进行工作表切换

通常，拖曳所选单元格的外框可以完成单元格的移动（**图10**），而按住Ctrl键进行拖曳时就可以实现对单元格的复制（**图11**）。如果将Shift+Ctrl+拖曳合在一起，可以实现将所选范围复制后插入的操作。如前文一样，当松开鼠标时按住Shift+Ctrl组合键即可。在拖曳过程中，反复按住上述两枚键，就可以随时在不同的处理方式之间相互切换。

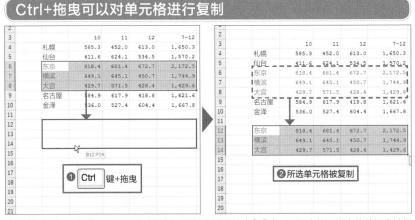

单纯地拖曳可以对单元格进行移动

◆**图10** 如果不按Shift键而拖曳所选单元格外框，就可以移动数据（❶❷），单元格原来的位置会变成空白，目标位置会被新的数据所覆盖。

Ctrl+拖曳可以对单元格进行复制

◆**图11** 按住Ctrl键的同时进行拖曳的话，数据会被覆盖（❶❷），即原来单元格内的数据会被保留，而插入位置的单元格会被新的数据所覆盖。

使用Alt键可在不同的工作表之间进行切换。在用鼠标拖曳所选单元格外框的同时按住Alt键，将光标移到工作表标题栏时会自动切换到新的工作表（**图12**）。需要注意的是，如果拖曳时没有按住Alt键，即使将光标放在工作表标题栏，也不会切换，而只是画面的上下滚动而已。

工作表切换后即可松开Alt键。之后可以在该工作表上进行拖曳操作，也可以组合使用Ctrl、Shift等键进行"移动·插入·复制"等操作。

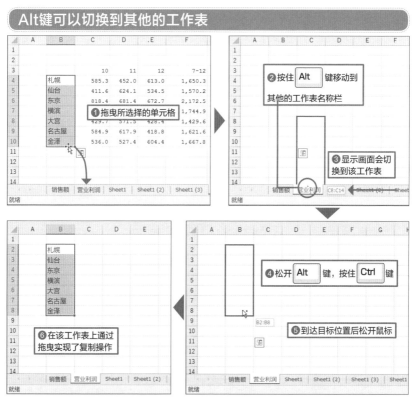

❶图12 在拖曳选定单元格外框时按住Alt键，将光标移动到其他工作表的标题栏，显示画面会切换到该工作表。此方法可以在拖曳操作过程中实现工作表的切换，并在该工作表中进行单元格的移动或复制操作（❶~❻）。

高效排序的妙招
高级篇

编辑篇

在上一部分我们介绍了使用Shift键+拖曳功能对表格进行替换操作的高效技巧，可是操作中也会出现不尽如人意的地方。例如，在**图1**整齐的边框线面前，如果使用Shift键+拖曳操作对表格的部分进行替换时，边框线会被一起移动（**图2**）。

Shift键+拖曳并不是无所不能的

通常情况，我们总是希望在使用Shift键+拖曳功能对表格的内容进行完善后，作为最后润色的手段而对其画上边框线。但实际上，我们经常会从他人处获得表格，在替换数据时无视这些边框线。在本章中，我们将介绍处理这种情况的高级技巧。

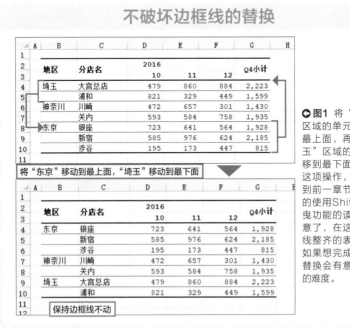

不破坏边框线的替换

◆**图1** 将"东京"区域的单元格移到最上面，再将"埼玉"区域的单元格移到最下面。对于这项操作，立即想到前一章节中介绍的使用Shift键+拖曳功能的读者要注意了，在这份边框线整齐的表格中，如果想想完成数据的替换会有意想不到的难度。

忽略边框线完成数据的替换，核心技巧是使用Excel的排序功能。很多读者都在通讯录或账簿中使用过排序功能，打开"数据"选项卡，在"排序和筛选"选项组中找到"升序"、"降序"和"排序"等按钮（在"开始"选项卡中也能找到"排序和筛选"按钮）。在Excel中通过这些功能可以使表格的内容随心所欲地排序，并且在排序时，边框线不会受到任何影响。

然而，像图1中的这种情况，若不下一番功夫仔细思考，恐怕无法获得理想的排序效果。

为了避免破坏边框线，需要下一番功夫

以"升序"按钮为例，它的功能是将所选的单元格或活动的单元格（在所选范围内反转为白色的单元格）以列为基准，将表格中的数值以行为单位从小到大进行排序。但在图1中并没有适合做基准的单元格。在"地区"栏中加入了以"埼玉"等内容为开头的行，但这并不能称为排序的基准。而且，如果以地区的日语名称进行排序，就会按照日语假名的顺序排列成"神奈川"、"埼玉"和"东京"，而没有达到图1中的要求。

拖曳操作会破坏边框线

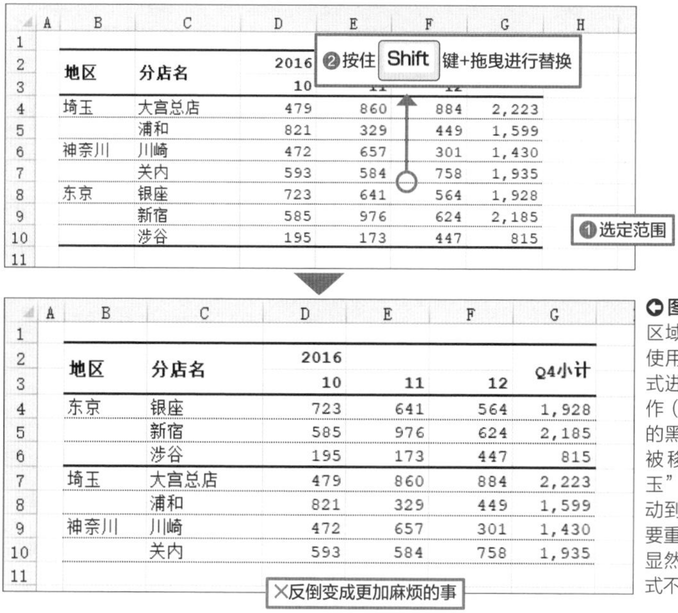

❷按住 Shift 键+拖曳进行替换

❶选定范围

×反倒变成更加麻烦的事

◀图2 选择"东京"区域的单元格，如果使用Shift+拖曳的方式进行移动，插入操作（❶❷），最下面的黑色粗边框线也会被移动。当将"埼玉"区域的单元格移动到最前面时，则需要重新画一条边框线。显然，这样的操作方式不是明智之选。

加上1、2、3…的序号后排序

利用旁边的空白列

❶在"东京"行输入1

地区	分店名	2016			Q4小计
		10	11	12	
埼玉	大宫总店	479	860		
	浦和	821	329		
神奈川	川崎	472	657	301	1,430
	关内	593	584	758	1,935
东京	银座	723	641	564	1,928	1
	新宿	585	976	624	2,185
	涩谷	195	173	447	815

❷将光标放在单元格右下方

❸当光标变成"+"后向下拖曳

❹如此操作后"东京"的三行单元格都被输入了1

❺在其他的两个地区的单元格内重复上述操作，输入2和3

❶ 图3 此处的操作重点是在表格旁边的空白列输入序号，以此为基准进行排序。使用自动填充功能（参照42页和112页），将"东京"区域、"神奈川"区域和"埼玉"区域分别设置为1、2和3（❶~❺）。

　　此时，我们需要转换一下思路，如果表格中没有适合作为排序基准的话，我们不妨自设一下。

　　在相邻的空白单元格内填入序号，以此为基准进行排序。这个方法可以轻松地实现图1中的要求。具体操作方法如**图3~图5**所示。

　　现在，我们已经为"东京""神奈川"和"埼玉"分别填入了用来排序的数字1、2和3。以"东京"区域为例，其包含的所有分店都被用1所标识，在相同的序号下，并不打乱原有的内部排序，从而不需要将每个分店再用不同的序号进行标识。

通过自动填充输入序号，以其为基准重新排序

　　在将同一个序号输入数个单元格内时，使用图3所示的自动填充功能会非常高效（请参考42页和112页），或是使用第51页中介绍的Ctrl+Enter组合键。例如，首先选定"东京"地区的所有序号栏后输入1，之后按Ctrl+Enter组合键，所选择的单元格内就被自动填充1。

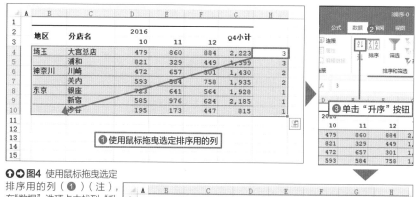

❶使用鼠标拖曳选定排序用的列

❸单击"升序"按钮

❹单按地区排序完成

❶❷图4 使用鼠标拖曳选定排序用的列（❶）（注），在"数据"选项卡中找到"升序"按钮，单击后可以按照我们的要求实现排序（❷~❹）。排序是以活动单元格（选定单元格范围中颜色反转为白色的单元格）为基准的，因此在选择单元格范围时一定要对包含有序号的那一列用光标拖曳选定。也可以在使用一般的选择后，使用Tab键，将活动单元格移动到所选的单元格内。

在对数据进行排序时，选择排序对象后，将活动单元格置于可以作为排序基准列中是操作的要点。如果只选择单个单元格进行排序，会被默认为是对所有数据进行排序。另外，想要将排序用的序号输入到活动单元格内，可以参照图4进行有方向的拖曳，也可以在选定单元格范围后，使用Tab键将活动单元格移动到所选范围内。

对部分内容进行排序时，"序号"的效果也很斐然

在图3中，我们对全部数据进行了排序，然而，如果只对表格的部分内容进行排序的话，这种序号方法的效果也十分明显。在下页的**图6**中，只需将使用的序号填入单元格，选择目标单元格范围后排序即可。图6中，除了地区列之外，从东京的分店名开始只对右侧的单元格进行排序。在排序前需要事先仔细考虑将哪些内容作为排序的对象。

到目前为止所介绍的这种表现优异的序号排序法，并不是万能的，有时也会出现无法适用的情况。

[注]与鼠标拖曳功能和快捷键（Shift+方向键）操作一样，也可以选择单元格的范围。

○ **图5** 排序完成后，全选有排序序号的单元格，按Delete键将其全部删除。这种操作方法在不影响边框线的前提下，只对数据进行排序。只要输入合适的序号，就可以对任何数据进行排序。而且，当对序号相同的数据进行排序时，会保持原有的顺序。

C	D	E	F	G	H
分店名	2016			Q4小计	
	10	11	12		
银座	723	641	564	1,928	1
新宿	585	976	624	2,185	1
涩谷	195	173	447	815	1
川崎	472	657	301	1,430	2
关内	593	584	758	1,935	2
宫总店	479	860	884	2,223	3
浦和	821	329	449	1,599	3

删除排序序号

只对部分表格排序的方法也很简单

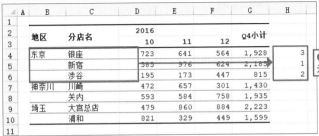

❶在需要排序的单元格内填入序号

❷选择需要排序的单元格

❸单击"升序"按钮

○○ **图6** 即使不是对全部数据，而是对部分数据进行排序时，使用序号法效果也十分明显。惟一的区别就是将序号填入需要排序的单元格内（❶），之后的操作方法都是相同的（❷～❹），就可以实现对需要排序的部分数据进行排序。

A	B	C	D	E	F	G	H
	地区	分店名	2016			Q4小计	
			10	11	12		
	东京	新宿	585	976	624	2,185	1
		涩谷	195	173	447	815	2
		银座	723	641	564	1,928	3
	神奈川	川崎	472	657	301	1,430	
		关内	593	584	758	1,935	
	埼玉	大宫总店	479	860	884	2,223	
		浦和	821	329	449	1,599	

❹只对东京地区的数据进行排序

在**图7**所显示的这种情况中，排序对象的第一行是雷打不动的。这是由Excel将所选范围的第一行默认为标题行导致的。第一行通常会被作为标题行，而不能成为排序的对象。这种情况需要打开"排序"对话框，将"数据包含标题"复选框取消勾选即可（**图8**）。在图6中，"部分排序"的操作技巧也可以将表格内的数值作为排序的基准。例如在下页**图9**中，可以使用表格内原有的四季度合计金额作为基准，对神奈川地区的分店数据进行排序。这种排序的操作重点是将活动单元格放在作为排序基准的列中。在一些特定的情况下，这种操作方法要比Shift+拖曳的效率高，建议读者认真掌握。

不能顺利进行排序时

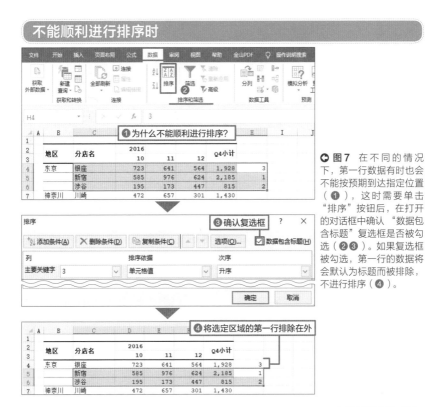

●**图7** 在不同的情况下，第一行数据有时也会不能按预期到达指定位置（●），这时需要单击"排序"按钮后，在打开的对话框中确认"数据包含标题"复选框是否被勾选（❷❸）。如果复选框被勾选，第一行的数据将会默认为标题而被排除，不进行排序（④）。

●**图8** 如果没有勾选"数据包含标题"复选框，单击"确定"按钮后会自动关闭"排序"对话框（●❷），显示正确的排序。

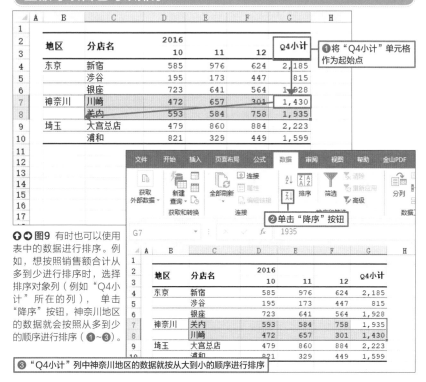

金额等项目也可以排序

❶将"Q4小计"单元格作为起始点

❷单击"降序"按钮

❶❷图9 有时也可以使用表中的数据进行排序。例如，想按照销售额合计从多到少进行排序时，选择排序对象列（例如"Q4小计"所在的列），单击"降序"按钮，神奈川地区的数据就会按照从多到少的顺序进行排序（❶~❸）。

❸ "Q4小计"列中神奈川地区的数据就按从大到小的顺序进行排序

使用"排序"功能对列方向的数据排序

最后，介绍一下列方向数据的排序方法。在2013、2014等按年份顺序的排序方式中，有时需要将最近的年份放在最前面（**图10**）。如果数据比较庞大，使用这种操作方法要比使用Shift+拖曳的排序效率高。

列方向的排序使用"排序"功能（**图11**）。单击"排序"按钮，打开"排序"对话框，单击"选项"按钮，打开"排序选项"对话框，在"方向"选项组中选择"按行排序"单选按钮，单击"确定"按钮返回到"排序"对话框，使用与行排序相同的排序功能（顺序·降序）进行排序即可。原表格中"2013年"是从第二行开始的，因此"主要关键字"选择从"行2"开始。设置完成后，单击"排序"对话框中的"确定"按钮，表格中表示年份的数据由原来2013年、2014年…的升序变成了2016年、2015年…的降序（**图12**）。

列方向也可以进行排序

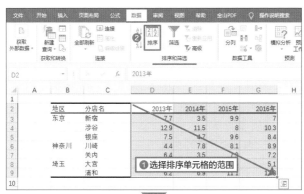

○图10 将原本按照2013年、2014年等升序排序的数据调整为按2016年、2015年等降序排序的顺序。这种情况，我们使用列排序。操作方法与行排序并不只是一个命令上的差别。

○○图11 选择想要排序的单元格范围（❶）。在"数据"选项卡中单击"排序"按钮，打开"排序"对话框，单击"选项"按钮（❷❸）。打开"排序选项"对话框，在"方向"选项组中选择"按行排序（L）"单选按钮（❹❺）。回到"排序"对话框，将"主要关键字"设置为"行2"，再将"次序"设置为"降序"即可（❻~❽）。

○图12 表格中的数据按照2016年、2015年等新的降序顺序进行排列。图11中❹的设定对于后面的操作也是有效的，但不会影响"数据"选项卡中的"升序"和"降序"功能（这两个命令只对行排序有效）。

编辑篇

会吗？
编辑的小窍门

"自动填充"功能在制作、编辑工作表时是非常实用的高效操作技巧，是很多Excel初学者信手拈来的功能，同时，它也可以通过鼠标的拖曳操作轻松地对数据进行复制。

在选定单个单元格或数个单元格后，在其右下角会出现黑色十字光标。通常我们将其理解为可以拖曳的信号，但是它还有另一项功能，那就是双击后可以自动填充数据（**图1**）。越是处理庞大内容，自动填充功能的便利性越是明显。如果边框线乱了，可以使用智能选项卡进行修复。

需要注意的是，双击后，表格数据终止的地方自动填充也会停止（**图2**）。此时，通过拖曳操作完成一般的自动填充即可。

通过双击的自动填充

↑○**图1** 将计算A2单元格内表示姓名的假名函数输入到B2单元格内（❶）。如果想将这条命令自动填充到其下面的单元格内，可以使用双击鼠标来完成自动填充。将光标放在该单元格右下角时，会出现一个黑色十字光标，看到这个黑色十字光标后双击即可（❷）。如果边框线出现混乱，在复制后单元格的右下角会出现智能选项卡，选择"不带格式填充"单选按钮即可修复（❸❹）。

　　自动填充操作会因为复制对象的数据类型不同，结果也会有所不同。例如，文本格式的列可以实现正常的复制，但对"文本+数字"格式的列进行复制时，就会形成文本列的连续格式（下页**图3**）。当出现不想要的结果时，使用智能选项卡进行修改。

　　当自动填充对象为日期时，智能选项卡提供了多种复制类型。通常情况下会出现连续的日期，但此时可以设定为具有一般功能的复制，也可以设定以周为单位或以月为单位的连续日期。

　　自动填充数字尽管也是复制功能，但如果按住Ctrl键也可以实现按顺序连续填充的效果（**图5**）。实际上，这时的Ctrl键就是普通的复制与连续填充的切换键。当数值为数字或日期时，输入/选择两个数据时，可以实现按照一定规则的数列连续填充（**图6**）。另外，在横向或降序的数值中也可以实现连续的自动填充（**图7**）。

　　接下来我们介绍一下有关双击"格式刷"按钮的使用技巧。这是一个非常受初学者欢迎的小按钮，双击"格式刷"按钮可以反复地将同一格式连续地复制使用（**图8**、**图9**）。

●在表格数据中断的位置使用拖曳功能

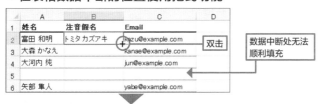

◆◆图2 当表格中出现数据中断时，双击是无法将数据全部自动填充的（左）。尽管边框线依然存在，但由于文字或数字中止了，则程序默认为已经到了表格的结尾。这时通过拖曳来完成剩余的自动填充即可（下）。

牢记自动填充的智能选项卡与设置

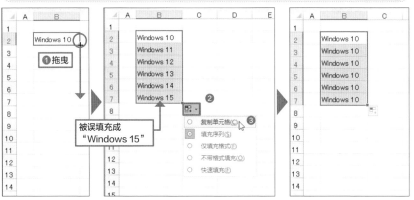

⬆ **图3** 将输入windows 10的单元格内容自动填充到下面的单元格（❶），结果数字10被默认成数字而连续填充了。这时需要使用智能选项卡进行修正，选择"复制单元格"单选按钮即可（❷❸）。

● 日期的智能选项卡中也有丰富的功能

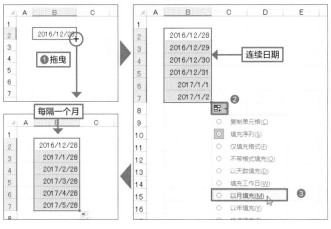

⬇ **图4** 输入日期的单元格也能自动填充，但格式是以日为单位的（❶）。如果在智能选项卡中选择"以月填充"单选按钮（❷❸），日期就会以月为单位自动填充。

● 使用Ctrl键+拖曳功能填充连续序号

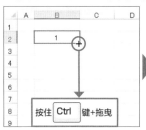
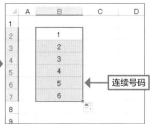

⬇ **图5** 如果想通过普通复制功能将数据自动填充到连续单元格的话，按住Ctrl键后再拖曳，就可以实现连续数字的自动填充。

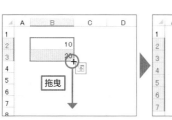

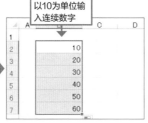

○ **图6** 当想输入连续的数列时，先后在两个单元格内分别输入两个数值，之后选定这两个单元格进行自动填充。

● **在横向以-1为单位实现连续输入**

○ **图7** 从左到右选择输入12和11的两个单元格后，将鼠标向右拖曳，即可实现在横向上以-1为单位的连续输入。

使用格式刷实现连续的格式复制

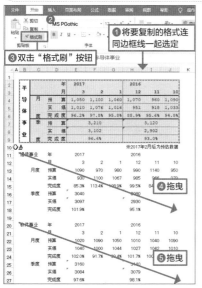

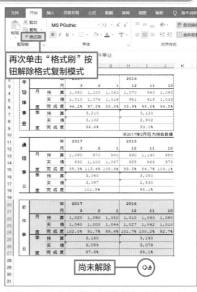

○ **图8** 将需要复制的边框线、字体、文字排序等格式和单元格一起选定（❶），在"开始"选项卡中找到"格式刷"按钮（❷❸），双击"格式刷"按钮，之后光标会变成白十字+刷子的形状，此时，将光标在想要被复制格式的单元格上拖曳，即可完成对格式的复制（❹❺）。

○ **图9** 再次单击"格式刷"按钮或按Esc键，可以解除格式复制模式，而如果再次双击"格式刷"按钮是不能解除的。

编辑篇

处理庞大表格
的铁律

拆分窗口分别滚动浏览

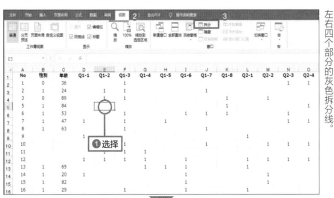

○ 图1 这是一张表示调查结果的左右距离庞大的数据表格。在窗口中选择想要拆分位置的单元格，在『视图』选项卡中找到『拆分』按钮后单击（①～②）。在所选单元格的左上角会出现将窗口拆分为上下左右四个部分的灰色拆分线。

○ 图2 纵向与横向的滚动条也同时被拆分，可以单独移动每一部分。右侧的表格，下方纵向的滚动条控制下侧的表格。同时，如果单击表格滚动条端点的上下的三角形按钮，还可以看到表格窗口之外的内容。

用Excel处理数据庞大的表格时的铁律是拆分窗口（**图1**）。这一功能可以将工作表分为上下左右四个部分。纵向与横向的滚动条也同时被拆分，可以单独控制每一部分的表格内容，同时浏览表格中没有显示出来的内容（**图2**）。拆分的位置通过鼠标拖曳可以自由控制（**图3**）。

这种操作中需要掌握的是，在对数据庞大的表格进行窗口拆分时，单元格的选择方法。如果使用一般的拖曳窗口会拖拖拉拉地滚动，看数据十分吃力。此时我们可以使用单击或Shift+单击（**图4**）。这项功能在通常的工作表中也可以使用，但在拆分窗口中效果尤为突出，就连在输入函数参数时也十分便利（**图5**）。

●用光标移动或取消拆分线

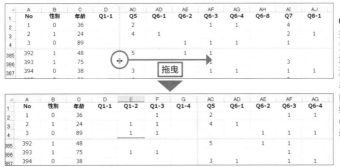

◐**图3** 可以使用拖曳改变拆分位置。双击可以取消拆分线（即取消窗口拆分）。如果想从纵向和横向同时取消拆分线，再次单击图1中的"拆分"按钮即可。

使用Shift键+单击确定选择范围

◐**图4** 如果想将"Q1-1"所在单元格之后的所有回答栏全部选定时，先用鼠标单击左上窗口中的单元格（❶），再将光标移至右下窗口的目标单元格时，按住Shift后单击该单元格（❷），就会得到目标范围的全部单元格。

● 使用Shift键+单击输入函数参数更便利

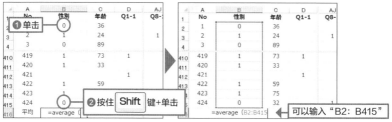

◆ **图5** 为了计算平均值而将B2~B415的单元格指定为AVERAGE函数的参数时，可以先在B416单元格内输入"=average（"，回到左上角的拆分窗口单击B2单元格（❶），再到左下角的拆分窗口中按住Shift键后单击B415单元格（❷）。

向右侧复制时使用Ctrl+R组合键

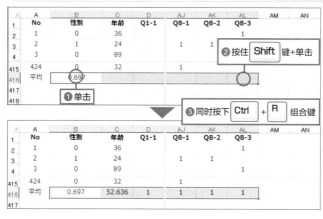

◆ **图6** 将B416单元格内的公式向右侧复制时，先选定该单元格，按住Shift键，再用鼠标单击复制对象右侧的最后一个单元格（❶❷），最后同时按下Ctrl+R组合键。这里需要注意的是，向右侧（Right）的复制用R键❸。

　　在通常的电脑操作中，Shift键+单击的功能是"选择从最开始的位置到目标位置的所有内容"，例如，在Word或是浏览器中选择文字，或在文件夹中选择数个文件时，都可以使用这一功能。如果有兴趣，读者可以亲自操作体验一下其便利性。

　　在掌握Shift键+单击的功能后，再看一下Ctrl+R组合键和Ctrl+D组合键的功能（**图6**、**图7**）。这两个快捷键可以实现从所选范围的左侧或上方分别向其右侧或下方进行复制的操作，适合不方便自动填充时使用。

　　为了便于对比同一个表格中不同位置的数据内容，可以使用"新建窗口"（**图8~图10**）功能。通过这项功能，可将同一份Excel文件分为不同的窗口分别显示。

●使用Ctrl+D组合键向下方复制

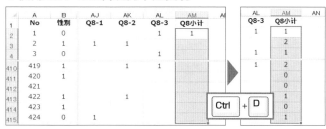

◐ **图7** 向下方复制时的操作要领与图6中介绍的大致相同，惟一的区别就是最后一步时，同时按下Ctrl+D组合键。当使用双击不能完美地实现自动填充时，这项快捷键就显得十分便利了。

同一份表格分成两个窗口显示

◐ **图8** 在"视图"选项卡中单击"新建窗口"按钮（❶❷）。

◐ **图9** 在"视图"选项卡中单击"全部重排"按钮，将原有表格在新的窗口中再次打开时，可以将两个窗口并列显示（❶❷）。当然也可以根据个人习惯，将排列方式设定为如"水平并排"等各种形式后，单击"确定"按钮即可（❸❹）。

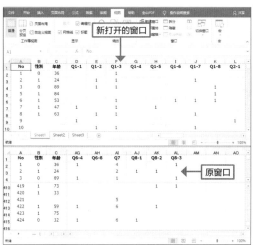

◐ **图10** 将同一份表格分成两个窗口显示，不但可以分别滚动浏览，而且当对其中一个窗口的数据进行编辑时，相应的改动也会实时地显示在另一个窗口中。

干净利落地输入

在Excel中，即使是输入文字或数字这样的简单操作，也有提高效率缩短操作时间的技巧。也正是这种最基本的数据输入作业，基本功的深浅对于效率的影响才会更加明显。接下来以**图1**为例，介绍一下操作要点。

首先介绍移动选定单元格（活动单元格）的操作技巧。在Excel中，输入数据时通常活动单元格的移动顺序是从左到右。尽管使用Tab键可以将活动单元格从编辑完毕的单元格向右移动，但在日语输入软件（IME）中，Tab键的使用却有点烦琐。

因此，需要掌握的输入技巧是，事先选定需要输入的单元格范围。当一个单元格编辑完毕后，通过按Enter键也可以将活动单元格向右移动，而不是向下移动（**图2**）。

掌握一些轻松的小窍门

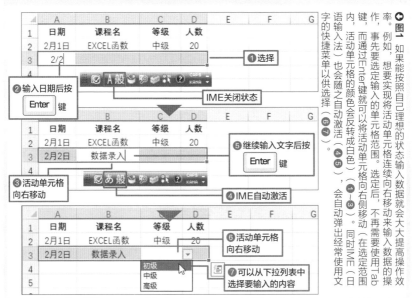

字的快捷菜单以供选择。

语输入法）也会随之自动激活（**④⑤**），会自动弹出经常使用文

内，活动单元格的颜色会反转成白色）（**①~③**）。同时IME（日

键，而通过Enter键就可以将活动单元格向右侧移动（在选定范围

作，事先要选定输入的单元格范围。选定后，不再需要使用Tab

率。例如，想要实现将活动单元格连续向右移动来输入数据的操

○ 图1 如果能按照自己理想的状态输入数据就会大大提高操作效

事先选择好输入范围，使用Enter键将活动单元格向右移动

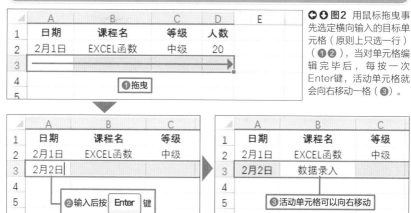

●●**图2** 用鼠标拖曳事先选定横向输入的目标单元格（原则上只选一行）（**①②**），当对单元格编辑完毕后，每按一次Enter键，活动单元格就会向右移动一格（**③**）。

IME自动激活

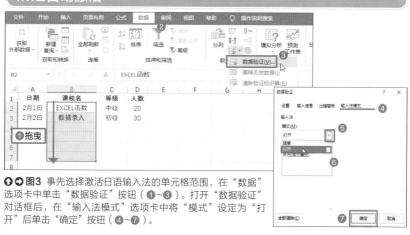

●●**图3** 事先选择激活日语输入法的单元格范围，在"数据"选项卡中单击"数据验证"按钮（**①~③**）。打开"数据验证"对话框后，在"输入法模式"选项卡中将"模式"设定为"打开"后单击"确定"按钮（**④~⑦**）。

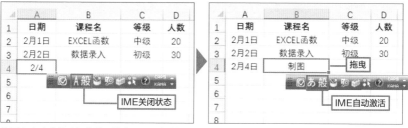

●**图4** 在事先设定好的单元格内，IME自动切换到设定好的输入法，可以直接输入所需内容。

当活动单元格到达所选范围最右端边缘后，可以再次回到左端起点。在使用键盘操作的前提下，绝对不会跑到所选范围之外的单元格中，可以有效地防止对无关单元格的误输入。

在所选单元格内实现IME的自动激活

IME的自动激活，在输入地址簿等文字格式的内容时非常便利。通过在"数据验证"对话框中的设置，事先在输入的列中确定全角或半角的输入模式。在全角输入的单元格范围内切换到日语输入法后将其设置为"打开"（前页**图3**）。另外，在需要输入半角数字的单元格范围内可将输入法切换到英语后设置为"关闭"。当活动单元格进入该范围时，输入法模式会自动切换到预设的输入法（**图4**）。

从下拉列表中选择输入内容

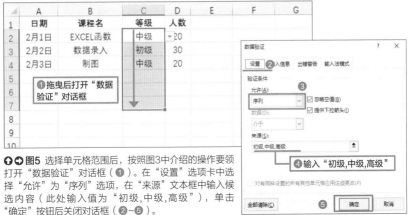

⬆️⬇️**图5** 选择单元格范围后，按照图3中介绍的操作要领打开"数据验证"对话框（**①**）。在"设置"选项卡中选择"允许"为"序列"选项，在"来源"文本框中输入候选内容（此处输入值为"初级,中级,高级"），单击"确定"按钮后关闭对话框（**②~⑤**）。

⬅️**图6** 当选择图5中设置好的单元格后，右侧会出现▼下拉按钮（**①**），单击后，在弹出的下拉列表中提供候选输入内容（**②**），此时只需选择想要输入的内容选项即可。

像"初级""中级"和"高级"等需要事先确定单元格内可输入的数据时，可以灵活使用数据验证中的序列功能（**图5**）。预设的文字可以通过下拉列表选择输入，十分方便（**图6**）。

下面让我们了解一下向空白单元格一次性输入相同内容的技巧。例如向没有数据的单元格输入短横线时，需要使用的是"查找和选择"功能（**图7**）。这项功能可以将指定范围内的空白单元格一起选择。输入数据后同时按下Ctrl+Enter组合键，所选范围内的空白单元格会同时输入相同的数据（**图8**）。

向数个空白单元格同时输入同一数值

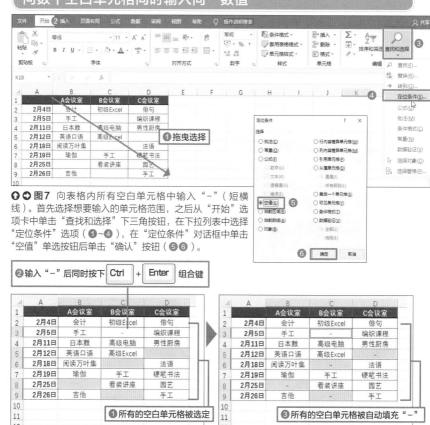

◐ ◑ 图7 向表格内所有空白单元格中输入"–"（短横线）。首先选择想要输入的单元格范围，之后从"开始"选项卡中单击"查找和选择"下三角按钮，在下拉列表中选择"定位条件"选项（❶～❹），在"定位条件"对话框中单击"空值"单选按钮后单击"确认"按钮（❺❻）。

◐ 图8 所选范围内的空白单元格被全部选定后，直接在其中的一个白色的空白单元格内输入"–"后，同时按下Ctrl+Enter组合键（❶❷），其他的灰色空白单元格被自动填充"–"符号（❸）。

套用表格格式的便利之处

　　通常，Excel表格的格式大多都是第一行为标题，之后紧接着的是一行一行的数据排列。若是数据库表格，推荐"套用表格格式"，既方便数据的输入，也方便数据的管理(**图1**)。表面上看，这种操作与普通的表格（图1上）没有太大的差别，但它的扩展性是非常强大的。特别是在继承格式或公式时具有非常灵活的扩展性，在管理账簿或顾客名簿等内容时十分便利。

　　套用格式并不需要在最开始制作表格时就设置。首先将项目名称和具体的

表面上看没有区别，但功能上确有天壤之别

	A	B	C	D	E	F	G	H
1	下单日期	商品名	订货商	地址	单价	数量	合计	
2	2017/1/10	巧克力	石坂商店	东京都港区白金	¥120	20	¥2,400	
3	2017/1/11	薯片	白木商店	埼玉县川口市饭塚	¥90	40	¥3,600	
4	2017/1/10	薯片巧克力	高山超市	东京都中野区野方	¥260	40	¥10,400	
5	2017/1/10	多彩曲奇	上田商店	东京都立川市荣町	¥160	80	¥12,800	
6	2017/1/11	雪饼	安心广场	东京都北区赤羽	¥100	40	¥4,000	
7	2016/12/28	强力噇糖	石坂商店	东京都港区白金	70	60	¥4,200	
8								
9								
10								

常见的表格（未套用格式）

	A	B	C	D	E	F	G	H
1	下单日期	商品名	订货商	地址	单价	数量	合计	
2	2017/1/10	巧克力	石坂商店	东京都港区白金	¥120	20	¥2,400	
3	2017/1/11	薯片	白木商店	埼玉县川口市饭塚	¥90	40	¥3,600	
4	2017/1/10	薯片巧克力	高山超市	东京都中野区野方	¥260	40	¥10,400	
5	2017/1/10	多彩曲奇	上田商店	东京都立川市荣町	¥160	80	¥12,800	
6	2017/1/11	雪饼	安心广场	东京都北区赤羽	¥100	40	¥4,000	
7	2016/12/28	强力噇糖	石坂商店	东京都港区白金	70	60	¥4,200	
8								
9								

套用格式的表格

●**图1** 上述的两个表格中，前一个是未使用套用格式的表格，后一个是套用表格格式的表格。表面上看差异并不明显，但实际上套用格式的表格具有压倒性的优势。接下来，让我们详细地讨论一下套用格式的具体使用方法。

数据内容输入到表格中，再将必要的格式与公式调整完毕（**图2**）。即使是仅有的几条数据，也应该先将表格的数据全部填好，但不要添加边框线或着色，而是将这项工作交给套用格式功能自动处理。

选择已填入文字与公式的单元格，从“套用表格格式”下拉列表中选择喜欢的样式（**图3**）。当表格被套用格式后，以行为单位，每隔一行进行自动着色（**图4**）。无论选择哪种样式，所具有的功能都是相同的（下一章详细说明）。

设定好格式与公式后再套用表格格式

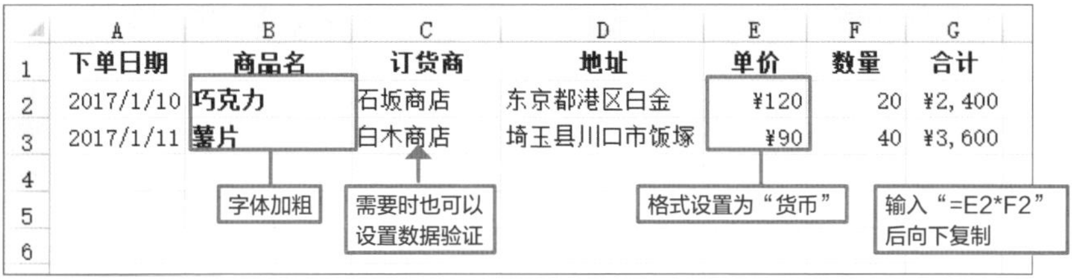

图2 在第一行内输入项目名称，输入两行数据，设置格式与公式等。必要时可以设置输入法自动打开或下拉列表等数据验证（参考上一章）。这一阶段的操作重点是将所有必要的格式与公式全部设置完毕后再进行格式套用 。

图3 选择表格内的单元格，在“开始”选项卡中单击“套用表格格式”按钮，选择喜欢的表格样式（❶~❹）。本例中选择了“表格样式（中等色）3”选项。继续下一步时勾选“表包含标题”复选框后，单击“确定”按钮（❺❻）。

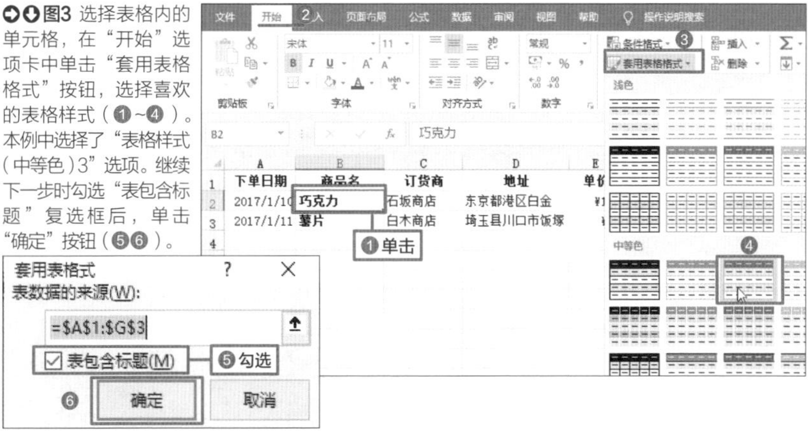

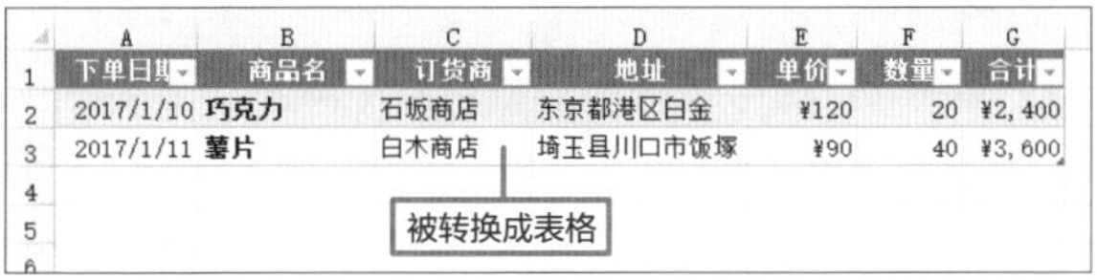

图4 表格被套用样式后，单元格被自动着色（每隔一行着色一次），标题名称的右侧设置“自动筛选框”，单击▼按钮后会弹出下拉列表可供选择。

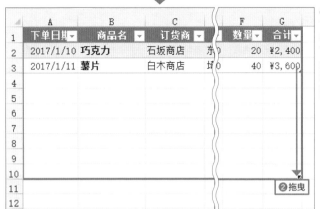

鼠标拖曳扩展格式与公式

①将光标与右下角边框线重合

❶❷ **图5** 套用的格式可以通过鼠标拖曳进行扩展。将光标与右下角边框线重合后，光标会变成双箭头的形状，之后将其向下拖曳到需要的行数即可（❶❷）。

②拖曳

使用鼠标拖曳可以将格式与公式自动复制后扩展套用格式

表格套用格式后可以扩展表格。只需单击套用格式的右下角，即可添加所需要数量的行（**图5**）。此操作不仅可以将原有行内已经设置的格式与公式进行复制，就连每隔一行的着色也会自动延续（**图6**）。

除此之外，如果将活动单元格置于套用格式右下角的单元格内，按一下Tab键，表格会自动增加一行。当使用Tab键向右移动活动单元格输入数据时，这一功能的便利性不言而喻。同时，如果向套用格式下面的空白单元格内输入数据的话，套用格式也会自动扩展到该行。

当套用格式内的公式被修改后，曾经被复制的公式也会自动更新（**图7**）。同一列中是否输入了相同的公式，Excel将会通过被事先设计的程序自动判断并复制。这些都是套用格式的优点，在下一章中，我们还将更深入地讨论其操作技巧。

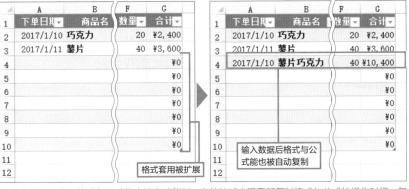

● 图6 扩展行内，格式与公式能也被自动复制，有效地减少了重新复制格式与公式的操作时间。每隔一行的着色也会自动延续，与单纯的表格相比，便捷性大大增强（图1上）。

修改公式后Excel将自动复制

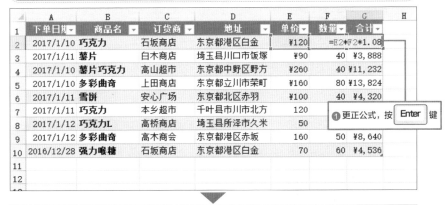

● 图7 在套用格式中修改公式是一件十分容易的事。例如，将"合计"栏中的计算公式换成其他的某个单元格内容后，同列的其他数据也会被自动复制（❶❷）。

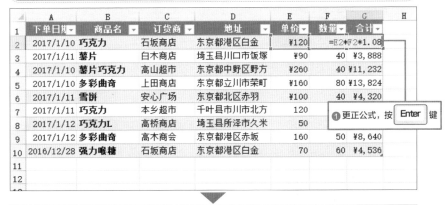

学会后会上瘾的
格式套用超强技能

输入篇

排序与筛选可以全都交给格式套用

	A	B	C	E	F	G	H
1	下单日期	商品代码	商品名	订货商	地址	单价	数量	合计

自动筛选箭头

	下单日期	商品代码	商品名	订货商	地址	单价	数量	合计
2	2016/12/28	BC219425	强力唤糖	石坂商店	东京都港区白金	¥70	60	¥4,536
4	2017/1/10	BA875459	巧克力	石坂商店	东京都港区白金	¥120	20	¥2,592
5	2017/1/10	CD965226	薯片巧克力	高山超市	东京都中野区野方	¥260	40	¥11,232
6	2017/1/10	AT954845	多彩曲奇	上田商店	东京都立川市荣町	¥160	80	¥13,824
7	2017/1/11	QE879654	雪饼	安心广场	东京都北区赤羽	¥100	40	¥4,320
10	2017/1/11	BC412548	薯片巧克力	石坂商店	东京都港区白金	¥260	30	¥8,424
11	2017/1/12	LK445816	多彩曲奇	高木商会	东京都港区赤坂	¥160	50	¥8,640

瞬间完成排序　插入列也非常简单　只显示东京都　还可以切换到其他的样式

↑图1 作为格式套用的一大优势，位于标题名称旁边的"自动筛选箭头"可以轻松完成对数据的排序和筛选。既可以通过下拉列表选择需要筛选的数据，也可以在需要时输入关键字对数据进行检索。在后期还可以随意对格式套用的样式进行更改，而不会对数据产生任何影响。

按日期由远到近的顺序重新排序

	A	B	C	E	F	G	H
1	下单日期	商品名	订货商	地址	单价	数量	合计	
2	2017/1/10	巧克力	石坂商店	东京都港区白金	¥120	20	¥2,592	
3	2017/1/11	薯片	白木商店	埼玉县川口市饭塚	¥90	40	¥3,888	
	2017/1/10	薯片巧克力	高山超市	东京都中野区野方	¥260	40	¥11,232	
	2017/1/10	多彩曲奇	上田商店	东京都立川市荣町	¥160	80	¥13,824	
	2017/1/11	雪饼	安心广场	东京都北区赤羽	¥100	40	¥4,320	
	2017/1/11	巧克力	本乡超市	千叶县市川市北方	120	30	¥3,888	
	2017/1/12	巧克力L	高桥商店	埼玉县所泽市久米	50	100	¥5,400	
	2017/1/12	多彩曲奇	高木商会	东京都港区赤坂	160	50	¥8,640	
10	2016/12/28	强力唤糖	石坂商店	东京都港区白金	70	60	¥4,536	

按日期由远到近的顺序重新排序

↩↪图2 将表格中的数据按日期由远到近的顺序重新排序。单击"下单日期"栏的自动筛选箭头，从下拉列表中选择"升序"选项即可（**①~③**）。

③日期按由远到近的顺序重新排序

关于表格套用格式的优点，并不仅仅只有前文中所阐述的内容，在对表格的排序与筛选中更是威力无穷（**图1**）。例如，将表格按照下单日期的顺序进行重新排序、只显示住址为东京都的数据等操作时，其简单便捷，更是令人叹为观止。

使用自动筛选箭头随意排序&筛选

对套用格式进行重新排序时，可以通过位于标题名称右侧的▼按钮（自动筛选箭头）进行操作。在单击后弹出的下拉列表中选择"升序"或"降序"选

●不用Shift键也能移动

◐**图3** 选择想要移动行的全部单元格，拖曳其外框（**1~4**）。但并不需要像普通表格中的操作那样，需要按住Shift来完成单元格的移动插入。

筛选特定分店的数据

◐**图4** 使用自动筛选箭头将"订货商"栏中"石坂商店"的数据筛选出来。单击"订货商"单元格右侧的下三角按钮，在弹出的下拉列表中自动将所有商店都选中了，这时需要将"全选"复选框取消勾选。（**1 2**）。再重新勾选"石坂商店"复选框，完成后单击"确定"按钮（**3 4**）。

项，该列数据将以此为基准进行重新排列。例如将"下单日期"按"升序"进行排列的话，日期就会按照从远到近的顺序重新排列（前页**图2**）。另外，"商品名"或"订货商"等数据列，可以按照读音的顺序进行排列。

使用鼠标拖曳对数据进行替换操作时，也与普通表格有所不同。选择特定行的单元格后，拖曳其外框时，不需要按住Shift键即可完成插入替换（**图3**）。

使用自动筛选箭头，可以十分便捷地实现数据的筛选。例如，在"订货商"的下拉列表中如果只选择特定的分店，该分店的所有数据会被显示出来，而其他分店的数据则不显示（**图4**、**图5**）。

筛选时还可以设定多重条件。例如，将"订货商"设置为"石坂商店"时，还可以在"下单日期"下拉列表中勾选"2017"复选框，之后就可以看到石坂商店2017年的所有数据（**图6**）。

对筛选结果进行复制，粘贴后的结果只显示筛选后的数据

在格式套用中，如果对筛选结果进行复制（**图7**），会自动跳过被屏蔽的

◆**图5** 想要表格只显示订货商为石坂商店的数据，而屏蔽其他的数据时，就可以得到行2、行7和行11的数据，同时也能清楚地知道哪些数据被屏蔽了。筛选后，自动筛选的箭头图案会发生变化。

◆◆**图6** 可以设定多重筛选条件。在石坂商店的数据中进一步筛选出2017年的数据，在"下单日期"的下拉列表中取消勾选"2016"复选框后（❶❷），石坂商店2016年的数据则不再显示（❸❹）。

数据（下页**图8**）。而将此数据粘贴后，不再套用格式，含有公式的单元格中也只能显示文字或数字。尽管单元格的着色等格式会被延续到新的表格中，但如果不需要，可以通过智能选项卡直接取消即可。选择"公式和数字格式"选项后，除货币格式等数值格式外，其他的格式将全部被清空。

　　然而，如果只对格式套用部分的内容进行复制，表示公式中结果的文字列或数字并不会被替换，而且可能会发生错误。此时可以在智能选项卡中选择"公式""公式和数字格式"或"保留源格式"选项，即可解决此问题。

　　对套用格式的数据筛选进行还原时，取消筛选即可。在指定筛选条件的自动筛选箭头的下拉列表中选择"从'订货商'中清除筛选"选项即可（**图9**）。如果取消多重筛选条件，最快捷的取消方式是在"数据"选项卡中单击"清除"按钮。

　　根据需求还可以使用特定的关键字对数据进行筛选。例如，筛选千叶县或埼玉县的数据时，通过"文本筛选"功能，将"开头是"设置为"千叶"，"或""开头是"设置为"埼玉"（**图10**、**图11**）。设置条件中除"开头是"之外，还有"包含""等于"等选项可供选择。需要注意的是，在包含数值的行中，该项功能的名称变成"数字筛选"，可设置"大于"等筛选条件对数据进行筛选。

● 在筛选状态下可以进行复制粘贴

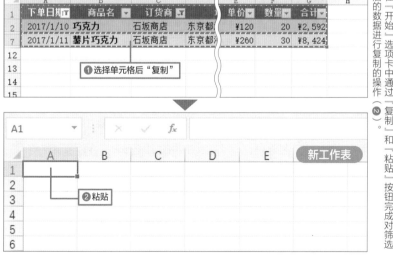

◆ **图7** 选择筛选后的格式套用表格的全部或部分单元格（❶）。在「开始」选项卡中通过「复制」和「粘贴」按钮完成对筛选后的数据进行复制的操作（❷）。

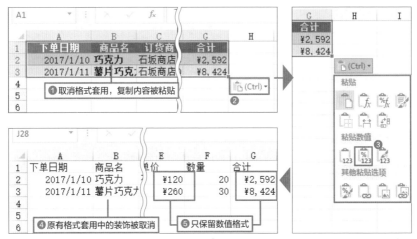

⬆图8 粘贴后的单元格不再自动保留格式套用（❶）。尽管粗体字或颜色填充仍被保留，但原有的公式都将被替换为显示结果的文字或数值。当想要取消数值格式之外的格式时，粘贴后通过智能选项卡设置为"值和数字格式"即可（❷~❺）。

取消筛选

⬅图9 取消表格筛选时，单击筛选项目名称旁的箭头，在菜单中选择"从'订货商'中清除筛选"即可（❶❷）。如果取消多重筛选条件，则在"数据"选项卡中单击"清除"按钮，即可将所有的筛选条件全部取消（❸~❺）。

添加"汇总行"计算合计额与平均值

　　套用格式的魅力还远远不止于此，汇总功能也是其中之一。从"设计"选项卡中勾选"汇总行"复选框，即可在表格中追加一行含有合计值、平均值、计数等数值的汇总行（**图12**）。此外，通过下拉列表还可以选择其他的汇总数据，操作十分简便（**图13**）。如果使用自动筛选箭头进行过数据筛选的操作，则汇总操作只针对数据的筛选。

筛选"千叶"或"埼玉"的数据

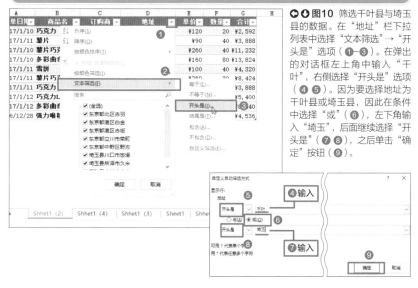

◐◑图10 筛选千叶县与埼玉县的数据。在"地址"栏下拉列表中选择"文本筛选"→"开头是"选项（❶-❸）。在弹出的对话框左上角中输入"千叶"，右侧选择"开头是"选项（❹❺）。因为要选择地址为千叶县或埼玉县，因此在条件中选择"或"（❻），左下角输入"埼玉"，后面继续选择"开头是"（❼❽），之后单击"确定"按钮（❾）。

只显示埼玉县和千叶县的数据

◐图11 图中显示的结果是位于"千叶"或"埼玉"的分店一览表。需要取消筛选时，按照图9的步骤再次操作即可。

尾行添加"汇总行"

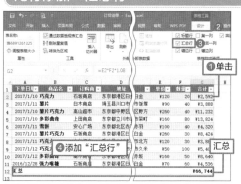

◐图12 选择表格内的任意单元格，在"设计"选项卡中勾选"汇总行"复选框（❶-❸）。表格最下部自动追加一行汇总（❹）并显示汇总数据。在使用套用格式的状态下，即使在表格中添加新的行（参考前一章），汇总行也会自动保留在整个表格的最后一行。

◐图13 在汇总行中，不仅可以计算合计值，还可以计算平均值、最大值、计数等多种数值（❶~❹）。本例中计算了整列中的"平均值"。

61

套用格式中特有的右键快捷菜单

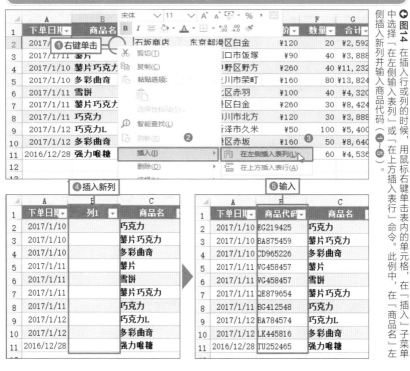

○ 图14 在插入行或列的时候，用鼠标右键单击表内的单元格，在『插入』子菜单中选择『在左侧插入表列』或『在上方插入表行』命令。此例中，在『商品名』左侧插入新列并输入商品代码（①～⑤）。

随意变更套用格式的样式

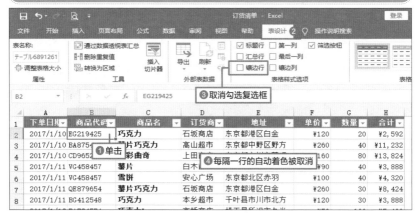

○ 图15 如果不喜欢每隔一行的自动着色，单击表内的单元格后，打开"设计"选项卡，找到"镶边行"复选框，取消勾选复选框（①～③）。这样就可以取消自动着色功能，单元格里的颜色便会消失（④）。

在套用格式中插入新列也非常方便，在单元格区域内单击鼠标右键，会弹出特有的右键快捷菜单，执行"插入"→"在左侧插入表列"命令即可（**图14**）。

关于套用格式的样式在表格完成后还可以自由调整。如果将"镶边行"复选框取消勾选，每隔一行的自动着色就会消失（**图15**）。另外，还可以更改表格整体的样式。在"表格样式"中选择喜欢的样式，将光标置于其上后，表格会自动变成该样式的预览，方便确认效果（**图16**）。

取消套用格式后就会回到普通的表格功能。单击表格内的单元格后，在"表设计"选项卡中，单击"转换为区域"按钮即可（**图17**）。

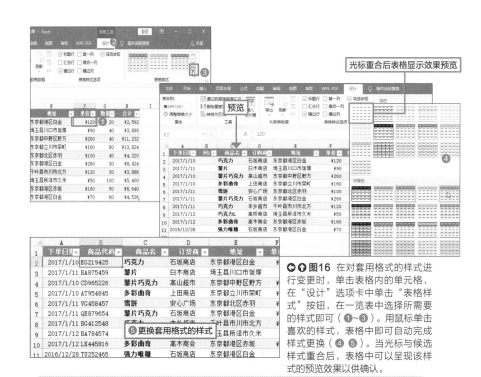

◎◎图16 在对套用格式的样式进行变更时，单击表格内的单元格，在"设计"选项卡中单击"表格样式"按钮，在一览表中选择所需要的样式即可（❶~❸）。用鼠标单击喜欢的样式，表格中即可自动完成样式更换（❹❺）。当光标与候选样式重合后，表格中可以呈现该样式的预览效果以供确认。

取消套用格式

◎图17 单击表格内的单元格，在"表设计"选项卡中单击"转换为区域"按钮（❶~❸）。在弹出的Microsoft Excel对话框中单击"是"按钮，套用格式就被取消了。

需要掌握的基础设置与换行技巧

"文字在单元格内无法全部显示……"，这是在制作表格时经常遇到的问题，处理方法可以根据溢出文字的数量而有所不同（**图1**）。主要的方式有三种，分别是"自动换行"、"缩小字体填充"和"合并单元格"。三种方法各有所长，因地制宜，灵活使用。

美化单元格内的文字

◑ **图1** 本章将介绍输入公司名称、URL或文章等大段字符时美化表格的技巧。还会介绍如何将文章的两行单元格（第四行与第六行）设置成完全一致的高度。

将稍稍溢出的文字自动缩小

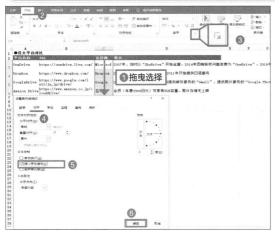

◑ **图2** 选择文字溢出的单元格，在"开始"选项卡中找到"对齐方式"选项组，单击右下角的对话框启动器按钮，打开"设置单元格格式"对话框（❶~❸）。选择单元格范围后，同时按住Ctrl+1组合键也可以打开这个对话框。在"对齐"选项卡中勾选"缩小字体填充"复选框后，单击"确定"按扭即可（❹~❻）。

● 调整单元格宽度时文字会相应地自动调整

↻图3 为了让文字在单元格内正好显示出来，可以设置自动缩小字体。但如果碰到字数较多的时候，容易使字体变得太小而看不清，这时可以参考图5、图6的方法解决。

图4 拖曳列的边线，调整单元格的宽度，文字可以恢复到原始大小（**①②**）。

大幅度的溢出时设置文字自动换行

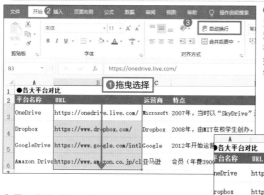

↻图5 如果将URL这样的长字符设置自动缩小后，字体会变得太小而难以阅读，这时需要设置自动换行。选定单元格范围后，在"开始"选项卡中单击"自动换行"按钮即可（**①～③**）。还可以在图2的"设置单元格格式"对话框中，勾选"自动换行"复选框。

↻图6 将单元格设置为自动换行后，文字溢出会自动解决。需要注意的是，URL如果被设置为超链接，编辑起来会有些困难，需要取消勾选"Internet及网络路径替换为超链接"的复选框（注）。

　　数字和文字在单元格内溢出时，最便捷的处理方式是将字体缩小。在"设置单元格格式"对话框中的"对齐"选项卡中勾选"缩小字体填充"复选框（**图2**）。"设置单元格格式"对话框可以通过光标选定要设置的单元格后，单击鼠标右键，在弹出的快捷菜单中选择"设置单元格格式"命令，也可以通过同时按住Ctrl+1组合键来打开。追求效率的读者推荐使用后面的方法。

　　当文字大规模溢出时，缩小字体会让文字太小而难以阅读。这时需要将单元格设置为"自动换行"（**图5、图6**）。

［注］"文件"→"选项"→"校对"→"自动更正选项"→"键入时自动套用格式"→"键入时替换"→"Internet及网络路径替换为超链接"取消勾选。

然而，设定自动换行时，很多时候并不能在单元格内理想的位置进行换行，这时需要我们手动在单元格内进行换行修正。在字符中间移动光标到合适的位置后，同时按下Alt+Enter组合键（**图7**）。需要强调的是，此时单元格的"自动换行"复选框是勾选状态（**图8**）。

当对占用数行的大段文字换行时，右侧对齐通常不是很好。需要将单元格的对齐方式设置为"两端对齐"，美感瞬间提升（**图9**、**图10**）。

为了提高工作表整体美观度，可以统一表格的行高度。设置时将数行同时选择，拖曳鼠标即可将其调整为相同的高度（**图11**）。

使用Alt+Enter组合键在单元格内换行

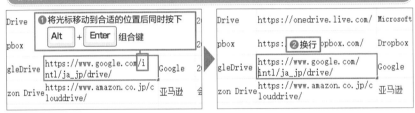

◐ **图7** 如果自动换行的位置不理想，就需要手动进行换行。将光标移动到合适的位置后同时按下Alt+Enter组合键（**❶❷**），再次按下Enter键完成单元格编辑。

● 设置"自动换行"

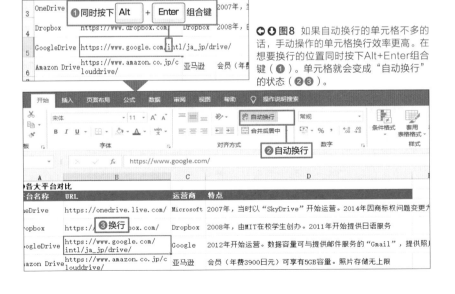

◐◐ **图8** 如果自动换行的单元格不多的话，手动操作的单元格换行效率更高。在想要换行的位置同时按下Alt+Enter组合键（**❶**）。单元格就会变成"自动换行"的状态（**❷❸**）。

大段文字两端对齐最美观

●● **图9** 尽管"特点"栏中的文字被自动换行了，但由于对齐方式不好，美观度不佳。选择需要调整的单元格，在"设置单元格格式"对话框中选择"两端对齐"选项（❶~❸）。

运营商	特点
Microsoft	2007年，当时以"SkyDrive"开始运营。2014年因商标权问题变更为"OneDrive"。2016年开始，可免费使用的数据容量由15GB减少至5GB
Dropbox	2008年，由MIT在校学生创办。2011年开始提供日语服务
Google	2012年开始运营。数据容量可与提供邮件服务的"Gmail"，提供照片服务的"Google Photo"等实现数据共享
亚马逊	会员（年费3900日元）可享有5GB容量。照片存储无上限

右边整齐地排列好了

● **图10** 单元格内两端对齐后，美观度提高。一般三行以上的文字使用"两端对齐"效果最好。

调整单元格高度

● **图11** 将表格中行的高度设置为相同时，会显得更加美观。单击开始行的序号栏，其余的行按顺序按住Ctrl键+单击选择，之后用鼠标拖曳行的边线（❶~❸），这样可以同时调整数行的高度（❹）。

格式篇

单元格的合并与分散对齐技巧

当制作略带商务性质的文件，例如商品配置对照表时，单元格的合并与文字的排列技巧就显得十分重要。接下来我们将介绍一些与此有关的高效操作技巧（**图1**）。

首先从单元格合并开始。稍稍熟悉Excel的读者，对于将数个单元格进行合并时所使用的"合并后居中"功能应该是耳熟能详的。在配置对照表中，将表示相同数据的单元格合并后，可以让表格看起来更加清晰、明了。

视觉上的单元格合并可以令编辑更轻松

	A	B	C	D	E	F
1		厂商	丰田	本田	铃木	大发
2	轻型车	驱动方式	FF		4WD	
3		排气量 [cc]	658			
4		油耗 [km/L]	33.4		34.5	33.4
5		座数	4		2	
6		新车价格	¥1,250,000	¥1,330,000	¥1,620,000	¥1,740,000

竖向居中对齐　　居中对齐　　视觉上的单元格合并可以令编辑更轻松

◆ **图1** 制作商品或服务对照表时，经常会将重合的数据在横向上合并使用。合并相同内容的单元格，可以更方便地阅读，但修改时会很麻烦。现在我们将介绍分散对齐与纵向排列等文字对齐方式的应用。

使用"合并后居中"功能将单元格从视觉上合并

	A	B	C	D	E	F	G	H	I
1	厂商		丰田	本田	铃木	大发			
2	轻型车	驱动方式	FF		4WD				
3		排气量 [cc]	658						
4		油耗 [km/L]	33.4			32.2	想要合并的单元格		
5		座数	4						
6		新车价格	¥1,250,000	¥1,330,000	¥1,620,000	¥1,740,000			

◆ **图2** 划线的表格是输入数据的位置。红色边框代表想要合并的单元格范围。分别在左侧的单元格内输入数据，而显示相同内容的右侧单元格先将其空置。例如在"驱动方式"栏中，为了将C2与D2都统一输入FF，只需在C2中输入该值即可。

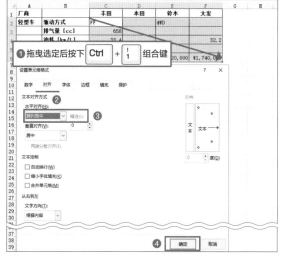

❶ 拖曳选定后按下 Ctrl + |↕ 组合键

○图3 选定需要合并的已经填入数据的单元格，同时按下Ctrl+1组合键，打开"设置单元格格式"对话框（❶）。在"对齐"选项卡中找到"水平对齐"选项区域，选择"跨列居中"选项（❷~❹）。

	A	B	C	D	E	F
1	厂商		丰田	本田	铃木	大发
2	轻型车	驱动方式	FF		4WD	
3		排气量〔cc〕	658			
4		油耗〔km/L〕	33.4		32.2	
5		座数	4			
6		新车价格	¥1,250,000	¥1,330,000	¥1,620,000	¥1,740,000
7						
8						

○图4 在与右侧单元格合并后，文字居中排列，合并后单元格之间的分割线完全消失。尽管这种合并与普通的单元格合并（参考72页图13）看起来很相似，但在结构上有本质的区别。

将空白单元格"跨列居中"合并

有时，根据表格内容的不同，并不是所有的单元格合并都是上策。当后期对表格数据进行更改时，需要对合并的单元格进行拆分和再合并，这种操作反而会降低工作效率。因此，在可能需要后期修改的表格内，使用"跨列居中"合并的方式对单元格进行合并才是最合格的处理方式。无论是反复的合并和拆分，还是数据修改，都非常便利。

向"跨列居中"合并的单元格输入数据时，有些特殊情况需要事先了解（图2）。在要合并的单元格中，不要向位于右侧的空白单元格内填入数据，当合并后，数据会自动居中显示（图3、图4）。表面上看，单元格已经合并，但实际上仍旧是独立的单元格（下页图5）。因此还可以单独选择每一个单元格，只是不要向右侧的空白单元格内输入任何数据。总而言之，如果输入数据，只对左侧的单元格进行操作。

●形式上的合并更方便编辑

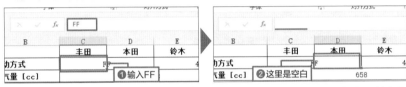

↑图5 实际上单元格并没有合并，仍旧可以单独选择每一个单元格。尽管数据已经输入到左侧的单元格内，但如果选择右侧的单元格，就会立刻发现并没有数据（❶❷）。

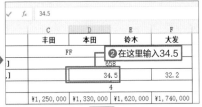

↑➡图6 看第四行，C4已经输入数据，但右侧的D4与E4都是空白单元格（❶）。保留C4单元格的数据，如果想让D4、E4共享新的数据，只需向D4内输入数据即可（❷）。表面上看，E4单元格与C4单元格的合并已经被取消（❸）。同样，将E5与F5单元格中的数据从4变成2时，只需向左侧E5单元格内输入数据即可（❹）。

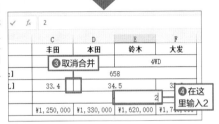

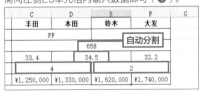

↑图7 表面上的单元格合并已经取消，分别显示4和2。这就是与普通的单元格合并所不同的地方，方便编辑不同的单元格。

　　值得注意的是，当向空白单元格内输入任何数据后，表面上单元格合并状态会自动取消（**图6**、**图7**）。同时，如果右侧的单元格变成空白，也会自动合并。一旦将这种格式设定，在之后的所有操作中，合并/拆分都会自动进行。

　　但是，如前文所述，当输入上存在特殊要求，在完全适应前，我们建议的操作顺序是先将所有的数据都输入完毕再设置"跨列居中"，最后删除将要合并的右侧单元格的数据（**图8~图10**）。

　　相反，如果习惯了这种格式的操作，会发现普通的复制粘贴在这里也是通用的（**图11**、**图12**）。通常合并单元格需要拆分后才能处理，而这里只是形式上的合并，不需要任何多余的操作即可完成。

● 将全部数据输入后再清除

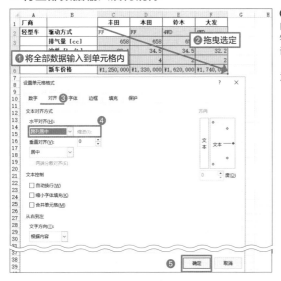

● **图8** 向"跨列居中"的单元格内输入数据需要了解这种格式的特殊要求。在完全适应之前，建议先将全部数据输入到单元格内（❶），之后将全部单元格设置为"跨列居中"（❷~❺）。

● **图9** 表格内的单元格全部填满数据，并且也没合并。将要合并的单元格的右侧数据删除后形式上合并（❶❷），将其余的单元格也按同样的步骤进行形式上的合并（❸）。

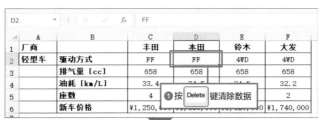

● **图10** 将删除数据的单元格形式上合并后，最左侧单元格内的数据会居中显示。

纵向排列时使用通常的合并单元格+分散对齐，效果最佳

　　像标题栏等后期不需要修改的单元格，使用普通的"合并后居中"操作进行合并即可（**图13**）。另外，当需要纵向显示文字时，使用普通的合并单元格就可以（**图14**）。这是由于"跨列居中"并不是万能的，它不具备某些普通的合并单元格的功能，例如无法纵向合并单元格，也不能画斜线。

●形式上的单元格合并，复制粘贴很方便

	B	C	D	E	F	G
		丰田	本田	铃木	大发	
	驱动方式		FF		4WD	
	排气量［cc］			658		
	油耗［km/L］	33.4		34.5		
	座数		4		2	
	新车价格	¥1,250,000	¥1,330,000	¥1,620,000	¥1,740,000	

❶复制　❷粘贴

◐**图11** 形式上的单元格合并，在复制粘贴时与普通单元格的操作是一致的。让我们将C列的33.4复制到F列中（❶❷）。

	B	C	D	E	F	G
		丰田	本田	铃木	大发	
	驱动方式		FF		4WD	
	排气量［cc］			658		
	油耗［km/L］	33.4		34.5	33.4	
	座数		4		2	
	新车价格	¥1,250,000	¥1,330,000	¥1,620,000		

复制完成 ☐(Ctrl)

◐**图12** 将复制的数据直接粘贴到相应的单元格时，单元格的合并范围会自动变化。在通常的合并单元格中（参考图13），如果不拆分单元格，很多时候无法顺利完成复制粘贴。

如果后期不需要更改，建议使用普通的合并单元格

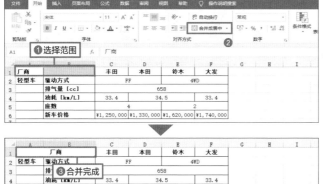

◐**图13** 后期不会修改的单元格，如标题栏和项目栏，可以使用普通的合并单元格方式。选定将要合并的单元格后，单击"合并后居中"按钮即可（❶~❸）。

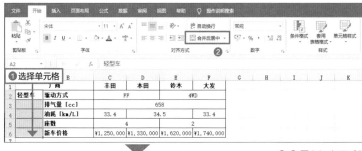

🔼🔽**图14** 由于"跨列居中"无法合并纵向的单元格，因此想要合并如图13所示的纵向单元格时，使用普通的单元格合并方式（❶~❸）。

🔼🔽**图15** 选择单元格，单击"方向"按钮，在弹出的下拉列表中选择"竖排文字"选项后，文字方向变成竖排（❶~❹）。文字为欧洲文字时，还可以选择将文字方向向左旋转90°。

　　将文字的排列方向设置为纵向显示时，在"开始"选项卡中单击"方向"按钮是最方便的操作方式（**图15**）。日语中的"垂直方向"，欧洲文字中是"向左旋转90°"。此时也可以设置"分散对齐（缩进）"，拉开文字的间距（**图16~图18**）。

　　在字数不同的项目栏中，使用"分散对齐（缩进）"可以有效地制作出整齐划一的长度，视觉效果非常好（**图19~图20**）。至于缩进的宽度，需要反复尝试后再确认最佳效果。

| 73

"分散对齐"视觉效果超赞

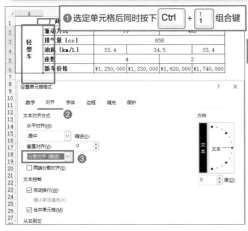

① 选定单元格后同时按下 Ctrl + ! 1 **组合键**

④ 文字分散对齐后的效果

⬆⬅图16 如果将单元格合并，标准的对齐方式是居中，但这样的视觉效果有时不尽如人意，我们可以重新设置对齐方式，打开"设置单元格格式"对话框，在"对齐"选项卡中"垂直对齐"下拉列表中选择"分散对齐（缩进）"选项，会自动按照单元格的高度将文字按照相同的间隔平均排列（**①~④**）。

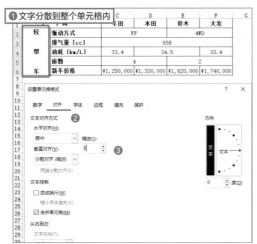

① 文字分散到整个单元格内

⬅图17 尽管单元格内的"轻型车"分散到整个单元格内，但视觉效果并不好，这需要进一步设置。按照图16的操作步骤，打开"设置单元格格式"对话框，在"对齐"选项卡中找到"缩进"数值框，更改缩进值（**①~③**）。缩进值代表文字与边框线之间相距的字符数，示例中输入1，则文字上下都会保留一个字符的留白。

A2	▼	× √ fx	轻型车	
	A	B	C	D	E

		厂商	丰田	本田	铃木
1		厂商	丰田	本田	铃木
2	轻	驱动方式	FF		
3	型	排气量［cc］		658	
4		油耗［km/L］	33.4	34.5	
5	车	座数		4	
6		新车价格	¥1,250,000	¥1,330,000	¥1,620,00
7					
8					
9					

⬅图18 在上下各保留一个字符的留白后，"轻型车"将单元格内剩余的空间平均分配。需要注意的是，如果单元格的高度不够，文字可能会自动换行，这时需要手动调整单元格的高度。

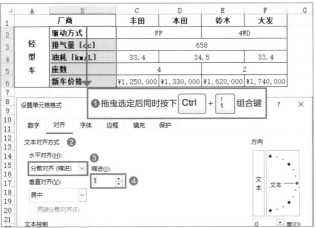

◆图19 接下来设置汽车配置项目栏的分散对齐。拖曳选择单元格范围后，在"设置单元格格式"对话框的"对齐"选项卡中选择"分散对齐（缩进）"选项（❶~❹）。结合单元格的宽度，适当地设置缩进值。

◆图20 通过设置"分散对齐"，表格的外观焕然一新。当然，在设定缩进值时，可以通过"开始"选项卡中"减少缩进量"和"增加缩进量"的按钮来反复操作，以便达到最佳效果。

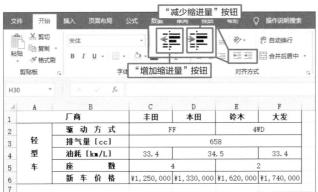

◆图21 在设置分散对齐的单元格内，如果调整单元格的宽度，文字的间距会自动调整（❶❷）。已经设置的缩进值也会保持不变。垂直方向的文字也是一样。

最短距离画出漂亮的边框线

格式篇

在向客户展示的资料中，如果能画出漂亮的边框线，一定会增色不少（**图1**）。然而，实际操作中如果乱用边框线，就会令表格显得十分外行。使用边框线的目的是"让初次看到表格的人不会对内容产生疑惑"，使表格的内容更加容易理解。因此，如何用最少的边框线达到最佳的效果，是从"边框线新人"毕业的第一步。接下来，让我们带着这个目标，学习画线技巧。

边框线的画法并没有定论，只要觉得"这样画条线更容易理解"即可。一般要在各个项目名称与数值之间画出几条相互区分的边框线。在图1中，尽管数值与数值之间也画上了小细线，但如果觉得太烦琐，去掉也没关系（注）。边框线的种类可根据实际需要使用粗线和细线，但总体上控制在2~3种之内，达到简练而整洁的印象最佳。

无须费时即可提升美观度

			第1季度			第2季度		
东日本地区销售数据								
地区	都道府县		1月	2月	3月	4月	5月	6月
北海道	北海道		51,394	54,364	55,970	53,250	57,889	57,094
东北	岩手县		55,563	50,221	50,335	55,544	52,053	52,149
	宫城县		50,355	52,978	55,488	54,883	53,922	56,860
	福岛县		52,075	53,504	58,215	57,984	51,570	48,018
关东	茨城县		50,219	57,062	50,460	50,210	53,501	55,635
	埼玉县		57,620	52,601	58,445	59,559	57,728	59,231
	千叶县		55,733	54,314	55,765	54,841	59,841	60,122
	东京都		67,070	59,519	62,598	61,159	65,461	65,419
	神奈川县		61,347	59,118	60,449	58,904	63,394	65,129

⬆ **图1** 向上司或客户提交的表格中，加入边框线可以有效地提升表格的美观度。加边框线的方法有很多，但一条一条地画到最后的做法最不提倡，通过鼠标单击的方式最明智。

[注] 在电脑的界面中，极细线显示成为点状线，打印后会变成最细的实线，粗细程度取决于打印机。

将表格分区域设置边框线，使用Ctrl+Y组合键复制操作

在设置边框线时，重点是将表格分成不同的区域分别考虑。下图的表格由北海道、东北和关东三个部分组成，每个区域的上下用粗线，内部则使用极细的线横着分割。表中的北海道虽然只有一行数据，但也可以看成是单独的一个区域。

打开"设置单元格格式"对话框，在"边框"选项卡中先对其中的一个区域进行边框线设置。之后通过复制边框线（正确的称谓是反复操作）可大幅缩短作业时间。

请实际操作一下，选择一处区域，打开"设置单元格格式"对话框，选择"边框"选项卡（**图2**）。此处将在选定区域的上下设置粗线，内部设置极细线。

单击"确定"按钮后，边框线就会被自动设置，但操作的重点才刚刚开

重点是分区域设置边框线

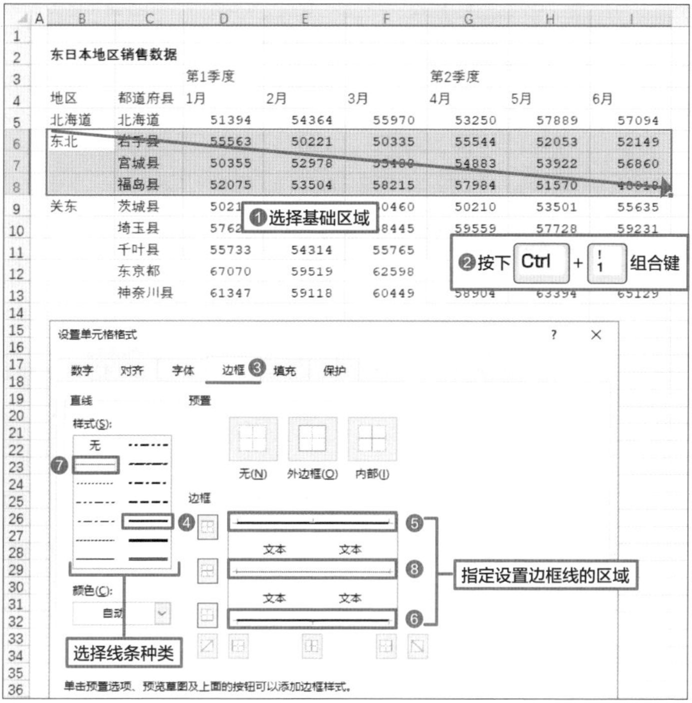

○ **图2** 图1中，将每个区域都按照相同的格式设置了边框线。首先以东北地区数据为基础进行设置。拖曳选定要设置的单元格范围（❶）后，打开"设置单元格格式"对话框，找到"边框"选项卡（❷、❸）。按下Ctrl+1组合键确定边框线的类型后在预览栏中设置指定区域（❹~❽）。最后单击右下角的"确定"按钮即可关闭设置界面。

77

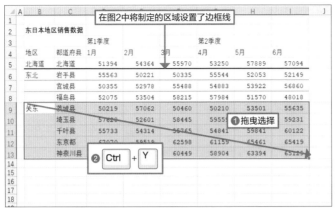

● **图3** 在图2中已经为"东北"的数据设置了边框线。接下来，只需选择"关东"的单元格区域后按下Ctrl+Y组合键（❶ ❷）。这是复制前一项操作的快捷键。

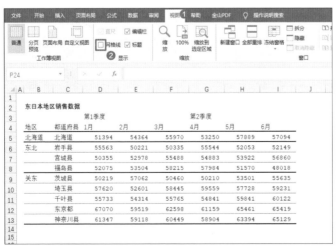

● **图4** "关东"区域单元格内被设置为同样的边框线。设置"北海道"区域的单元格时，可以使用Ctrl+Y组合键进行同样的操作（❶ ❷）。

● **图5** "北海道"区域的数据只有一行，内部的细线就不需要了。在"视图"选项卡中取消勾选"网格线"复选框，单元格的灰色边界线就会消失，这样可以更清楚地确认边框线的效果（❶ ❷）。

将"设置单元格格式"对话框与"边框"选项卡区分使用

● 设置区域单元格边框线时要打开"设置单元格格式"对话框

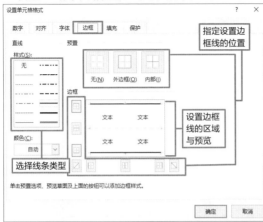

● **图6** "设置单元格格式"对话框（设置界面）可以使用Ctrl+1组合键或选择单元格后单击鼠标右键弹出快捷菜单等方式打开。在"边框"选项卡中进行边框线设置。从"样式"栏中选择线条的类型后，在右侧预览框中单击相应的位置，即指定边框线的位置。设置的重点是分成不同的区域，将每个区域的上下位置设置粗线，内部设置极细线。

○ 脑子里有预想图；
○ 自由选择线条种类，
　 分区域设置；
○ 反复测试效果；
✕ 要比单纯的添加边框线
　 稍稍费事。

● "边框"选项卡只用于设置边框线

● **图7** 在"开始"选项卡中单击"边框"右侧的▼按钮后，弹出下拉列表，可以将所选单元格的上下左右、"所有框线"、"外部"等全部区域的边框设置一次完成，非常方便。只是在变更线条类型时需要在"样式"中重新选择，略显费事。

○ 最快只需单击一次即可完成
　 设置边框线；
○ 使用"铅笔"与"橡皮"等
小工具可以简化操作；
✕ 更改线条类型时略显费事；
✕ 不支持设置复杂的边框线。

始。选择同样需要设置边框线的"关东"单元格区域后，同时按下Ctrl+Y组合键或F4功能键（**图3**）。这是重复前一项操作的快捷键，通过这种方式可以向所选区域设置相同的边框线。

"北海道"区域的设置也是如此（**图4**）。总之，就是将之前通过"设置单元格格式"对话框所设置的复杂边框线复制到新的区域内。这就是设置边框线的操作秘诀。

单元格的网格线在确认边框线效果时显得十分碍事，可以从"视图"选项卡中取消勾选"网格线"复选框（**图5**）。

到目前为止，我们设置边框线都是通过"设置单元格格式"对话框（设置界面）进行操作的，除此之外还可以从"开始"选项卡中单击"边框"按钮进行设置（**图6、图7**）。总体来说这两种操作方式各有长短，在设置复杂边框线时，对话框的效果略高一筹。在"边框"按钮的下拉列表中不仅可以一次性设置全部边框线，还有铅笔和橡皮等小工具，对于设置简单的边框线，进行细微的调整等操作非常便利。

简单的边框线使用"边框"按钮设置最便捷

○ **图8**
接下来在各地区名称的右侧设置纵向的分隔线。首先选择线条的类型，当光标变成铅笔形状，即可开始画线，按「ESC」键可解除铅笔状态的类型（❶~❺）。再选择「右边框」选项（❻❼）。如果不需要更换线条的类型，完成❻和❼的操作即可。

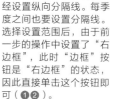

◆**图9** 各地区名称右侧已经设置纵向分隔线。每季度之间也要设置分隔线。选择设置范围后，由于前一步的操作中设置了"右边框"，此时"边框"按钮是"右边框"的状态，因此直接单击这个按钮即可（**①②**）。

❶拖曳选择

需要局部调整时可以使用"铅笔"

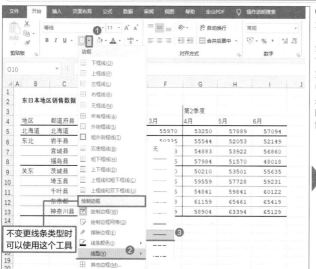

不变更线条类型时可以使用这个工具

◆◆**图10** 从菜单中选择线条种类（**①** ~ **③**）。光标变成铅笔图案，在此模式下，通过鼠标的单击或拖曳可以在工作表中添加边框线。但如果在不改变线条类型的操作中，选择"绘制边框"选项即可。

❶在所选的单元格的上端边界使用鼠标单击或拖曳

❷设置边框线

◆**图11** 在所选单元格的上端边界使用鼠标单击或拖曳即可设置边框线（**①②**）。顺便提醒一下，拖曳单元格的外框，即可将要选区域单元格的外框上设置边框线。设置完毕后，按 Esc 键即可解除铅笔状态。

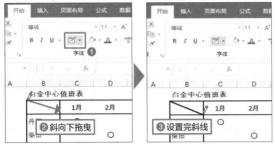

◑**图12** 使用铅笔也可以设置斜线。将铅笔从单元格的左上角向右下角拖曳即可设置（❶~❸）。这要比使用设置对话框方便很多。

● 不需要的边框线使用橡皮清除

◑◐**图13** 需要清除边框线进行微调整时，从菜单中选择"擦除边框"选项进行操作（❶❷）。这时，光标会变成橡皮的图形。

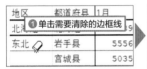 

◑**图14** 当橡皮最下面的边缘与边框线重合时单击鼠标，该条边框线就会被清除（❶❷）。如果拖曳到与之相邻的单元格，该处的边框线也会被清除。按Esc键即可退出橡皮模式。

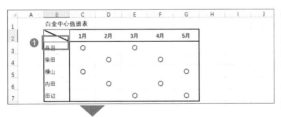

◑◐**图15** 当橡皮无法清除某些边框线时，就需要借助设置对话框来完成。选择需要清除范围的单元格，打开"设置单元格格式"对话框中的"边框"选项卡（❶❷）。在"样式"栏中选择"无"，用鼠标单击预览栏中的需要清除边框线的位置（❸❹）。

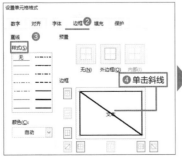 

简单的线条使用"边框"按钮，铅笔与橡皮也是好用的小工具

在设置简单的边框线时，可以通过"边框"按钮设置（第80页**图8**、**图9**）。同时，在收尾时，偶尔也会需要对某些边框线进行润色或调整。琐碎的手动操作推荐使用"绘制边框"与"擦除边框"（**图10～图14**）。当光标分别变成铅笔和橡皮图案时就可以通过点击或拖曳完成修改和清除的作业。如果橡皮不能很好地清除时，需要通过"设置单元格格式"对话框来清除（**图15**）。

当边框线能够清晰地将表格内容展现出来后，接下来需要注意的是字体与文字对齐。位数多的数值加入千位分隔符，字体选用英文Typewrite风格（Courier New）的字体视觉效果更好（**图16**、**图17**）。将"1月"等项目名称设置为右对齐（**图18**）。如果数值与数值之间不设置纵向分隔线，最好将项目名称与数值用同一种对其方式。

调整字体与文字对齐方式

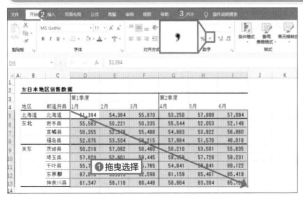

◐ **图16** 位数很多的数值比较难读，因此需要加入千位分隔符。选定单元格范围后，在"开始"选项卡中单击"千位分隔样式"按钮（❶～❸）。

◐ **图17** 数值中加入了千位分隔符。由于标准字体无法显示数字，需要变换字体。继续图16中选定单元格的状态，在"字体"栏中选择Courier New。当字体很多的时候，在字体栏中直接输入"Courier…"后按Enter键的操作会更加便捷。

◐ **图18** 在表中，尽可能地减少边框线，因此将"1月"等项目名称与数值统统设置为右对齐（❶❷）。

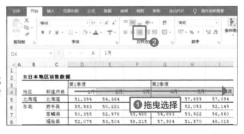

价格公式的完全攻略

在输入"340元"、"400元"等金额后，使用SUM函数合计时很容易出现"0"的结果（**图1**）。这是由于如果在输入数值后加上"元"的单位名称时，被默认为是文本格式而无法进行计算。此时只需将数值直接输入，然后改变一下显示方式。

计算含有货币名称的数字时会发生错误

○ **图1** 需要计算金额栏中的带有货币名称的数值时，如果数字后含有"元"的字样，使用SUM函数通常结果会变成0。这是怎么造成的？如何解决？

通过"自定义"数据类型解决！

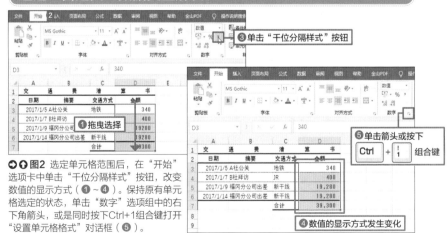

❸单击"千位分隔样式"按钮

❶拖曳选择

❺单击箭头或按下 Ctrl + 1 组合键

❹数值的显示方式发生变化

○○ **图2** 选定单元格范围后，在"开始"选项卡中单击"千位分隔样式"按钮，改变数值的显示方式（❶～❹）。保持原有单元格选定的状态，单击"数字"选项组中的右下角箭头，或是同时按下Ctrl+1组合键打开"设置单元格格式"对话框（❺）。

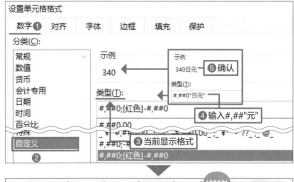

● 图3 在"数字"选项卡下选择"自定义"选项，在"类型"栏中输入#,##"元"。双引号是在半角状态下按Shift+双引号键打出来的（在Excel 2016中，设置类型时不需要输入双引号，直接输入汉字"元"即可，双引号会自动生成）。因为显示的格式大概相同，只需在类型栏中替换输入即可。在示例栏中确认无误后（❺），单击右下角的"确定"按钮。

带有货币单位的金额完成合计

　　具体的操作是在"自定义"中通过手动输入#,##"元"的方式解决（**图2、图3**）。经过这种设置，如果单元格内原来的数值显示是"1000"，现在就变成了"1000元"。尽管数据依旧是原来的状态，但现在可以使用合计等函数进行计算。设置的#,## 元"格式是用千位分隔符将数字分隔后的格式。另外，使用半角双引号的"元"的货币名称也可以直接在单元格内显示出来。

● 带有"万"字的数值也能计算

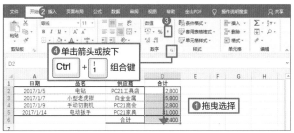

● 图4 计算诸如"1万5000元"这样带有"万"字数值的要领也是一样的，将数字格式更改一下即可计算。

● 图5 选定单元格范围后，首先单击"千位分隔样式"按钮切换数字显示格式（❶～❸）。之后再通过Ctrl+1组合键等方式打开"设置单元格格式"对话框（❹）。

设置千位分隔符，再复杂的格式也能搞定

在输入上述格式时，最好事先将单元格的数字格式设定为形似的格式后再进行修改。由于事先已将单元格设置了"千位分隔符"，"#,##0"的部分也可以顺利挪用。通常，单元格的默认格式是"G/通用格式"，如果完全更换会遇到障碍。

当能够随意设置自定义时，就可以随心所欲地设置数字的格式。例如，设置#"万"###0"元"的格式后，"12800"就会显示为"1万2800元"（**图4～图6**）。需要注意的是，"9800"会被显示成"万9800元"（**图7**）。这是由于格式中的"###0"表示不包含千位分隔符的后四位数。有兴趣的话，可以试着设置如何显示"定价1万9800元（含税）"（**图8、图9**）。

在账簿等需要将负值显示为红色的时候，使用"开始"选项卡中的"千位分隔样式"按钮可以一次搞定（**图10**）。如果想将负号用▲代替，则在自定义中设置将▲代替负号即可（**图11**）。

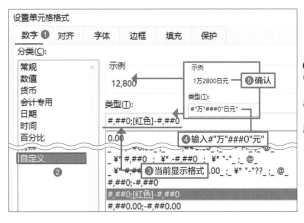

◅**图6** 从"数字"选项卡中选择"自定义"选项，在"类型"文本框中输入#"万"###0"元"（❶～❹）。在"示例"栏中确认"万"字后即可关闭对话框（❺）。

●会出现"1万0000元"

	A	B	C	D
1	日期	品名	供应商	合计
2	2017/1/5	电钻	PC21工具店	万9800日元
3	2017/1/7	小型老虎钳	白金金属	1万0000日元
4	2017/1/9	手动切割机	PC21商会	
5	2017/1/14	电动扳手	PC21家具	
6			合计	1万9800日元
7				

输入"9800"

输入"10000"

合计正确

◅**图7** 设置的格式上会有各种各样的限制，在使用时需要事先理解这些限制。例如，当价格出现不到1万的数值时，像"9800"这样的数值会显示成"万9800元"。而"10000"中，千位以下如果是"0"，不会直接显示为"1万元"，而是"1万0000元"。

86

● 更复杂数字格式的设置

	A	B	C
1	促销价格		
2		原价	促销价
3	电脑	99,800	69,800
4	拍立得	29,800	19,800
5	无线路由器	14,800	10,800
6	无人机	59,800	39,800
7	多功能打印机	29,800	14,800
8		将此处	

	A	B	C
1	促销价格		
2		原价	促销价
3	电脑	定价99,800元(含税)	69,800
4	拍立得	定价29,800元(含税)	19,800
5	无线路由器	定价14,800元(含税)	10,800
6	无人机	定价59,800元(含税)	39,800
7	多功能打印机	定价29,800元(含税)	14,800
8		显示成这样	

⬆ **图8** 下一番功夫，精心设计一下，可以设置出更加复杂的格式。例如，将输入的"99，800"显示成"定价99，800元（含税）"，诸如此类的格式都是可以实现的。

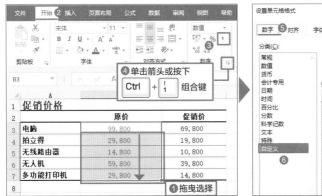

⬆ **图9** 将所选的单元格中设置"千位分隔符"（❶～❸），打开"设置单元格格式"对话框，（❹）。选择"自定义"选项，在"类型"栏中输入"定价"#,##0"元（含税）"后（❺～❼），确认预览（❽），满意后单击"确定"铵钮关闭对话框。

为负值加上红字或 ▲

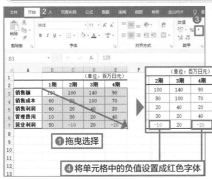
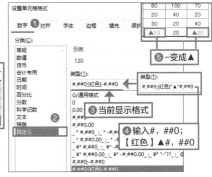

⬆ **图10** 选择单元格范围，从"开始"选项卡中单击"千位分隔样式"按钮，负数自动变成红色字体（❶～❹）。

⬆ **图11** 试试如何用▲代替−。选定单元格范围后打开"设置单元格格式"对话框，将"自定义"选项中的"类型"文本框中的#,##0;[红色]−#,##0替换为#,##0;[红色]▲#,##0（❶～❹）。由此，负值前的负号会替换为▲（❺）。

从基础学习
Excel的日期

在Excel中，处理日期格式时经常会出现茫然无措的情形。**图1**就是一例，无论日期显示成"2016/12/28"，还是"12月28日"，亦或"平成28年12月28日"等等格式，而实际输入到单元格内的数值都是同一数值。之所以会出现不同的显示结果，是由于日期格式在作怪。

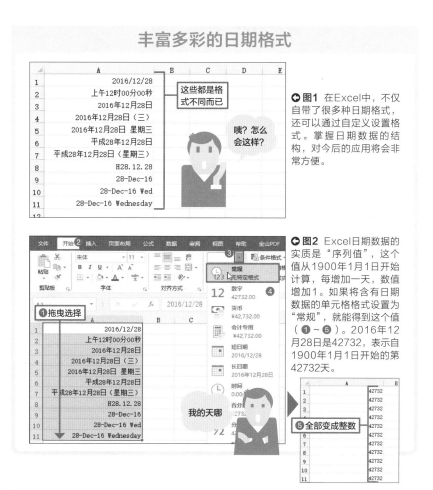

◐图1 在Excel中，不仅自带了很多种日期格式，还可以通过自定义设置格式。掌握日期数据的结构，对今后的应用将会非常方便。

◐图2 Excel日期数据的实质是"序列值"，这个值从1900年1月1日开始计算，每增加一天，数值增加1。如果将含有日期数据的单元格格式设置为"常规"，就能得到这个值（**①**～**⑤**）。2016年12月28日是42732，表示自1900年1月1日开始的第42732天。

日期也可以使用加减法

🔵 **图3** 利用序列值的原理可以轻松实现对日期的加减法。例如，从2016年12月28日（序列值为42732）中减去5，得到42727，日期为2016年12月23日。逆向计算加法得到42737，日期为2017年1月2日。

　　理解这种结构是日期攻略的捷径。试试将输入日期的单元格格式设置为"常规"，所有的日期数据全部变成整数（**图2**）。这些整数都是自1900年1月1日开始到该日期的天数，被称为"序列值"。例如42732表示第42732天，每增加一日，序列值增加1。

　　我们可以利用序列值的这种结构对日期进行计算。例如，从表示2016年12月28日的序列值中加上从-5到5的数后，就能得到从该日期前五天到后五天的所有日期（**图3**）。即使跨年计算也没有问题。

每年的开始日期以"年/月/日"的形式输入

🔵 **图4** 当输入"12/20"后会被系统默认为日期数据，尽管输入时只有"12月20日"，而实际上会被自动填充成完整格式的日期（❶ ❷）。如果向账簿等需要输入往年年份的日期时，需要连同年份一同输入到表格中（❸ ❹）。

可以切换为其他的日期格式

🔵 **图5** 首先向单元格内输入"12/28"或"2016/12/28"等数值，Excel会自动将其识别为当前日期数据。这种日期的显示格式的切换十分简单，下页中图6~图10将会介绍设置方法。

●可以识别为日期数据的输入方法

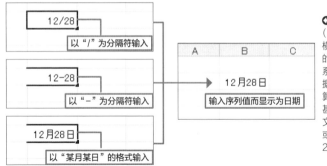

○**图6** 以半角"/"（斜线）或"-"（短横线）为分隔符输入的月日或年月日会被系统默认为日期数据，单元格会自动计算该日期的序列值。甚至可以直接输入中文的"12月28日"或"2016年12月28日"。

●从数字格式下拉列表中切换显示格式

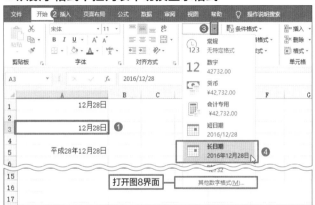

○**图7** 需要将年月日全部显示出来时，可以充分利用"开始"选项卡的"数字格式"下拉列表。选定"12月28日"的单元格后在下拉列表中选择"长日期"选项（❶～❹），单元格内的日期就显示为"2016年12月28日"。反过来，将"2016年12月28日"显示为"短日期"也是相同的操作方式。

●其他的日期格式可从"设置单元格格式"对话框中设置

○**图8** 从图7的下拉列表中选择"其他数字格式"选项后会自动打开"设置单元格格式"对话框。在"数字"选项卡中选择"日期"选项后，会有很多候选的格式种类。示例中是日本日历（和历）的显示格式。

如果今年是2017年，输入"12/28"后就是2017年12月28日

向单元格内输入"12/28"后，被会默认为日期格式，单元格会自动计算该日期的序列值后，显示为日期（前两页**图4**）。输入时如果省略了年份，Excel会自动填充为含有当年年份的日期，因此输入时需要留意年份。例如，在账簿中，如果在下一年度输入上一年的数据时，就需要连同年份一起输入，否则Excel会自动填充为输入年的年份值。

日期形式多种多样，可以在输入后设置单元格中的日期格式（**图5**）。除"12/28"，还有"12-28"、"12月28日"等格式都可以被默认为是日期数据（**图6**）。

如果想在日期中显示成"2016年12月28日"这样的完整日期，从"数字格式"的下拉列表中可以轻松设置（**图7**）。当想要的格式不包含在下拉列表中时，可以打开"设置单元格格式"对话框，从"数字"选项卡中选择"日期"选项进行设置即可。例如，选择"和历"，可以显示出"平成28年12月28日"等格式的日期（**图8**）。

另外，找不到想要的显示格式时，也可以通过"自定义"选项来进行设置。典型例子就是"2016年12月28日（三）"含有星期的格式。在图8的设置界面中选择"自定义"，按照Excel的规则输入文字即可（**图9**、**图10**）。1个字符的星期以半角的aaa来表示，需要追加"年"等文字时加上双引号即可。

●从"自定义"追加星期

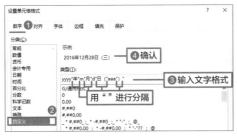

◯ **图9** 自定义图8设置界面中没有的格式。选择"数字"选项卡中的"自定义"选项，在"类型"文本框中输入文字格式（❶~❸）。例如，想要得到"2016年12月28日（三）"的格式时，需要输入yyyy"年"m"月"d"日"（"aaa"）"（星期设置中不需要双引号，译者注）。在预览框确认后，单击"确定"按钮。

●表示年、月、日、星期的格式

年	表示例	月	表示例	日	表示例	星期	表示例
yy	17	m	3	d	9	aaa	周四
yyyy	2017	mm	03	dd	09	aaaa	星期四
ge	H29	mmm	Mar			ddd	Thu
ggge	平成29	mmmm	March			dddd	Thursday

◯ **图10** 设置表示年、月、日、星期的格式（全部为半角）。这些格式全部包含在图9的显示格式中，只需在显示的时候替换成实际的年、月、日和星期。当需要追加"年"或"）"等特定字符时，用半角双引号加以分隔即可。

想输入"8/2"却自动显示成了日期格式

接下来介绍一下如何处理与日期有关的问题和技巧。有时想在单元格内显示"8/2"或"5-3"等格式，结果却被Excel默认成日期，相信会有很多读者经历过这种情况（**图11**）。这种情况需要让单元格不再将所输入的数据识别为日期，而应该识别为文本数据。

解决方法有两个，最简单的方法是输入时加上半角单引号（**图12**）。当不编辑该单元格时，单引号是不被显示的。还有一种方法是将单元格的格式重新设置为"文本"格式（**图13**）。当在多个单元格内进行数据输入时，这种操作方式效率最佳。

不需要将数据识别为日期时

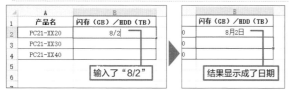

🔵 **图11** 想在单元格内显示"8/2"，结果输入完按下回车键却成了"8月2日"。这是制作配置表等文件时经常会遇到的问题。还有输入想表示"第三章第5节"的"3-5"的时候，也会显示成为日期，令人头疼不已。

🔵 **图12** 先在单元格内输入单引号"'"（❶）。这是表示文本格式的标志。之后接着输入"8/2"后，就不再显示成日期了（❷）。这是解决这类问题的一种方法。

●大规模输入时需要设置"文本"格式

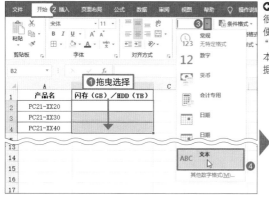

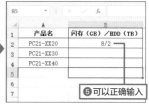

🔵🔵 **图13** 当需要输入数据的单元格很多时，直接更改单元格格式更加方便。选择需要输入的单元格范围，在"数字格式"的下拉列表中选择"文本"选项（❶～❹）。之后输入的数据就不会被默认为日期了（❺）。

使用键盘一次性输入当天的日期

◆图14 使用Ctrl+：组合键的快捷键组合，可以一次完成当日日期的输入，十分便捷（❶❷）。

●在营业日报中不能使用TODAY函数

◆图15 使用TODAY函数表示今天的日期，可是当第二天打开文件时，又变成了当天的日期。在制作营业日报和报价书时需要记录当日的日期，TODAY函数就成了鸡肋。

●TODAY函数的功能在于计算年龄

◆图16 通过DATEDIF函数和TODAY函数组合使用，与出生年月日相减后得出年龄（❶~❸）。每当打开文档时，TODAY函数都会重新计算，因此会自动得出该时间点的正确年龄数值。

　　在输入当日的日期时，使用快捷键Ctrl+：组合键（冒号键）是最便利的（**图14**）。即使不知道当日的日期是多少也没关系，Excel会根据电脑内置时钟自动输出正确的日期。

　　尽管TODAY函数也可以计算出当日的日期，可是当第二天再次打开文件时，该计算内容会发生变化，因此它并不适用于营业日报或报价单等日期性文件（**图15**）。但可以将TODAY函数应用于年龄的计算等领域，TODAY函数可以计算出基于当前时间的年龄，无论任何时间打开文件，都能显示出该时间点的正确年龄（**图16**）。

　　理解完日期的结构后，让我们试着制作日历（**图17**），进一步加深理解序列值与格式的应用。我们需要根据当前的年份与月份的数值，自动计算出该年月下的日期与星期。

日历的心得就是"加1后就是第二天"

　　首先，通过DATE函数得出该年月的序列值，并标记第一天。之后通过对序列值进行加法计算表示其后的所有日期。

　　右侧的单元格也填入同样的日期，但将其转换为aaa格式的星期（**图19**）。左侧的单元格转换为a格式的日期（**图20**、**图21**）。这样就得到了单独的日期与星期的数据。全部设置完毕后，改变一下年份或月份的数据进行校验（**图22**）。

在日历中复习日期的格式

	A	B	C	D
1	**2017**	**5**	❶输入2017和5	
2	**日期**	**星期**	**计划**	
3	2017/5/1	一		
4	2017/5/2	二		
5	2017/5/3	三		
6	2017/5/4	四		
7	2017/5/5	五		
8	2017/5/6	六	❷自动显示2017年5月的日期	
9	2017/5/7	日		
10	2017/5/8	一		
11	2017/5/9	二		
12	2017/5/10	三		

◑**图17** 活用日期格式，制作日历。在第一行内输入年份和月份后，自动得出该年月下的日期（❶❷）。

●通过对序列值的加法运算得出翌日日期

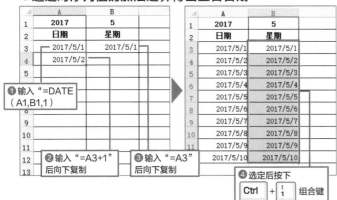

❶输入"=DATE（A1,B1,1）

❷输入"=A3+1"后向下复制

❸输入"=A3"后向下复制

❹选定后按下 Ctrl + ↑ 组合键

◑**图18** 在A3单元格内输入图中的DATE函数内容（❶），得到该年月下的第一天的日期。在A4单元格内输入"=A3+1"得到翌日的日期，再向下复制（❷）。在B3单元格内输入"=A3"后，左右单元格中显示出相同的日期后向下复制（❸）。全选B列的日期栏后打开"设置单元格格式"对话框（❹）。

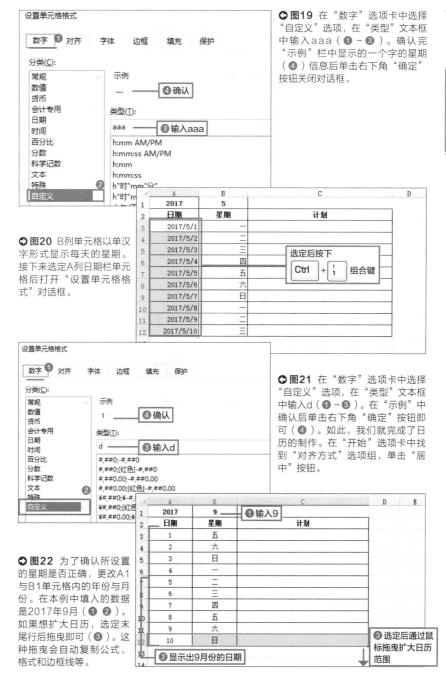

○**图19** 在"数字"选项卡中选择"自定义"选项,在"类型"文本框中输入aaa(❶~❸)。确认完"示例"栏中显示的一个字的星期(❹)信息后单击右下角"确定"按钮关闭对话框。

设置单元格格式

数字❶ 对齐 字体 边框 填充 保护

分类(C):

常规
数值
货币
会计专用
日期
时间
百分比
分数
科学记数
文本
特殊
自定义❷

示例
— 　❹确认

类型(T):

aaa ——— 　❸输入aaa

h:mm AM/PM
h:mm:ss AM/PM
h:mm
h:mm:ss
h"时"mm"分"
h"时"

○**图20** B列单元格以单汉字形式显示每天的星期。接下来选定A列日期栏单元格后打开"设置单元格格式"对话框。

	A	B	C	D
1	2017	5		
2	日期	星期	计划	
3	2017/5/1	一		
4	2017/5/2	二		
5	2017/5/3	三		
6	2017/5/4	四		
7	2017/5/5	五		
8	2017/5/6	六		
9	2017/5/7	日		
10	2017/5/8	一		
11	2017/5/9	二		
12	2017/5/10	三		

选定后按下
Ctrl + ↑¦ 组合键

设置单元格格式

数字❶ 对齐 字体 边框 填充 保护

分类(C):

常规
数值
货币
会计专用
日期
时间
百分比
分数
科学记数
文本
特殊
自定义❷

示例
1 — 　❹确认

类型(T):

d ——— 　❸输入d

#,##0;-#,##0
#,##0;[红色]-#,##0
#,##0.00;-#,##0.00
#,##0.00;[红色]-#,##0.00
¥#,##0;-#,
¥#,##0;[红色
¥#,##0.00;¥

○**图21** 在"数字"选项卡中选择"自定义"选项,在"类型"文本框中输入d(❶~❸)。在"示例"中确认后单击右下角"确定"按钮即可(❹)。如此,我们就完成了日历的制作。在"开始"选项卡中找到"对齐方式"选项组,单击"居中"按钮。

○**图22** 为了确认所设置的星期是否正确,更改A1与B1单元格内的年份与月份。在本例中填入的数据是2017年9月(❶ ❷)。如果想扩大日历,选定末尾行后拖曳即可(❸)。这种拖曳会自动复制公式、格式和边框线等。

	A	B	C	D	E
1	2017	9	❶输入9		
2	日期	星期	计划		
3	1	五			
4	2	六			
5	3	日			
6	4	一			
7	5	二			
8	6	三			
9	7	四			
10	8	五			
11	9	六			
12	10	日			
13					
14					

❷显示出9月份的日期

❸选定后通过鼠标拖曳扩大日历范围

轻松合并与拆分文本的技巧

加工篇

有一些文本量巨大的表格中，单元格内的信息例如"北海道"、"札幌中央南高"、"时隔2年第2次"等还是分开显示的。这时，假设我们需要将上述三项内容合并在一起，如按"札幌中央南高（北海道）/时隔2年第2次的格式显示出来（**图1**）。

反过来，有时也需要将合并在一起的文本分别输入到三个单独的单元格内。

无论是怎样加工数据，这种需求通常都是处理从网页中复制数据的必

轻松将文本合并&拆分

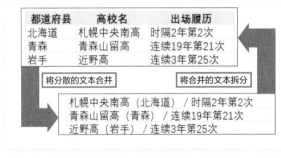

◆图1 将独立单元格内的文本合并到一起，或将一个单元格内的文本拆分，是处理Excel文本中经常遇到的情形。这种情况下，要牢记不能依靠单纯的复制粘贴来解决问题。

牢记使用&合并文本

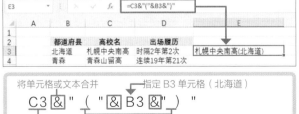

◆图2 使用半角&对分散在不同单元格内的文本进行合并，这是将单元格或文本间进行连接的符号。在对"（"等任意的文本符号进行合并时，需要使用半角双引号进行界定。

要步骤。面对这些问题时，决不能向其低头："不行了，只能靠手动一步一步地输入了！"。因此，在本章中我们将介绍如何快速地将文本合并与拆分的技巧。即使是成百上千条的数据，也可以在瞬间实现想要的结果。

文本合并时优先考虑&

将分散在各个单元格内的数据合并在一起是件简单的事，将单元格与单元格用半角&连接即可（**图2**）。另外，使用半角的双引号可以将任意文本字符合并。

在合并与拆分数据时，可以随意组合（**图3**）。合并时使用括号或斜线可以使合并后的文字看起来更清晰。无论是单元格与单元格之间，还是单元格与文本之间，合并时尽可能使用&，因为&才是合并文本的关键。

使用CHAR函数可以设置单元格内的自动换行（**图4**）。CHAR(10)表示单元格内换行文本，将其用&连接即可。但这种换行只是形式上的，或是无法自动换行，仍需要在"设置单元格格式"对话框中的"对齐"选项卡中设置自动换行（下页**图5**）。

随意设置合并文本

◐ **图3** 在合并与拆分时可以随意组合。在图2后加上"/"就可以添加出场次数。将图2最后的合并对象由"）"更换为"/"就可以将其后的D3单元格也进行合并。

也可以嵌入单元格中的换行

CHAR – 通过指定文字编码显示特定文字

=CHAR（数值）

◐ **图4** 设置在合并文本后进行自动换行可以使用CHAR函数，CHAR(10)表示单元格内自动换行。使用这项功能可以对任意位置进行合并。需要注意的是，直接操作时是无法自动换行的。

● 变更单元格格式的自动换行

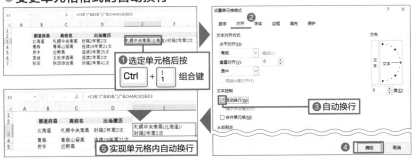

↑图5 通过Ctrl+1组合键等方式打开"设置单元格格式"对话框，在"对齐"选项卡中勾选"自动换行"复选框，实现单元格内的自动换行（**❶**～**❺**）。

拆分文本的关键是分隔符号！函数的优势是二次计算

拆分文本并不像合并那样简单。首先，浏览整体数据，需要可以进行分类的文本字符（**图6**）。如果找到能够将全部数据进行分类的文本字符，就如同完成了拆分任务。

拆分文本主要有三种方法，分别是函数、"分列"和Word（**图7**）。三种方法各有所长，接下来将对其分别介绍，让我们先学习函数的用法。

函数方法中，在使用FIND函数时，重点是找到拆分字符的位置（**图8**）。以此为基础，通过LEFT函数将最初的内容从左侧提取出来（**图9**）。

拆分文本的三种方法

1. 函数拆分
以分隔符所在位置为基础，
使用公式提取必要的文本；

2. "分列"拆分
在"数据"选项卡中通过"分列"以
分隔符为基准进行拆分；

3. Word拆分
将Excel中的数据复制到Word中，
通过替换分隔符进行拆分。

↑图6 在拆分文本时，最重要的是找到可以成为分隔符的文本字符。如果在全部数据中能够发现这个分隔符，就如同完成了拆分任务，这样可以有效地提高拆分作业的效率。

↑图7 上面就是拆分文本的三种主要方式。函数稍稍有些复杂，但优势是即使元数据被替换，仍可以通过二次计算自动进行拆分。仅需进行一次的操作可以使用"分列"，而更加复杂的拆分就只能交给Word了。

分隔符的位置在哪里？

FIND – 查询指定字符位于源字符串中的位置

=FIND（检索字符串、对象、开始位置）

🔼🔽**图8** 首先使用函数拆分。操作要点是知道分隔符位于源字符串的第几个字符。这个数值可以通过FIND函数获得。参数中的"检索文本"会自动返回到"对象"文本中首次出现的位置。本例中的"（"为全角字符。

札幌中央南高（北海道）/时隔 2 年第 2 次

❶查询"（"位于第几个字符

=FIND（"（",B2）

得到在 B2 单元格内"（"位于第几个字符数

❷查询"/"位于第几个字符

=FIND（"／",B2）

得到在 B2 单元格内"/"位于第几个字符数

●通过LEFT函数从文本开头截取字符

LEFT – 截取"左侧n个字符"

=LEFT（字符串，字符数）

🔼🔽**图9** 通过LEFT函数截取高中校名。由于截取的范围截止到分隔符的前一个字符，在作为参数的"截取字符数"中需要从图8之❶的结果中减1。在初学阶段，建议读者分别在C列、D列验证后再进行下一步操作。

札幌中央南高(北海道)/时隔2年第2次	7	12	=LEFT(B2,FIND("(",B2)-1)
青森山麓高(青森)/连续19年第21次			
近野高(岩手)/连续3年第25次			
五轮学园高(宫城)/连续2年第	图8之❶	图8之❷	最终函数公式
秋田综合高(秋田)/时隔2年第			
东北山形高(山形)/18年ぶり13回目			

=LEFT（B2,FIND（"（",B2）-1）

文本　　　截取字符数

截取位置截止到

札幌中央南高（北海道……

●截取第二项时使用MID函数

MID – 从指定位置开始截取字符

=MID（字符串，开始位置，字符数）

=MID（ B2,F I N D（"（",B2）+1,

字符串　从第n个字符开始截取

从"（"的右侧字符开始截取，所以 +1

FIND（"／",B2）-2 -FIND（"（",B2）)

截取字符数

用"/"的左侧两个字符的位置减去"（"的位置，
得到需要截取的字符长度

开始位置

札幌中央南高（北海道）/时隔两年第二次
1 2 3 4 5 6 7 8 9 10 11 12 13 14 15

截取字符的结尾

两个位置相减之差即为截取字符长度

🔽**图10** 截取第二项时需要使用MID函数，截取从"第n个字符开始的长度为m的字符串"。参数中的"开始位置"为"分隔符位置"+1，"字符串长度"为"第二个分隔符的位置-2-第一个分隔符位置"。

截取第二项的公式稍稍有些复杂。通过MID函数求出两个分隔符之间的字符数（前页**图10**）。截取第三项时，需要将RIGHT函数与LEN函数组合使用，将字符从右侧截取（**图11**）。将上述三个公式分别填入各自的单元格后（**图12**），通过拖曳就可以对其他行进行同样的操作。

函数的优势在于二次计算。如果将要拆分的文本数据替换了，那么其拆分的结果中也会实时更新。同时，向表格中添加将要拆分的文本数据时，只需拖曳公式即可完成数据的更新。

仅需一次的作业推荐使用"分列"拆分

在处理仅需一次拆分作业的数据时，推荐使用"数据"选项卡中的"分列"功能（**图13**）。这个功能是完全依照Excel的提示进行操作的，例如以"（"为分隔符，截取学校名称。

●最后一项通过右侧的RIGHT函数截取

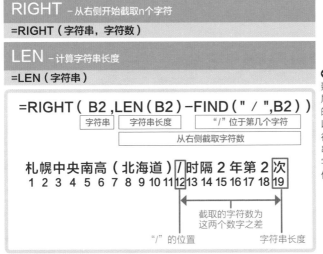

◆**图11** 截取出场次数时，从源字符串结尾处开始到"/"之前的字符即可。这时可以使用RIGHT函数进行截取。截取的字符串长度可以通过全部字符串的长度与"/"位置的数值得出。

◆**图12** 在图9~图11的函数公式中，我们将"札幌中央南高（北海道）/时隔2年第2次"进行了三次拆分。之后只需将填好的公式拖曳到其他的单元格即可。

再次使用"分列"功能，截取都道府县与出场次数（**图14**）。尽管二者之间被"）/"分割，但在"文本分列向导"对话框中只能指定一个字符作为分隔符，因此只能在"）"和"/"之间二选一。然而，无论使用哪个符号作为分隔符，都会在拆分结果中留下另一个分隔符，这需要使用替换功能将其统一删除（下页**图15**）。

用"分隔符"拆分，简单明了

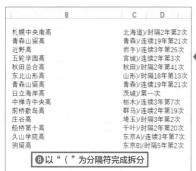
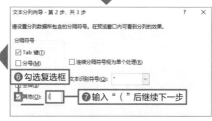

⬆️⬅️ **图13** 选定要拆分的单元格后，在"数据"选项卡中的"数据工具"选项组中单击"分列"按钮，打开"文本分列向导"对话框（❶~❸）。将"（"设置为分隔符后（❹~❼），学校名称与分隔符后面的文字被拆分成两组单元格（❽）。

●将多余的字符置换后删除

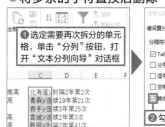
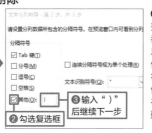

⬅️ **图14** 接下来将需要再次拆分的单元格选定，拆分出都道府县与出场次数等信息。操作顺序与图13相同，使用"）"或"/"作为分隔符进行拆分（❶~❸），在本例中将"）"设置为分隔符。在图15中，我们将介绍如何删除残留的"/"。

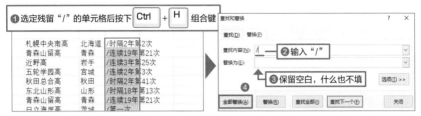

① 选定残留"/"的单元格后按下 [Ctrl] + [H] 组合键

札幌中央南高	北海道	/时隔2年第2次
青森山留高	青森	/连续19年第21次
近野高	岩手	/连续3年第25次
五轮学园高	宫城	/连续2年第3次
秋田总合高	秋田	/时隔2年第41次
东北山形高	山形	/时隔18年第13次
青森山留高	青森	/连续19年第21次

② 输入"/"

③ 保留空白，什么也不填

⬆**图15** 选定残留"/"的单元格进行替换（**①**）。重点是查找"/"，在"替换为"文本框中保持空白（**②~④**）。这样操作就将"/"全部删除了。

Word可以轻松处理复杂的分隔符

① 复制需要拆分的内容

| 札幌中央南高(北海道)/时隔2年第2次 |
| 青森山留高(青森)/连续19年第21次 |
| 近野高(岩手)/连续3年第25次 |
| 五轮学园高(宫城)/连续2年第3次 |

② 打开Word

⬅⬇**图16** 通过Word也能进行拆分。当被拆分内容中含有像"）/"两个以上的分隔符时，与其使用Excel一步一步地反复操作，在Word中处理会简单很多。复制需要拆分的单元格后，在Word中以"只保留文本"的方式粘贴（**①~⑤**）。

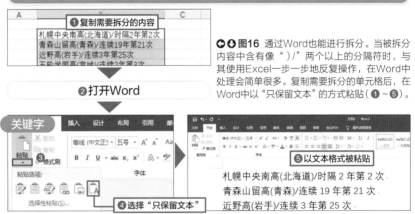

关键字

③ 格式刷

④ 选择"只保留文本"

⑤ 以文本格式被粘贴

札幌中央南高(北海道)/时隔 2 年第 2 次
青森山留高(青森)/连续 19 年第 21 次
近野高(岩手)/连续 3 年第 25 次

当遇到两个以上的分隔符时，毫不犹豫地打开Word

当被拆分内容中含有像"）/"两个以上的分隔符时，在Word中处理会更简便。将需要拆分的单元格复制后粘贴到Word中，用制表符替换分隔符。再将替换后的文本复制回Excel，由于制表符自动成为列的分隔符，原有项目被自然拆分。

将Excel数据不带格式地复制到Word中（**图16**）。将文本全选后打开"查找和替换"对话框，将原文中的分隔符"（"替换为制表符（**图17**）。尽管制表符是半角的"^t"，但由于是菜单式操作方式，即使初学者也容易上手。

在"查找与替换"对话框中，还可以设置将第二项分隔符"）/"也用制表符替换（**图18**、**图19**）。

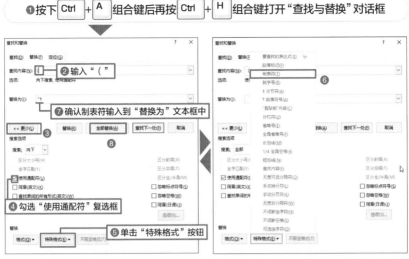

❶按下 Ctrl + A 组合键后再按 Ctrl + H 组合键打开"查找与替换"对话框

◆图17 将粘贴好的文本全选后，按下Ctrl+H组合键，打开"查找和替换"对话框（❶）。查找第一项分隔符"（"（❷），设置替换为制表符后，单击"全部替换"按钮（❸~❽）。制表符可以从"特殊字符"列表中选择，也可以手动输入半角"^t"。

◆图18 保持图17替换后的界面不变，对第二项分隔符进行替换。在"查找内容"文本框中输入"）/"，将其全部替换为制表符（❶❷）。

将"（"替换为制表符　将"）/"替换为制表符

札幌中央南高	北海道	
青森山留高	青森	连续 19 年第 21 次
近野高	岩手	连续 3 年第 25 次
五轮学园高	宫城	连续 2 年第 3 次
秋田总合高	秋田	时隔 2 年第 41 次
东北山形高	山形	时隔 18 年第 13 次

◆图19 分别将每项分隔符替换为制表符。之后将其全部复制后，不带格式地粘贴回Excel中（参考108页图11）。制表符在Excel中会自动默认为列的分隔符，因此粘贴后拆分内容会自动分配到相应的列中。

加工篇

终极时效！
魔术般的表格排列技巧

　　在开始学习之前，请先浏览一下**图1**和**图2**。在图1中，要将A列中的项目以"每四项一行"的方式重新排列。在图2中，为了打印方便，需要将横向过宽表格按照精简通讯簿的格式再次排列。这种操作在实际工作中会经常遇到，如果数据量十分庞大，可能就直接放弃了。

再复杂的要求也有快速处理技巧

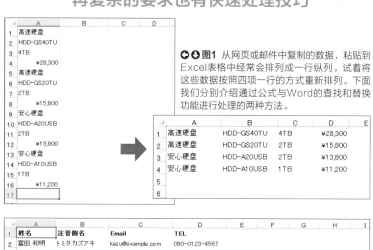

○○图1 从网页或邮件中复制的数据，粘贴到Excel表格中经常会排列成一行纵列。试着将这些数据按照四项一行的方式重新排列。下面我们分别介绍通过公式与Word的查找和替换功能进行处理的两种方法。

○○图2 为了打印方便，将横向过宽表格按照精简通讯簿（日式手帐）的格式重新布局，将每项内容分成两行或三行。手动操作，一项一项地处理将非常耗时，这时可以通过Excel公式或Word的通配符替换功能进行处理，效率十分明显。

　　但是，换成是Excel达人，就完全是另一番情形了。当我们还在犹豫不决的时候，他们已经将文件轻松利落地处理完了。本章中将介绍那些具有终极实效性的操作技巧。受篇幅所限，示例内容只有寥寥数件，但操作要点（处理效率）都是一样的，即使面对成百上千条的庞大数据也应对自如。接下来我们将分别介绍使用Excel的处理方法和通过Word的通配符替换功能的处理方法。请根据个人喜好，分开掌握使用。

　　首先，作为练习，让我们将图1的布局重置为"每四项一行"的格式。

使用公式将图1的布局重新排列

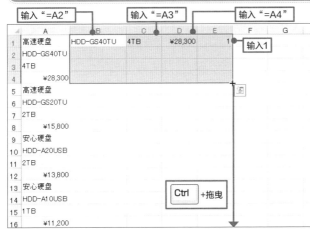

○**图3** 在B1～D1单元格内分别输入图中的公式，使其分别显示原文中第一项下的第2～4条信息。E1单元格内输入1。选定B1～E4单元格后按住Ctrl键后用鼠标拖曳到E16单元格，完成自动填充。

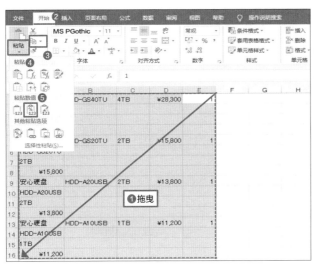

○**图4** 将公式复制后，以E1为起点向A16单元格拖曳选定（**❶**）。后面的操作中将以E1为基准进行排列，因此选定单元格时必须以E1为起点。在"开始"选项卡中单击"复制"按钮（**❷ ❸**），再到"粘贴"按钮下单击▼按钮，选择"值和数字格式"选项（**❹ ❺**）。这样操作就可以将原单元格内的所有公式的结果替换为文本和数值。

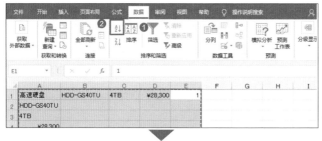

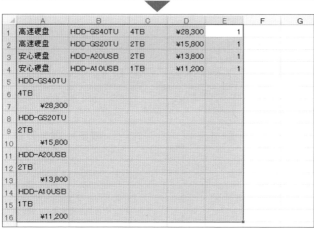

○图5 接下来使用"数据"选项卡中的"升序"按钮重新排序（❶❷）。活动单元格（所选单元格范围内反转为白色的单元格）所在列作为排序基准，含1的所有行将集中到一起。最后将不需要的列删除即可。

再试试Word的通配符替换功能

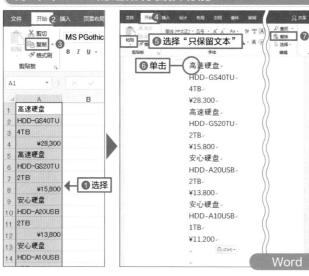

○图6 将Excel中的单元格复制后（❶~❸），在Word中打开新文档，以"只保留文本"的形式粘贴（❹❺）。将光标放在第一行的第一个字符前（❻），单击"开始"选项卡中的"替换"按钮（❼）。也可以使用Ctrl+H组合键打开图7的"查找和替换"对话框。

通过公式操作实现"每四项一行"

　　使用Excel处理表格数据时，需要充分发挥公式的威力。首先将第一条信息的各个项目分离出来横向排列后，在结尾处再加上一个用于排序的数字1。之后这列追加的列也作为第一条信息的一部分，向下复制后，就得到了想要的格式（**图4**）。将原文中的格式通过复制粘贴的形式变换后，以右侧数字1为基准，将表格重新排序（**图5**）。表格的布局被设置成理想的格式后，将不需要的数据删除。

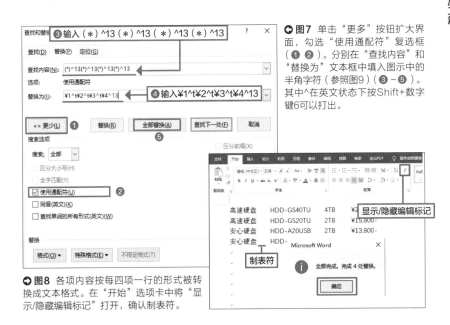

❻**图7** 单击"更多"按钮扩大界面，勾选"使用通配符"复选框（❶❷）。分别在"查找内容"和"替换为"文本框中填入图示中的半角字符（参照图9）（❸~❺）。其中^在英文状态下按Shift+数字键6可以打出。

❻**图8** 各项内容按每四项一行的形式被转换成文本格式。在"开始"选项卡中将"显示/隐藏编辑标记"打开，确认制表符。

● "(*)"表示每项内容，"^13"表示换行，"^t"表示制表符

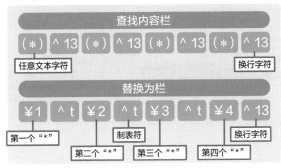

❻**图9** 本图中说明图7输入的字符的含义。每个字符被系统赋予了特殊的含义，半角的"^13"表示换行，"^t"表示制表符。半角"(*)"表示任意文本字符，替换时按照顺序被指定为"¥1""¥2"等。在本例中，将"文本字符、换行、文本字符、换行、文本字符、换行、文本字符、换行"替换为"文本字符、制表符、文本字符、制表符、文本字符、制表符、文本字符、换行"。

如果觉得Excel的操作太麻烦了，还可以试试Word的处理方式。将Excel中的数据不带格式地复制到Word中，通过Word的替换功能进行处理（前页图6、图7）。Word中预置通配符，分别在"查找内容"和"替换为"文本框中设置，可以将文本转换为想要的格式。

图7中输入的通配符可能会令很多读者感到迷惑，这些字符乍一看的确令人费解。图9中的这些通配符所指代的含义是将"文本字符、换行、文本字符、换行、文本字符、换行、文本字符、换行"替换为"文本字符 、制表符、文本字符、制表符、文本字符、制表符、文本字符、换行"。其中，"(*)"和"¥数字"表示任意文本字符，"^13"表示换行，"^t"表示制表符。只需将这几项内容理解了，整体的意思就通顺了。

●将结果不带格式地复制到Excel

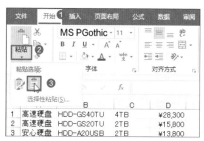

⬆图10 将图8中的结果全选后复制到Word中（❶～❸）。这一步操作可以使用Ctrl+A组合键和Ctrl+C组合键。

⬆图11 将复制后的结果不带格式地粘贴到新的工作表中（❶～❸），注意不要与图6左表放在同一个工作表中。制表符会被自动识别为拆分符号，将各项内容自动分配到不同的列。

现在Word中处理图2的表格

⬆图12 上面的图是图2中Excel版通讯录。与图6相同的流程，将除标题栏之外的内容不带格式地复制到Word。设置制表符分列。将光标放在第一行第一个字符后，打开图7的替换界面。

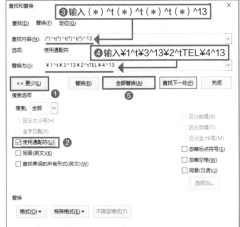

◐◑图13 勾选"使用通配符"复选框（❶ ❷）。在"查找内容"文本框和"替换为"文本框中分别填入图中的字符后，单击"全部替换"按钮（❸～❺）。将每条信息的格式设置为"姓名、制表符、邮件、换行、英语姓名、制表符、TEL电话号码、换行"的格式。

富田 和明	kazu@example.com
トミタ カズアキ	TEL090-0123-4567
大森 かなえ	kanae@example.com
オオモリ カナエ	TEL 090-0234-5678
大河内 純	jun@example.com
オオコウチ ジュン	TEL 090-0345-6789
铃木 翔太	shuota@example.com
スズキ ショウタ	TEL 090-0567-8901
矢部 隼人	yabe@example.com
ヤベ ハヤト	TEL 090-0678-9012

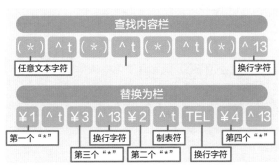

◯图14 图13中输入的字符乍一看或许有点难以理解，但实际上很简单。将原有的"姓名、制表符、英语姓名、制表符、邮件、制表符、电话号码、换行"的格式重置为"姓名、制表符、邮件、换行、英语姓名、制表符、TEL电话号码、换行"的格式。邮件（¥3）放在第一行第二列，英文姓名（¥2）放在第二行第一列。而TEL的字符可以随意地添加。

　　在Excel与Word之间的复制粘贴，制表符是分列的分隔符。因此，只需替换三个制表符即可得到想要的格式。再将替换后的文本不带格式地复制回Excel的新工作表即可（**图10、图11**）。

　　想要加深对通配符的理解，可以试着将图2的表格在Word中操作一下（**图12～图14**）。

在Excel中格式重置的重点是插入行

　　这与之前出现的*等特殊字符的效果是一样的。将原有的"姓名、制表符、英语姓名、制表符、邮件、制表符、电话号码、换行"的格式重置为"姓名、制表符、邮件、换行、英语姓名、制表符、TEL电话号码、换行"的格式。作为示例，在电话号码前加TEL字样。

同样的重置在Excel中也能进行。首先，为了实现表中每条信息两行的形式，需要在原表格中每行下插入一行空白行。如果数据量庞大，可以使用连续序号进行排序。在原表格的右侧按行添加连续编号，再将新添加的编号向下复制一次（**图15**）。将所有含编号的行进行排序，得到每条信息行下都出现一行空白行（**图16**）。需要注意的是，如果原表格中需要插入两行，就将连续标号复制两次，需要三行，就复制三次，以此类推。

接下来使用公式将表格重新排列，再将设置好的单元格向下复制。得到的结果不带格式地复制后，粘贴到新的工作表中，稍稍调整一下格式就完成了（**图17～图19**）。

在Excel中处理图2的格式重置

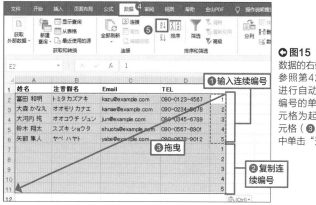

○ **图15** 向前面图2上面的表格数据的右端添加连续编号（❶）。参照第42页图5的操作要点，进行自动填充。复制添加连续编号的单元格（❷）。以E2单元格为起点，选择全部数据单元格（❸），在"数据"选项卡中单击"升序"按钮（❹ ❺）。

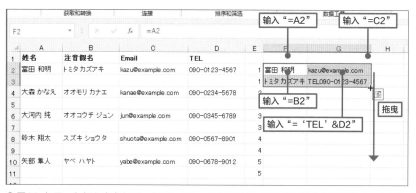

○ **图16** 每隔一行插入空白行后，向F2、G2、F3和G3单元格内分别输入各自的公式，表示姓名、邮件、英文姓名和TEL电话号码。最后选定F2～G3单元格后向G11拖曳自动填充。

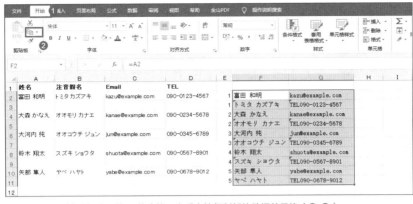

↑图17 将公式复制后得到想要的表格，之后直接复制新的数据单元格（❶❷）。

●不带格式地粘贴可以有效地调整单元格格式

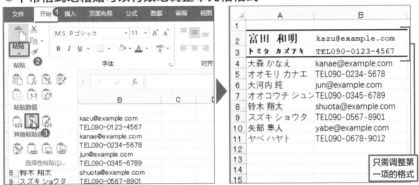

↑图18 将复制后的内容以"值"或"值和数字格式"的方式粘贴到新的工作表（❶~❸）。格式调整时只需处理第一项（右图）。本例中重新设置了字体与字号，上下边框添加了边框线。

↑图19 选择2~3行的行号栏，之后拖曳选择全部数据单元格（❶）。将光标放在行号的右下角，当出现黑色十字后单击右键向第11行拖曳（❷）。松开鼠标时会弹出快捷菜单，选择"仅填充格式"命令（❸），第一项信息的格式会被复制到其他项信息。

自动填充篇

将有规律的数据
在指定范围内自动填充

将相同或连续的数据填充到单元格

株式会社NKBP通信	¥250,000
株式会社NKBP通信	¥250,000
株式会社NKBP通信	¥250,000
株式会社NKBP通信	¥250,000
株式会社NKBP通信	¥250,000

相同的数据

1	第1期	2017/3/20	¥250,000
2	第2期	2017/4/20	¥500,000
3	第3期	2017/5/20	¥750,000
4	第4期	2017/6/20	¥1,000,000
5	第5期	2017/7/20	¥1,250,000

连续的数据

⬆图1 接下来我们介绍如何将基准单元格内的数据，以同样或连续的方式自动填充到与之相邻的单元格内的操作技巧。将使用包括"自动填充"在内的各种"填充"工具。

　　向单元格内输入数据时，经常会遇到将相同的数据复制到相邻单元格、或填入有规律的连续数据的情形。Excel为了方便此类操作，预置了拖曳等操作功能，让用户可以快速地完成此类数据的自动输入。

拖曳可以轻松完成自动输入

▲	A	B	C	D	E
1	分期付款表				
2					
3	期	收款人	日期	付款额	付款累计
4	1	株式会社NKBP通信	2017/3/20	¥250,000	¥250,000
5	2	株式会社NKBP通信	2017/4/20	¥250,000	¥500,000
6	3	株式会社NKBP通信	2017/5/20	¥250,000	¥750,000
7	4	株式会社NKBP通信	2017/6/20	¥250,000	¥1,000,000
8	5	株式会社NKBP通信	2017/7/20	¥250,000	¥1,250,000
9					
10					
11					

⬆图2 使用自动填充时，以最先输入的数据为基准，可以向其下面的单元格内自动填充相同或连续的数据。在本例中，我们通过自动填充功能输入"分期付款表"。

复制第一个单元格的数据，制作连续数据

本节中，我们以"分期付款表"为例，介绍一下类似的填充功能（**图2**）。

首先，在第一个单元格内填入收款的公司名称，之后再次选定该单元格。使用拖曳符号（右下角的**十**）向下拖曳，与第一个单元格内相同的数据和格式将会被复制到被拖曳范围内的各个单元格（**图3**）。这一功能被称为"自动填充"，也可用相同的方法复制数值数据（**图4**）。

在填充数值时，可以自动输入固定的增减规律的数据。需要自动输入递增数据时，按下Ctrl键使用拖曳的方式进行拖曳即可完成（**图5**）。但要注意的是，递增只能沿着一个方向，即向下或向右。如果向上或向左拖曳，就会变成递减的数据。

另外，如果对文本中含有数字的数据进行自动填充，数字的部分会自动递增为连续的序号（**图6**）。而如果只想将这些数据复制的话，按住Ctrl进行

●复制基准单元格数据

⊙图3 自动填充文本时，基准单元格内的数据会被复制到被填充的单元格内。选择已输入收款人的B4单元格，将拖曳符号（右下角的**十**）向下拖曳到B8单元格，B4单元格内的文本连同格式被同时复制到B5～B8单元格内。

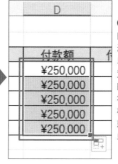

⊙图4 当单元格输入的内容为数值时，自动填充也能向相邻的单元格复制数据。选定已经输入了付款额的D4单元格，将拖曳符号拖曳到D8单元格，D4单元格的数值就被复制到了D5～D8单元格。

●输入连续的数值

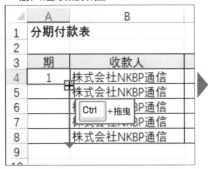

◐ 图5 在"期"列中输入从1开始的连续序号。然而，此处如果以输入1的单元格为基准，向下填充时，只是单纯的复制单元格。如果拖曳时按下Ctrl键，那么就会自动填入以基准数值为基础的顺序递增数值。

◐ 图6 我们再介绍一下含有数字的文本示例。这种情况下，使用自动填充，数字的部分会自动形成递增的连续序号。而如果只想将这些数据复制的话，按住Ctrl键进行拖曳即可。

拖曳即可。换句话说，需要得到与一般的自动填充相反的结果时，按住Ctrl键+自动填充即可。

对日期数据进行一般的自动填充时，日期也会顺序递增为连续的数值（图7）。如果需要得到以月份或年份为单位的递增数据，将拖曳符号与鼠标右键结合使用，松开鼠标右键会自动弹出快捷菜单，选择需要的命令即可（图8）。

递增的等差可以是1，也可以是其他的任意值。在前两个单元格内分别输入想要的数值后选定这两个单元格，拖曳右下角的拖曳符号，在拖曳范围内的单元格中，会自动填充与前两个单元格相同等差的连续递增数据（图9）。需要提醒的是，如果第二个单元格的数值小于第一个单元格的数值，即两个数值间的等差为负值时，拖曳后的数据就连续递减。

● 输入连续日期数据

○ **图7** 对日期数据进行一般的自动填充，可以得到连续递增的日期。而如果需要复制相同的日期时，按住Ctrl键+拖曳即可。

○○ **图8** 在本例中，设置以月份为单位的连续递增数据。按住鼠标右键进行拖曳（❶），松开鼠标后在弹出的快捷菜单中选择"以月填充"命令即可（❷）。在这个菜单中，还设定有其他的多种填充模式可供选择。

● 以指定的等差输入连续数值

○ **图9** 需要以特定的等差自动输入连续数值时，先将前两个单元格分别填入特定的数值，再选定这两个单元格，向下拖曳，其他的单元格就被自动填充与前两个单元格相同等差的连续递增数据。

设置填充选项，输入连续日期

本节中，我们以制作工作计划表为例，详细地介绍如何设定自动输入连续日期（**图10**）。

对两个以上的单元格输入文本数据后进行自动填充，其后的单元格都将按顺序被自动填充之前单元格的文本内容（**图11**）。

如果在设置界面中设置更详细的参数，还可以实现连续数据的自动填充。接下来让我们试试设置除周六周日外的工作日，每隔三天显示一次的日期自动填充。先将基准日期输入到单元格内，再选定这些单元格，在"开始"选项卡中单击"填充"按钮，从下拉列表中选择"序列"选项（**图12**）。在"序列"对话框中的"日期单位"选项组中选择"工作日"单选按钮，在"步长值"数值框中输入3后，单击"确定"按钮（**图13、图14**）。

设置变化规律填充连续数据

	A	B	C	D	E	F
1	工作计划表					
2						
3	负责班	开始工作日期	进度度			
4	A	2017/5/8	8.0%			
5	B	2017/5/11	19.5%			
6	C	2017/5/16	31.0%			
7	A	2017/5/19	42.5%			
8	B	2017/5/24	54.0%			
9	C	2017/5/29	65.5%			
10	A	2017/6/1	77.0%			
11	B	2017/6/6	88.5%			
12	C	2017/6/9	100.0%			
13						

◆**图10** 自动填充不仅可以单纯的设置数据的递增或递减，还可以设置更加复杂连续数据的自动输入，这时可以使用"序列"功能。在本例中，用这一方法将A班～C班，按照工作日每三天交班一次的频率制作"工作计划表"。

●重复输入同一条件的数个数据

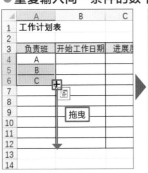

◆**图11** 在不含数字的文本数据中，以两个以上单元格为基准进行自动填充时，可以将这些单元格内的数据按照既定的规律重复输入。本例中，为确定三个班组的工作交班时间，将A、B、C三个字符重复数次输入。

● 按照规定的间隔频率输入工作日的日期

● 图12 在"开始工作日期"数据列中，输入每隔三天交班一次的开始工作日期。同时，要避开休息日。在表格起点的B4单元格内输入"2017/5/8"后选择B4~B12单元格（❶），在"开始"选项卡中单击"填充"按钮（❷ ❸），在下拉列表中选择"序列"选项（❹）。

● 图13 在"序列"对话框中，根据所选择的单元格结构，在"序列产生在"选项组中选择"列"单选按钮，在"类型"选项组中选择"日期"单选按钮，在"日期单位"选项组中选择"工作日"单选按钮（❶）。在"步长值"数值框中输入3（❷）后，单击"确定"按钮（❸）。

	A	B	C
1	工作计划表		
2			
3	负责班	开始工作日期	进展度
4	A	2017/5/8	
5	B	2017/5/11	
6	C	2017/5/16	
7	A	2017/5/19	
8	B	2017/5/24	
9	C	2017/5/29	
10	A	2017/6/1	
11	B	2017/6/6	
12	C	2017/6/9	

● 图14 从起始日期"2017/5/8"开始，向B5~B12单元格内自动填充除去每周六日、以三天为间隔工作日的日期。

● 以两个单元格的固定等差，自动填充数值

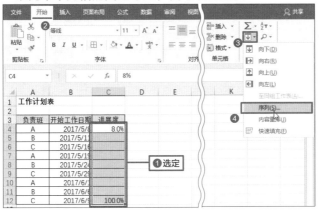

● 图15 最先开始工作的A班的完成进度是8%。将剩余的工作量八等分，最后完成100%。在起始单元格C4与末尾单元格C12中输入数据后选定（❶），从"开始"选项卡中单击"填充"按钮，选择下拉列表中的"序列"选项（❷~❹）。

●图16 在"序列"对话框中的"步长值"数值框中自动填入Excel计算的数值（❶）。保持原有设定不变，单击"确定"按钮❷。

	A	B	C
1	工作计划表		
2			
3	负责班	开始工作日期	进展度
4	A	2017/5/8	8.0%
5	B	2017/5/11	19.5%
6	C	2017/5/16	31.0%
7	A	2017/5/21	42.5%
8	B	2017/5/24	54.0%
9	C	2017/5/29	65.5%
10	A	2017/6/1	77.0%
11	B	2017/6/6	88.5%
12	C	2017/6/9	100.0%
13			
14			
15			

●图17 所选范围内的单元格中，根据从起始到末尾的数值，自动计算并填入工作进度百分比。如果在起始单元格与中间单元格内输入数值，再进行前面的操作，那么从起始单元格到中间单元格之间的全部单元格内按等差自动填入数值，而剩余的单元格内也会按照同一等差填入相应数值。

Excel主动识别规律自动填充

	A	B	C
1	购买资料一览		
2			
3	资料名	对象软件	系列名
4	轻松掌握 Excel 2016	Excel	轻松掌握系列
5	超简单 Word 2013	Word	超简单系列
6	超简单 Windows 10	Windows	超简单系列
7	面面俱到 PowerPoint 2016	PowerPoint	面面俱到系列
8	面面俱到 Word 2016	Word	面面俱到系列
9			

●图18 Excel具有根据单元格内填入的数据主动识别规律的功能。本例中，从"资料名"列中的书名，"对象软件"对应的英语单词，甚至是"系列名"数据列中的"系列"都可以自动截取。

●自动显示与输入备选内容

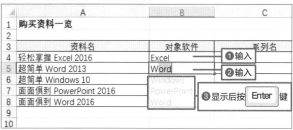

	A	B	C
1	购买资料一览		
2			
3	资料名	对象软件	系列名
4	轻松掌握 Excel 2016	Excel	
5	超简单 Word 2013	Word	
6	超简单 Windows 10		
7	面面俱到 PowerPoint 2016		
8	面面俱到 Word 2016		
9			
10			

●图19 在本例中需要将"资料名"列书名中的英语单词截取到"对象软件"列中。当向B4单元格输入Excel（❶）和向B5单元格输入Word（❷）时，输入中途会自动提示剩余字母，不仅如此，向同列的其他单元格输入时也会提示候选内容。当确认候选内容为输入内容时按Enter键即可（❸）。

	A	B	C
1	购买资料一览		
2			
3	资料名	对象软件	系列名
4	轻松掌握 Excel 2016	Excel	
5	超简单 Word 2013	Word	
6	超简单 Windows 10	Windows	
7	面面俱到 PowerPoint 2016	PowerPoint	
8	面面俱到 Word 2016	Word	
9			
10			

●图20 B6～B8的单元格内，自动从同行的"资料名"列中截取出英语单词。这一功能被称为"快速填充"，但只对应Excel 2013及以后的版本。

另外，如果在所选单元格的起始行与结尾行分别填上数值后打开"序列"对话框，在"步长值"数值框中的数值会自动填好。直接单击"确定"按钮后，在这两个填入数据的单元格之间的其他单元格内会自动填入等差数值（前页**图15~图17**）。

最后，再介绍一下Excel 2013及以后版本中新增的"快速填充"功能（**图18**）。将"资料名"列中出现的英语单词输入到同行的"对象软件"列后，再向同列的第二个单元格内输入文本时，会自动出现提示内容（**图19**）。此时，按下Enter键即可输入所提示的内容（**图20**）。

自动填充功能既可以被动识别提示内容，也可以根据用户主动设置的内容而进行提示。选定目标单元格，从"开始"选项卡中的"填充"按钮的下拉列表中找到"快速填充"（**图21**）。这时可以看到，同行"资料名"列中单元格内文本前半部的中文被自动填充到"系列"列中（**图22**）。

●以一个单元格为基准进行自动填充

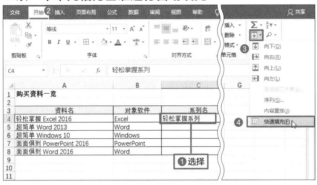

◆**图21** 自动填充功能的运行首先需要连续向单元格内输入内容，之后Excel自动识别数据的构成。在本例中，先向C4单元格内输入"轻松掌握系列"，再重新选定C4单元格（**①**），单击"开始"选项卡中的"填充"按钮（**②③**），选择"快速填充"选项（**④**）。

◆**图22** 在C4~C8的各个单元格内，同行"资料名"中前半部的中文被自动填充到"系列名"列中。需要注意的是这种自动填充规则是Excel自动识别的，并不能完全提供我们所期望的内容。

一般来说，"填充"功能能够自动填充的序列数据都是含有日期或时间的"数字"格式的数据。而对于不含数字的文本数据来说，只能算是单纯的复制操作。

设置自定义的序列数据

然而，Excel在"编辑自定义列表"中预设了输入次数频繁的文本组合。不仅如此，通过"编辑自定义列表"我们也可以设置自己经常使用的文本组合。接下来，我们利用这一功能，制作某家超市一周的特价商品一览表（**图23**）。

Excel预设的星期表示方式是"一、二、三……"，或是"星期一、星期二、星期三……"等文本格式。本例中我们将"一"代表星期一，之后的部分将自动填充（**图24**）。先将"一"输入到单元格后，其他的星期可以自动填充到相应的单元格内。第二步，为了能够连续自动地输入特价商品的名称，设置自定义名单。

打开"文件"选项卡，选择"选项"选项（**图25**）。打开"Excel选项"

设置和使用自定义序列数据

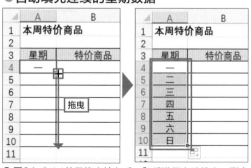

● 自动填充连续的星期数据

❶图23 在自动填充中可以输入星期和干支等自定义文本字符的序列数据，并且通过自定义设置可将这些数据保存在Excel中。本例就是使用这些自定义设置的数据做成的表格。

❶图24 在A4单元格内输入"一"后进行自动填充，剩余的单元格内会自动填充"二、三"等连续的星期数据。如果输入除"一"之外其他的星期数据，也会按照设定好的序列数据进行自动填充。像"星期一"或Mon等表示星期、月份以及干支等文本字符都可以进行序列数据的自动填充。

对话框后，选择"高级"选项，在打开的右侧面板中单击"编辑自定义列表"按钮（**图26**）。

在"自定义序列"对话框的左侧，显示着Excel预设的自定义序列，不仅有英文的星期与月份的各种填列数据，还设有天干和地支等中文序列数据。

设置新的序列数据时，选择"自定义序列（L）"列表框中最上端的"新序列"选项，其右侧的"输入序列"列表框变成白色，输入文本后换行继续输入即可，输入完毕后单击"确定"按钮，输入的内容会自动显示到"自定义序列（L）"列表框中。

设置完毕后单击"确定"按钮关闭对话框（**图27**）返回到"Excel选

● 添加自定义序列数据

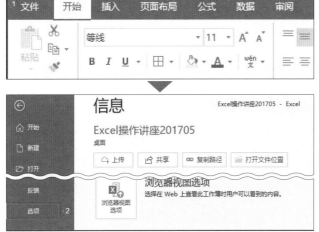

◆图25 在"自定义序列"列表框中有星期和月份等预设的序列数据。如果用户需要添加自定义的序列数据，首先打开"文件"选项卡（**❶**），选择"选项"（**❷**）。

◆图26 打开"Excel选项"对话框，选择"高级"选择（**❶**），在右侧面板中向下找到"编辑自定义列表"按钮后单击（**❷**）。单击后可以打开"自定义序列"对话框。

项"对话框，再次单击"确定"按钮关闭对话框。

　　如果需要设置数个自定义序列数据则不需要单击图27中的"确定"按钮，而是单击"添加"按钮，之后再次选择"新序列"选项，继续在右侧对列表框中输入新的序列数据即可。

　　另外，还可以使用自定义序列对话框中的"从单元格中导入序列"功能，单击"导入"按钮可从单元格内导入已经输入的序列数据。在图27中，可读取已经输入到"特价商品"列中的数据。如果先选定含有序列数据的单元格再打开"编辑自定义列表"，那么"从单元格中导入序列"功能就会读取该单元格中的数据，而不需要再次单击"导入"按钮。

根据起始的两个单元格的排列顺序，单元格自动调整输入顺序

　　如果将自定义设置的序列数据中的一项输入到单元格内，再选定这个单元

◐**图27**　向"输入序列"列表框中输入需要设置的序列，每行输入一个序列名称（❶）。当一个序列输入完毕后单击"确定"按钮即可（❷）。Excel自动设置的同时会关闭这个对话框。使用"添加"按钮可以连续添加多个序列数据。

●自动输入已设置的自定义序列

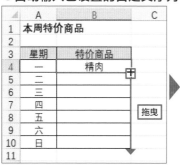

◐**图28**　通过自动填充功能，可以将已经设置的自定义序列自动输入到单元格内。本例中，向B4单元格内输入"精肉"后，对B5～B10单元格进行自动填充，"鲜鱼"、"青果"等序列数据自动完成填充。

●隔项与逆向自动填充

◑图29 已设置的自定义序列可以根据起始处两个单元格内的顺序，填充与原来不同的顺序的数据。例如输入"鲜鱼"、"蔬菜"，进行自动填充后的结果就是隔项填充。

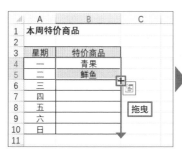

◑图30 与上图同理，如果将起始处两个单元格内分别输入"青果"、"鲜鱼"后进行自动填充，就会得到与设置的自定义序列恰好相反的结果。

格进行自动填充，其余的单元格内会依据已经设置的顺序自动填充（**图28**）。在本例中，将设置好的序列数据以"精肉"为起始进行自动填充后，其他的单元格就以此为开端顺序填充。

自定义序列数据也不全是按照设置好的顺序自动填充。如果将起始两个单元格中分别填入两个包含在序列中的数据，再对其他的单元格进行自动填充时，其顺序会被自动改变。

例如，本例中在起始处第一个单元格内填入"鲜鱼"，第二个单元格填入"蔬菜"后再进行自动填充时，填充的结果是隔一项自动填充（**图29**）。同样也可以设置隔两项自动填充。

不仅如此，如果在起始处第一个单元格内填入"青果"，第二个单元格填入"鲜鱼"后再进行自动填充时，填充的结果是设置序列的逆序填充顺序（**图30**）。

另外，如果想删除已经设置的自定义序列数据时，还是回到"自定义序列"对话框中，在对话框左侧选择该序列后单击右侧的"删除"按钮即可。但只有用户添加的自定义序列才可以删除，而Excel中预置的自定义序列不能删除。

快速搜索特定单元格的快捷键操作技巧

快捷键
篇

轻松选定某个单元格或区域

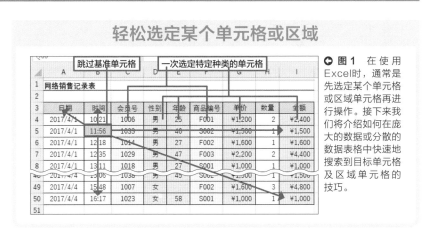

● **图1** 在使用Excel时，通常是先选定某个单元格或区域单元格再进行操作。接下来我们将介绍如何在庞大的数据或分散的数据表格中快速地搜索到目标单元格及区域单元格的技巧。

通常，我们在使用Excel时，会先选定单元格或区域单元格，再对单元格输入数据和设定格式。因此，如果能够迅速地找到某个单元格或区域单元格，对提高效率具有实质性的帮助。接下来我们将介绍这种搜索技巧（**图1**）。

使用键盘操作可以直接跳过基准单元格

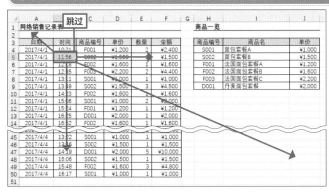

● **图2** 使用快捷键可以迅速地找到活跃单元格上下左右四个方向的末端单元格，以及工作表的起始与末尾的单元格。所谓的"末端单元格"是指在表格范围内同一方向上被连续地输入数据的、到达空白单元格之前的最后一个单元格。

首先，试着使用键盘将活跃单元格移动到特定位置（**图2**）。顺便说一句，"活跃单元格"是指粗线条所包围、被选定的、成为输入目标的单元格。如果选定的不是单个单元格，而是区域单元格，其中的那个与周围颜色相反的白色单元格就是活跃单元格。

使用快捷键可以迅速地从A1单元格跳到末端单元格

图3中展示了使用快捷键移动活跃单元格的几种方法。这里所指的 "末端单元格"是指在表格范围内同一方向上被连续地输入数据边缘的、到达空白单元格之前的最后一个单元格。如果出现连续的空白单元格，被默认为数据输入结束的那个单元格也是终端单元格。

在**图4**的操作中，将B5设置为活跃单元格，同时按下Ctrl+↓组合键可以直接到达B列的最后一个单元格，即将B50单元格激活为活跃单元格。可以实现同样功能的另一种快捷键是End+↓。

另外，使用Ctrl+End组合键可以跳到的 "最后单元格"是位于工作表中输入数据的单元格（进行过编辑操作的单元格）所构成的长方形区域中右下角的那个单元格。在本例中，最后单元格不是网络销售记录表右下角的F50单元格，而是包含在商品一览表范围内的J50单元格。

●移动活跃单元格的快捷键

快捷键	功能
Ctrl + 方向键 / End → 方向键	该方向的末端单元格
Home	活跃单元格所在行的 A 列单元格
Ctrl + Home	A1 单元格
Ctrl + End / End → Home	最后（右下角）单元格
End → Enter	活跃单元格所在行的最后列单元格

◐ 图3 在使用这些快捷键的同时按下Shift键，可以将目前的活跃单元格与目标单元格分别设置为起点与终点，连成四边形区域内的全部单元格选定。

※+表示两个键同时按下；→表示按顺序先后按下两个键。

●跳到末端单元格

◑ 图4 本例中B5是活跃单元格，现在介绍一下如何将其移动到下方的末端单元格。在这个位置，同时按下Ctrl+↓组合键，可以选定本工作表B列中最下方的单元格。这与同时按下End+↓组合键的效果相同。

选定后按下 Ctrl + ↓ 组合键

	A	时间	商品编号	单价	数量	金额
1	网络销售记录					
2						
3	日期	时间	商品编号	单价	数量	金额
4	2017/4/1	10:2	F001	¥1,200	2	¥2,400
5	2017/4/1	11:56	S002	¥1,500	1	¥1,500

	A	B	C	D	E	F
38	2017/4/4	10:15	S001	¥1,000	1	¥1,000
39	2017/4/4	11:18	S002	¥1,500	5	¥7,500
40	2017/4/4	11:31	F002	¥1,600	1	¥1,600
48	2017/4/4	15:06	S002	¥1,500	1	¥1,500
49	2017/4/4	15:18	F002	¥1,600	3	¥4,800
50	2017/4/4	16:17	S001	¥1,000	1	¥1,000
51						

自动选择含有基准单元格的区域

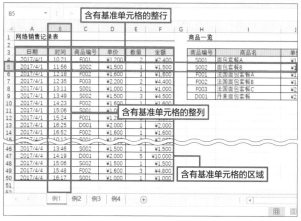

⟲ **图5** 通过快捷键可以迅速地选定含有基准单元格的整列，或连续输入数据的含有基准单元格的四边形区域（活跃区域）等。

● 选定特定单元格的快捷键

快捷键	功能
Ctrl + * / Ctrl + Shift + :	活跃区域
Ctrl + A / Ctrl + Shift + 空格	活跃区域 / 工作表整体
Ctrl + 空格（英文半角）	活动单元格整列
Shift + 空格（英文半角）	活动单元格整行

⟲ **图6** 本例中介绍了可以选定含有基准单元格的特定单元格区域的快捷键。需要注意的是，选择活跃单元格所在的整列或整行的快捷键需在英文输入法的状态下才能有效。

● 选择整行或整列

⟲⟳ **图7** 选定B5单元格，同时按下Ctrl+空格组合键，会选定含有B5的整列单元格。如果选定含有B5的整行单元格，同时按下Shift+空格组合键即可。需要注意的是，这两组快捷键的使用需在英文状态下才有效。

● 选择全部单元格

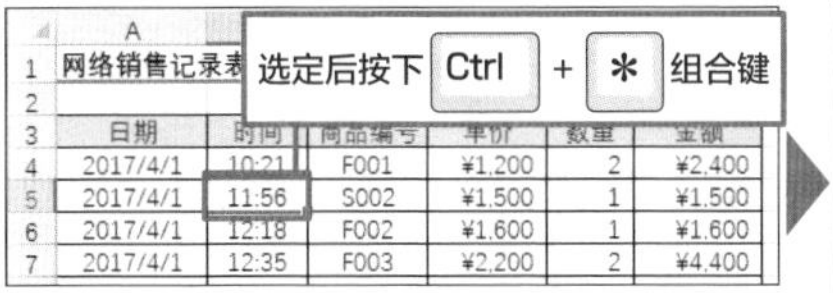

○ ○ 图8 包含活跃单元格，输入连续数据的四边形单元格区域被称为"活跃区域"。同时按下Ctrl+*组合键，可以将这一区域一次全部选定。此时的活跃单元格是左上角的单元格。

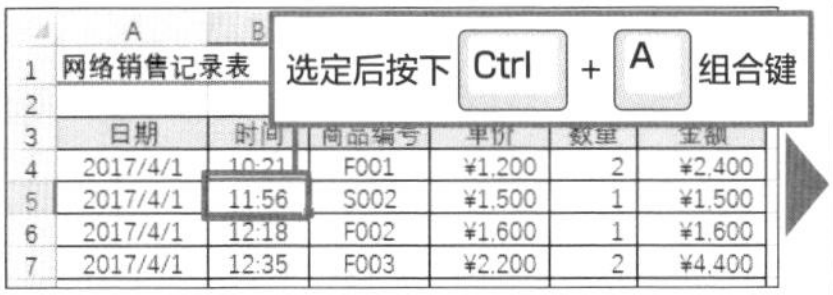

○ ○ 图9 同时按下Ctrl+A组合键也可以一次全选活跃区域。这种方法与使用Ctrl+*组合键全选时的区别在于活跃单元格仍旧保留在原处不变。

灵活使用Ctrl与Shift，随意扩大单元格的选定范围

接下来介绍一下以活跃单元格为基准，如何使用快捷键扩大所选的单元格范围（**图5**、**图6**）。

同时按下Ctrl+空格组合键，可以选定活跃单元格所在的整列单元格（**图7**）。而同时按下Shift+空格组合键，可以选定活跃单元格所在的整行单元格。但这两组快捷键需在英文输入法的状态下才有效。

图6中所谓的"活跃区域"是指包含活跃单元格的，输入连续数据的四边形单元格区域。使用快捷键Ctrl+*组合键可以选定活跃区域（**图8**）。

另外，使用Ctrl+A组合键（或是Ctrl+ Shift+空格组合键）可以一次选定活跃区域（**图9**）。尽管两组快捷键的结果是相同的，但选定后活跃单元格的位置是不同的。另外，如果已经将活跃区域选定，或周围都是没有输入任何数据的空白单元格，按下Ctrl+A组合键后会选定整个工作表。

一次选定特殊类型的单元格

	A	设置数据有效性的单元格	E	F	公式单元格	H	I
1	网络销售记录表						
3	日期	时间	会员号	性别	年龄	商品编号	单价	数量	金额
4	2017/4/1	10:21	1006	男	25	F001	¥1,200	2	¥2,400
5	2017/4/1	11:56	1033	男	46	S002	¥1,500	1	¥1,500
6	2017/4/1	12:18	1014	男	27	F002	¥1,600	1	¥1,600
7	2017/4/1	12:35	1029	男	47	F003	¥2,200	2	¥4,400
8	2017/4/1	13:11	1019		27	S001	¥1,000	1	¥1,000
49	2017/4/4	15:48	1007	女		F002	¥1,600	3	¥4,800
50	2017/4/4	16:17	1023	女	58	S001	¥1,000	1	¥1,000
51									

◑ **图10** 对于公式或常量（非公式）的单元格，设置了数据有效性和格式条件的单元格，可以使用快捷键一次选定。如果通过设置界面，还可以将含有数值或文本等特定字符的数字格式单元格等自动选定。

自动汇总选定具有特殊属性的单元格

接下来我们介绍一下不使用快捷键，而使用下拉菜单或设置界面进行选定单元格的操作技巧。首先介绍不设置固定位置，而根据"数字"或"本文"等属性选定特定的单元格（**图10**）。

例如，在实际操作中，作为提示需要对含有公式的单元格进行着色。此时可以在"开始"选项卡中的"查找和选择"按钮下的下拉列表中选择"公式"选项（**图11**）。单击后，正在编辑的工作表中，所有含有公式的单元格将被一次选定（**图12**），可以对这些选定的单元格设置适当的格式。除此之外，从"查找和选择"下拉列表中，还可以对含有"批注"、"常量（非公式）"、"条件格式"或"数据验证"等格式的单元格进行一次性选定。

●一次选定所有公式单元格

◑ **图11** 一次选定编辑中的所有公式单元格。先选定其中的一个单元格，单击"开始"选项卡中的"查找和选择"按钮，在下拉列表中选择"公式"选项（❶～❸）。

◑ **图12** 表格中含有公式的单元格全部被选定。从"查找和选择"下拉列表中，还可以一次性自动选定所有含有常量、批注、条件格式或数据验证等格式的单元格。

●只选定含有公式的单元格

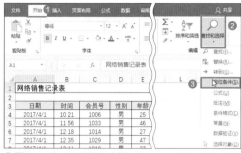

⬆图13 不仅可以选择公式单元格，还可以选定含有其他特定类型数据的公式单元格。在"开始"选项卡中单击"查找和选择"按钮，选择"定位条件"选项（❶～❸）。

⬆图14 选择"定位条件"选项后会打开定位条件对话框。首先选择"公式"单选按钮，将"数字"、"逻辑值"和"错误"这三个复选框勾选取消，只留下"文本"复选框（❶❷）后，单击"确定"按钮（❸）。

⬆图15 一次选定。空白文本列也可以成为选定对象。除此之外，在"定位条件"对话框中的"常量"单选按钮，还可以针对特定类型的数据进行一次选定。

除了公式单元格，对于含有公式但返回结果为文本字符的特定类型数据的单元格也可以进行选定。操作步骤如下：从"开始"选项卡中单击"查找和选择"按钮，选择"定位条件"选项（**图13**）。在"定位条件"对话框中，先选择"公式"单选按钮，之后取消勾选"数字"、"逻辑值"和"错误"这三个复选框，而只保留"文本"复选框，最后单击"确定"按钮（**图14**）。对话框关闭后，设置有公式的、返回结果为文本字符的单元格被一次选定（**图15**）。同样，在图14的对话框中，通过"常量"单选按钮，还可以针对特定类型的数据一次选定。

在工作表中，对于那些设置了"条件格式"和"数据验证"的所有单元格，或是某个设置了与特定单元格相同格式的单元格，可以自动选定。在本例中，我们试着自动选定与活跃单元格设置了相同数据验证的单元格。

在选定目标单元格后，打开"定位条件"对话框（**图16**）。选择"数据验证"单选按钮，再选择"相同"单选按钮后，单击"确定"按钮（**图17**、**图18**）。此外，如果选择"条件格式"单选按钮时，也可以选择"全部"与

●一次选定相同类型数据验证单元格

○**图16** 在全体单元格中，可以一次选定设置了"数据验证"和"条件格式"的所有单元格。首先选择一个被设置的单元格，之后单击"开始"选项卡中的"查找和选择"按钮，在下拉列表中选择"定位条件"选项（❶~❹）。

定位条件

选择
- ○ 批注(C)
- ○ 常量(O)
- ○ 公式(U)
  - ☐ 数字(U)
  - ☐ 文本(X)
  - ☐ 逻辑值(G)
  - ☐ 错误(E)
- ○ 空值(B)
- ○ 当前区域(R)
- ○ 当前数组(A)
- ○ 对象(B)

- ○ 行内容差异单元格(W)
- ○ 列内容差异单元格(M)
- ○ 引用单元格(P)
- ○ 从属单元格(D)
  - ○ 直属(I)
  - ○ 所有级别(L)
- ○ 最后一个单元格(S)
- ○ 可见单元格(Y)
- ○ 条件格式(T)
- ◉ 数据验证(V) ❶
  - ○ 全部(E)
  - ◉ 相同(E) ❷

❸ **确定** **取消**

○**图17** 在"定位条件"对话框中，选择"数据验证"单选按钮，再选择"相同"单选按钮后（❶❷），单击"确定"按钮（❸）。

网络销售记录表

日期	时间	会员号	性别	年龄	商品番号	单价	数量	金额
2017/4/1	10:21	1006	男	25	F001	¥1,200	2	¥2,400
2017/4/1	11:56	1033	男	46	S002	¥1,500	1	¥1,500
2017/4/1	12:18	1014	男	27	F002	¥1,600	1	¥1,600
2017/4/1	12:35	1029	男	47	F003	¥2,200	2	¥4,400
2017/4/1	13:11	1018	男	27	S001	¥1,000	1	¥1,000
2017/4/1	13:49	1015	男	48	S002	¥1,500	3	¥4,500
2017/4/1	14:23	1011	男	55	F002	¥1,600	1	¥1,600
2017/4/1	15:06	1032	男	28	S001	¥1,000	2	¥2,000
2017/4/4	14:19	1035	男	23	D001	¥2,000	5	¥10,000
2017/4/4	15:06	1038	男	45	S002	¥1,500	1	¥1,500
2017/4/4	15:48	1007	女		F002	¥1,600	3	¥4,800
2017/4/4	16:17	1023	女	58	S001	¥1,000	1	¥1,000

○**图18** 与活跃单元格具有相同数据验证设置的所有单元格被选定。在"定位条件"对话框中，选择"条件格式"单选按钮后，选择"全部"或"相同"单选按钮，也可以对相应单元格进行一次性选定。

"相同"单选按钮中的一项。

到目前为止，介绍的操作方法是首先选择一个单元格，以此为基准，再针对整个工作表选定符合条件的所有单元格。

在实际操作中，针对特定区域，选定符合条件的单元格时，需要再次确定目标单元格的范围。

例如，在"定位条件"对话框中选择"空值"单选按钮时，通常意味着在编辑完的单元格区域内寻找没有输入任何数据的所有单元格。在图19中的这种情况中，误选了工作表中B1~C1单元格，以及A2~E2单元格。此时，需事先通过Ctrl+*组合键确定活跃区域后再进行上述操作，然后就可以正确地将表格中的全部空白单元格选定（**图19~图21**）。

●一次选定全部空白单元格

◆ 图19 下一步，一次选定全部的空白单元格。为了排除第1和第2行中的空白单元格，首先确定表格的活跃区域，使用快捷键Ctrl+*可以完成这一操作（❶）。单击"开始"选项卡下的"查找和选择"按钮，在下拉列表中选择"定位条件"选项（❷~❹）。

Ctrl + ＊ 选定活跃区域

◆ 图20 在"定位条件"对话框中，选择"空值"单选按钮（❶），单击"确定"按钮（❷）。

◆ 图21 将表格内没有输入任何数据的所有单元格一次选定。需要注意的是，像E10和E15公式结果返回为空值的单元格，不会成为选定对象。

Part 2

函数

Excel中有多达数以百计的函数，
这些函数可以完成十分复杂的任务。
但是，并不需要记住每一个函数，
掌握被筛选出来具有非常高的优先度的函数才是
关键。
在本章中，将介绍重要函数的学习和使用方法。

文/土屋和人、中野明

总论

掌握两成的函数
完成八成的工作

学习函数最有效的方法是通过"帕累托法则"筛选需要掌握的函数。这个法则在实际应用中表示"两成的畅销商品占八成的销售额"。换到Excel函数，可以解释为"两成的常用函数可以完成八成的工作"（**图1**）。

在Excel的所有函数中，既有那种不掌握就没法工作的"明星函数"，也有那种非该领域专家而不能使用的"超级函数"（**图2**）。然而，即使掌握了只有专家才能使用的函数，在工作中发挥巨大作用的概率也会非常低。因此，作为先决条件，掌握两成的常用函数，就可以胜任八成的工作。

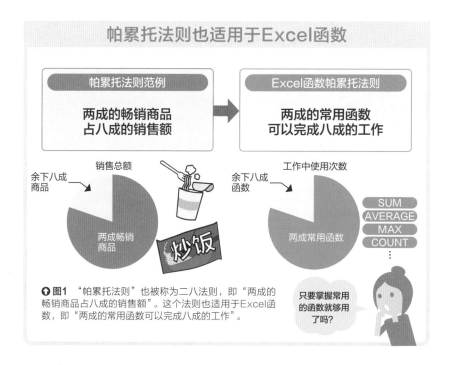

帕累托法则也适用于Excel函数

帕累托法则范例	Excel函数帕累托法则
两成的畅销商品 占八成的销售额	**两成的常用函数 可以完成八成的工作**

销售总额

余下八成商品

两成畅销商品

炒饭

工作中使用次数

余下八成函数

两成常用函数

SUM
AVERAGE
MAX
COUNT
⋮

只要掌握常用的函数就够用了吗？

↑**图1** "帕累托法则"也被称为二八法则，即"两成的畅销商品占八成的销售额"。这个法则也适用于Excel函数，即"两成的常用函数可以完成八成的工作"。

● 应该掌握的函数

	A	B	C	D	E	F
1	姓名	英语	数学	合计		
2	井波孝义	91	100	191		
3	今津善雄	34	44	78		
4	坪井正二	88	94	182		
5	新渡户太郎	59	49	108		
6	花渊绫二	55	59	114		
7	标准差	21.5	23.3	44.2		
8						
9						
10						
11						

输入"=SUM（B2:C2）"
计算合计函数
经常使用

输入"=STDEV.P(B2:B6)"
计算标准差函数
很少使用

↑**图2** 例如，与计算标准偏差的STDEV.P函数相比，大多数读者使用求和的SUM函数的频度会更高。而且，STDEV.P函数还不算太陌生，在Excel函数中还有POISSON.DIST、IMSQRT、CUBESET、DEC2HEX等函数的功能，恐怕大多数读者想都没有想过。

现在使用的Excel 2016中约有480个函数，其中的两成约是96个。换成较早版本的Excel，约有300余个函数，两成约为60个。我们需要掌握的目标就是这个两成，60个函数（**图3**）。

480个或300个或许有些望而却步，但缩小到60个还是可以轻松掌握的。在138～141页所列出的这60个函数就是我们应该彻底掌握的函数。其中在本章中使用的函数与需要打包掌握的同类函数，如137页中介绍SUM函数一样，以重要函数专栏的形式介绍其使用方法和示例。

● 就用这个思路去掌握学习

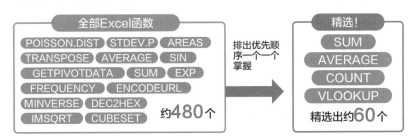

↑**图3** Excel的全部函数约有480个，将其全部掌握或许令人望洋兴叹。因此，本书精选了一般用户经常使用的约60个函数（详见138～141页）。本章中，在介绍其中的某些函数示例的同时，还将向读者介绍如何充分利用这些函数的技巧。

135

什么是"参数"？首先需要掌握函数的基本格式

Excel中函数大体上分为12大类（**图4**），这其中有一部分是面向科技人员的工程函数以及与外部数据库连接的多维数据集函数，都是一般用户涉及不到的范围。在本章中，我们将这部分函数排除在外，在剩余类别中精选约60个函数介绍给读者。

在学习精选函数60个之前，首先介绍一下所有函数共通的基本格式（**图5**）。Excel公式以"="（等号）开始，紧接着是使用的函数名称，最后面用括号隔开的是参数。参数是函数与数据之间的桥梁，起到确定数字或文本、单元格或单元格区域的作用。在一个函数中使用数个参数时，中间用半角逗号断开。

函数大体上分为12大类

使用较多的类别

时间与日期函数 DATE、TODAY等	文本函数 LEFT、FIND等
数学/三角函数 SUM、SUMIF等	统计函数 AVERAGE、MAX等
搜索/行列函数 VLOOKUP、MATCH等	逻辑函数 IF、AND、OR等
财务函数 FV、PV、RATE等	判断函数 ISBLANK、ISERROR等

使用较少的类别

| 数据库函数
DSUM、DCOUNT等 | 工程函数
DEC2HEX、IMSQRT等 |
| 网络函数
ENCODEURL等 | 多维数据集函数
CUBESET等 |

⊕ **图4** 上述名称的分类基于Excel 2016的帮助信息。除此之外，还有考虑到与其他版本兼容问题的"兼容性函数"。而复素数计算等面向科技工作者的工程函数，以及与外部数据库连接的多维数据集函数等都是一般用户很少接触的函数类别。精选函数60个是从使用频率较高的函数类别中精选而出的。

不同函数有不同的参数，**图6**中的重要函数专栏中对此进行了介绍。除此之外，还对函数名称、函数种类、重要性（★）、格式、函数的作用等情况做了说明。希望这些内容会成为学习函数的最佳伙伴。

掌握函数的基本格式

函数名称

使用括号确定参数

= DATE(B3,C3,D3)

使用逗号分隔不同的参数

● **图5** 在Excel中，函数以=开始，紧随其后的是函数名称，括号内的是参数（数字与标点全部为英文半角）。这是所有Excel函数的相同点。

Part 2

函数

总论

本书独创的"函数构造图"

函数构造图示例

函数名

函数分类
重要性 ★ ★ ★ ★ ★

格式　=函数名称(参数1,参数2……)。
功能　函数的功能。
参数　参数说明。有的函数没有参数，有的会有多个参数。

● **图6** 本书中使用独创的"函数构造图"介绍函数，重要性以 ★ 的数量表示（最重要的函数以5颗星表示）。

重要函数
1
基本求和函数

SUM

数学/三角函数
★ ★ ★ ★ ★

格式　=SUM(值1,值2,……)。
功能　计算设置参数的和。
参数　值1：设置求和的值或单元格范围；
　　　值2：设置求和的值或单元格范围，可以省略，
　　　参数最多可以设置255个。

● **图A** 在B7单元格内输入SUM函数并计算销售额的总和。使用"=B2+B3+B4+B5+B6"的方式也可以计算，但SUM公式操作简单，清晰易懂。

	A	B
1	**店名**	**销售额**
2	大阪总店	¥1,210,000
3	东京店	¥580,000
4	横滨店	¥450,000
5	神户店	¥950,000
6	京都店	¥820,000
7	合计	¥4,010,000
8		

输入并求和：=SUM(B2:B6)

将这些单元格求和

	A	
1	**店名**	**销售额**
2	大阪总店	¥1,210,000
3	东京店	¥580,000
4	横滨店	¥450,000
5	神户店	¥950,000
6	京都店	¥820,000
7	关西区合计	¥2,980,000
8		
9		
10	输入并计算关系的合计：	
11	=SUM(B2,B5:B6)	

● **图B** 可以计算非连续的单元格合计。分别设置不同的参数，并将其用逗号隔开。单独输入B2，再设置B5~B6的单元格，就可以得出关西地区的合计金额。

重要
函数一览

从约480个函数中
精选60项

● 日期与时间函数

DATE
➡P144

将年月日的数值（例如：2017，7，12）转
换为日期（2017/7/12） ★★★★★

TODAY

将当前日期返回为序列值
★★★★★

YEAR
➡P157

从日期（例如：2017/7/12）信息中截取
年份（例如：2017） ★★★★★

MONTH
➡P157

从日期（例如：2017/7/12）信息中截取
月份（例如：7） ★★★★★

DAY
➡P157

从日期（例如：2017/7/12）信息中截取
日期（例如：12） ★★★★★

WEEKDAY

将日期信息返回为星期（1~7）
★★★★★

DATEVALUE

将表示日期的文本（例如：2017年7月12
日）转换为日期数据（序列值）★★★★★

WORKDAY

除去周六日及法定节假日，返回从某一日
期开始到之前或之后的日期 ★★★★★

TIME
➡P157

将时分秒返回(例如：16，3，41)为时间
（16：03：41） ★★★★★

NOW

将当前时间返回为包括时刻的日期（序
列值） ★★★★★

TIMEVALUE

将表示时间的文本（例如：16时3分41秒）
转换为时刻（序列值） ★★★★★

HOUR

从时刻信息（例如：16:03:41)中截取小时
（例如：16） ★★★★★

MINUTE

从时刻信息（例如：16:03:41)中截取分钟
（例如：3） ★★★★★

SECOND

从时刻信息（例如：16:03:41)中截取秒钟
（例如：41） ★★★★★

以帕累托法则为基准，按照重要程度精选了60个需要掌握的Excel函数。专业人士可以在此基础上，结合自己的工作内容再继续掌握统计、财务或工程等领域的相关函数。★表示重要程度。

●文本函数

PHONETIC →P144
截取输入单元格内的假名（转换汉字时的文本） ★★★★★

TEXT
将数值替换为特殊的字符串。例如：将3278替换为¥3，278 ★★★★

LEFT →P152
从左侧截取字符串。例如：从Excel中截取Ex ★★★★★

REPT
将字符串重复设置的次数。可以设置******字符串 ★★★

RIGHT →P152
从右侧截取字符串。例如：从Excel中截取el ★★★★

CHAR
将字符编号（例如：13377）转换为字符（例如："汉"） ★★★★

MID →P153
从字符串第n个字符开始截取m个字符。与LEFT和RIGHT函数是伙伴 ★★★★

CODE
返回字符串第一个字符（例如："汉"）的字符编号（例如：13377） ★★★

LEN →P153
返回字符串的长度（字符数）。例如：Excel的长度是5个字符 ★★★★

VALUE
将文本数字转换为数值。例如：将¥3，278转换为3278 ★★★★

FIND →P152
返回目标字符位于字符串中的第几个字符 ★★★★

EXACT
确认含有大小写的两个字符串是否一致 ★★★★

SUBSTITUTE
替换字符串。例如：将"株式会社内田"替换为"（株）内田" ★★★★

●数学／三角函数

SUM →P137
求和。Excel中最基本的函数
★★★★★

MOD
返回余数。例如：15/4后的余数是3
★★★★☆

SUMIF →P161
对符合条件的数值求和。近似于SUM与IF组合使用
★★★★☆

INT
舍入小数点后位数。例如：4.5舍入后是4。但-4.5时将会变成-5
★★★★☆

ROUND →P169
将数值四舍五入到设置的位数。例如：将68.562转换为68.6
★★★★☆

CEILING
将数值向上舍入到设置的参数的倍数。例如：将45舍入12的倍数是48
★★★☆☆

ROUNDDOWN →P169
将数值向下舍入设置的位数。例如：将68.562转换为68
★★★★☆

SUBTOTAL
计算合计，并将结果自动输入的函数
★★★★☆

ROUNDUP →P169
将数值向上舍入设置的位数。例如：将68.562转换为68.57
★★★★☆

RAND
返回如0.31918808这样的从0到1的小数
★★★★☆

●统计函数

AVERAGE →P149
求平均值。与SUM函数相媲美的基本函数
★★★★★

MIN →P148
求最小值。基本的统计函数之一
★★★★★

COUNT →P147
返回单元格内数值字符的数量。可以将空白单元格与文本字符排除
★★★★★

RANK.EQ
返回某个单元格在区域单元格内的大小排序
★★★★☆

COUNTIF
返回符合条件的数值的个数。近似于COUNT与IF的组合
★★★★☆

LARGE →P167
返回在区域单元格内的第n大数值。查询顺序的重要函数
★★★★☆

MAX →P148
求最大值。基本的统计函数之一
★★★★★

SMALL →P167
返回在区域单元格内的第n小数值。查询顺序的重要函数
★★★★☆

●索引/行列函数

VLOOKUP →P170
以某个值为基准向其他工作表中查询数据。所谓的"表索引"函数 ★★★★★

INDIRECT
依据引用单元格转换字符串。例如：将C12转换为C12单元格所引用的格式 ★★★☆☆

MATCH →P172
查询特定值是否位于在区域单元格 ★★★★☆

COLUMN
返回指定单元格所在行数。省略参数之间返回输入的单元格的行数 ★★★★☆

INDEX →P173
返回指定行与列的单元格数据。与MATCH并用的表索引函数 ★★★★☆

ROW
返回指定单元格所在列数。省略参数之间返回输入的单元格的列数 ★★★★☆

OFFSET
返回距指定单元格或单元格区域指定行数和列数区域的引用 ★★★★☆

CHOOSE
返回设置参数中的第n个值 ★★★★☆

●逻辑函数

IF →P159
设置"如果……，如果不……"的条件函数 ★★★★★

OR →P163
检查某项条件（A或B或C）是否成立的函数 ★★★★☆

AND →P163
检查是否全部条件（A且B且C）都成立的函数 ★★★★☆

NOT →P165
返回条件判断结果。相当于"不是……" ★★★★☆

●财务函数

FV
计算某个时间点贷款余额或年金的未来值 ★★★☆☆

●信息函数

ISBLANK
判断单元格是否为空值（单元格没有输入任何值） ★★★☆☆

PMT
计算每月贷款还款额或年金余额 ★★★☆☆

有丰富的帮助提示，记不住格式也不用担心

由于很多函数都有各自的格式，将每一个函数的每一项参数都背下来显然是一件痛苦的事。必要的公式格式是必须记忆的但这并不提倡死记硬背。Excel的预设帮助与函数输入提示功能，方便查阅参数的详细设置（**图1**）。确切地说，即使没记住格式也没问题，对于一名想要成为"Excel函数高手"的人来说，需要掌握的应该是"在什么场合，应该用什么样的函数"。

首先，我们从高手们经常使用的"提示"开始介绍（**图2**）。在单元格内输入=和函数名称的首字母后，会自动显示出以该字母为开头的函数列表。如果选择列表中的函数名称，在其右侧可以看到关于该函数名称的说明。

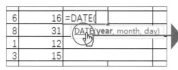

6	16	=DATE(
8	31	DATE(year, month, day)
1	12	
3	15	

↑↓图1 如果记不住函数的格式与参数的含义也不要紧张，因为在Excel中有各种各样的预设帮助与输入提示功能。对于读者来说，掌握函数的功能与用途更重要。

经常使用提示功能

DATE函数用于返回代表特定日期的序列号。

语法格式： DATE(year,month,day)

参数含义：

Year代表年份，如果year位于0（零）到1899（包含）之间，Excel会将该值加上1900，再计算年份；Month 代表每年中月份的数字，如果所输入的月份大于12，将从指定年份的一月份开始往上加算；Day代表在该月份中第几天的数字，如果Day大于该月份的最大天数，则将从指定月份的第一天开始往上累加。

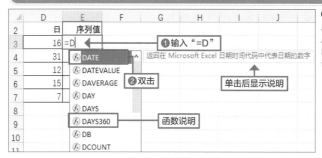

◎图2 单击E3单元格后输入半角"=D"（❶）后，选择下拉列表中的函数时可以使用鼠标双击（❷），或按tab键。

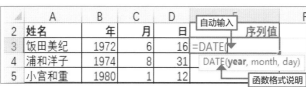

◎图3 在E3单元格内自动输入"=DATE("与此同时，在其下方的单元格内，显示关于DATE函数的格式，即DATE（year，month，day）。

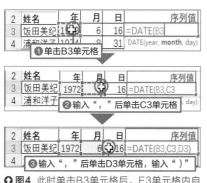

❶图4 此时单击B3单元格后，E3单元格内自动输入"=DATE（B3"（❶）。输入半角"，"继续单击C3单元格（❷）。再输入"，"，单击D3单元格。最后输入"）"❸后按下Enter键。

◎❸图5 表格中显示日期。选择E3单元格后，向下拖曳到E7单元格，公式与日期格式被一同复制。

即使是Excel高手也十分重视格式提示功能

　　双击函数名称后，该函数与半个括号被一起输入到单元格内（**图3**）。需要注意的是函数名称下方显示的格式提示。在使用时，可以参考这个提示按顺序输入参数（**图4**），单击单元格后输入函数的方式最快。参数之间使用逗号进行分隔，最后输入剩余的半个括号（即使不输入也会自动填充）后，单击Enter键。

从年月日的数值自动生成日期

DATE
日期与时间函数
★★★★

格式 =DATE(年,月,日)。
功能 返回指定的年月日所对应的日期序列值。
参数 年: 年份数值。
　　　月: 月份数值（超过12自动顺延至下一年度月份）；
　　　日: 日期数值（超过当月月末自动顺延至下月日期）。

	A	B	C	D
1	●将出生年月日转换成序列值			
2	姓名	年	月	序列值
3	饭田美纪	1972	6	16	1972/6/16
4	浦和洋子	1974	8	31	1974/8/31
5	小宫和重	1980	1	12	1980/1/12
6	齐藤正	1979	3	15	1979/3/15
7	筱田和代	1980	4	7	1980/4/7

输入"=DATE(B3,C3,D3)"
后向下复制

◆图C DATE函数基于年、月和日三个数值，可以生成
日期数据的序列值。日期数据的本质是被称为序列值的数
据，从1900年1月1日起，每增加一天，数据+1。例如
1972年6月16日的序列值为26466，同时也会将单元格格
式设置为日期格式。

◆图D 如果将年月日的数据转换为序列值，就可
以显示星期。选定输入日期的单元格区域后按下
Ctrl+1组合键（❶）。在"数字"选项卡中选择
"自定义"选项，在"类型"文本框中输入图示的
格式（❷~❹）。

●使用序列值也可以表示星期

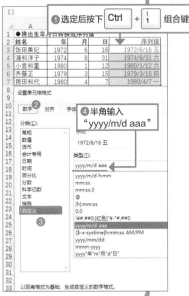

❶选定后按下 **Ctrl** + | 组合键

	A			
1	●将出生年月日转换成序列值			
2	姓名	年	月	日	序列值
3	饭田美纪	1972	6	16	1972/6/16 五
4	浦和洋子	1974	8	31	1974/8/31 六
5	小宫和重	1980	1	12	1980/1/12 六
6	齐藤正	1979	3	15	1979/3/15 四
7	筱田和代	1980	4	7	1980/4/7 一

❹半角输入
"yyyy/m/d aaa"

使用PHONETIC函数可以显示假名

PHONETIC
文本函数
★★★★★

格式 =PHONETIC(参数单元格)。
功能 截取输入到单元格内汉字的假名（转换汉
字时使用的函数）。
参数 单元格: 需要截取假名的单元格。

输入"=PHONETIC(A2)"
后向下复制

	A	
1	姓名	注音假名
2	今田 健司	イマダ ケンジ
3	氏家 ゆみ子	ウジイエ ユミコ
4	小宫 和重	コミヤ カズシゲ
5	Tornado Trump	Tornado Trump
6	シャネット 家莲	シャネット イエレン

◆图E 将姓名中的假名截取到其他的单元格时可以使用PHONETIC函数。英语状态时保持
不变。如果从其他程序中复制过来的数据，要注意是否带有假名。

上页**图5**是输入DATE函数后显示的结果画面。在这样的表格中，拖曳单
元格右下角向下复制的方式是非常重要的，这种复制被称为自动填充。

上页**图3**中的函数提示比较简单，如果需要更详细的函数说明，可以使
用帮助功能。打开帮助界面的方法大致有两种。

从函数名称的超链接打开网络帮助提示

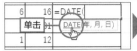

⬆➡图6 图3格式的函数名称设置了超链接。单击后自动打开浏览器，显示该函数的帮助提示。如需要关于函数格式与参数的进一步详细说明，请参考"技术细节"。

●使用F1键打开帮助面板

⬅图7 按下F1键（有的电脑机型需要与Fn键一起使用）（❶），打开右侧的帮助面板。在搜索栏中输入"函数"后按Enter键（❷）。

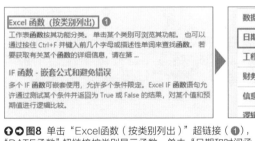

⬆➡图8 单击"Excel函数（按类别列出）"超链接（❶），"DATE函数"超链接按类别显示函数。单击"日期和时间函数"超链接，再单击（❷❸），得到与图6中右图相同的函数说明界面。这项功能需要网络连接支持。

　　一种是图3中的帮助提示。函数名称自带超链接功能，单击后自动打开浏览器，显示该函数的相关说明（**图6**）。

　　按下F1键可以打开包括函数在内的所有功能的帮助提示（**图7**）。按下后在工作表的右侧会自动弹出帮助界面。如果查询关于函数的帮助提示，只需在搜索栏中输入"函数"，页面中会显示出与之相关的函数说明。可以选择不同的类别进行浏览，例如单击"Excel 函数（按类别列出）"超链接后，所有函数会按照功能进行分类显示（**图8**）。接下来按照函数种类与函数名称寻找想要的函数即可。当然，直接输入函数名称的搜索方式是最快捷的。

统计函数

发现无须手动输入的简便快捷方式

　　对于初学者来说，函数公式的输入确实是一个难点。对此，Excel预设了"函数轻松输入的辅助功能"。即所谓的通向山顶（函数输入）的最短路径（**图1**），具有代表性的路径有三条。

◐**图1** Excel中有很多可以省略手动输入函数的功能。如果将函数的输入比作登山的话，则有三条捷径可用，分别是"求和"按钮，函数分类按钮和"fx（插入函数）"按钮

初学者灵活易用的Σ

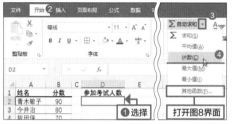

◑**图2** 选定单元格后从"开始"选项卡中单击"Σ自动求和"按钮右侧的▼按钮打开下拉列表（❶~❸）。列表中分别列有"求和（SUM函数）"、"平均值（AVERAGE函数）"、"计数（COUNT函数）"、"最大值（MAX函数）"和"最小值（MIN函数）"，都可以直接输入（❹）。

图3 自动输入COUNT函数。如发现参数不正确，可以拖曳蓝色边框的顶端重新选择单元格范围（❶~❷）。最后按下Enter键确认输入。

❶拖曳

参数变化

❷这些单元格也通过拖曳进行格式调整

重要函数

4 计数函数

COUNT 统计函数
★★★★★

格式 =COUNT(参数1,参数2，……)。
功能 返回参数中包含数值的个数。
0被默认为一个数值，也会被统计，但空白单元格与文本不会被计数。
参数 参数1：单元格区域或具体的值；
参数2：单元格区域或具体值可以省略，参数最多可以指定255个。

输入=COUNT（B2:B7）
统计数值的个数

	姓名	分数		参加考试人数
2	青木敏子	90		4
3	今井治	80		最高分
4	坂田保	70		90
5	清水昭一	失格		最低分
6	杉田尚子			0
7	田中次郎	0		平均分
8				60

⬆ **图F** 使用COUNT函数统计B2~B7单元格内数值的个数。0被默认为一个数值，也会被统计，但空白单元格与文本不会被计数，因此结果是4。在统计成绩时，得0分的考生和未参加考试或被取消考试成绩的考生等信息一览无余。

按类别打开函数菜单

◑**图4** 从"公式"选项卡中的"函数库"选项组中按照函数分类按钮选择函数（❶❷）。单击"其他函数"按钮，从下拉列表中选择"统计"选项，在右侧下拉列表中选择MAX选项（❸~❺）。打开下拉列表时，如果将光标与函数名称重合，会自动显示该函数的说明。

◑**图5** 选择MAX选项后，MAX函数会自动输入到单元格内，并自动弹出"函数参数"对话框，并且光标停留在Number1的文本框中（❶）。由于设置错误，再次通过拖曳选定B2~B7范围的单元格（❷）。

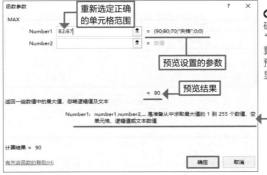

◑**图6** 重新选定单元格范围后再次确认Number1文本框的内容，单击"确定"按钮后，MAX函数开始计算。在"函数参数"对话框中可以预览函数的参数与结果，同时也将显示函数功能与参数的说明。

前页中的三条捷径中，最适合初学者的是Σ（求和）按钮（前页**图2**）。单击▼按钮可以打开下拉列表，分别列有"求和"、"平均值"、"计数"等五项内容，分别对应着不同功能的函数。例如，选择"计数"可以直接输入COUNT函数（**图3**）。

第二条捷径是从"公式"选项卡中的"函数库"选项组中的分类按钮中选择（**图4**）。这些按钮将函数按照功能分成不同的类别，单击每个按钮会弹出相应函数的下拉列表。

选择需要的函数后，可以自动弹出"函数参数"对话框（**图5**、**图6**）。在这个对话框中，按参数的数量，设有设置参数的文本框。同时为了帮助初学者更好地理解函数的功能与参数的作用，还设置了说明等提示内容。

第三条捷径是"fx（插入函数）"按钮（**图7**）。单击这个按钮可以打开"插入函数"对话框，选择函数类别后寻找所需要的函数（**图8**）。找到后单击"确定"按钮即可打开"函数参数"对话框，按顺序输入参数即可（**图9**）。

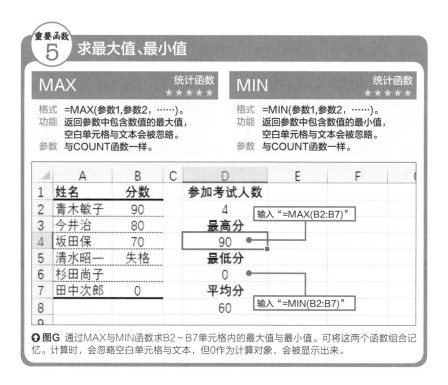

重要函数
5 求最大值、最小值

MAX 统计函数 ★★★★★

格式 =MAX(参数1,参数2，……)。
功能 返回参数中包含数值的最大值，空白单元格与文本会被忽略。
参数 与COUNT函数一样。

MIN 统计函数 ★★★★★

格式 =MIN(参数1,参数2，……)。
功能 返回参数中包含数值的最小值，空白单元格与文本会被忽略。
参数 与COUNT函数一样。

	A	B	C	D	E	F
1	姓名	分数		参加考试人数		
2	青木敏子	90		4		
3	今井治	80		最高分		
4	坂田保	70		90		
5	清水昭一	失格		最低分		
6	杉田尚子			0		
7	田中次郎	0		平均分		
8				60		

输入 "=MAX(B2:B7)"

输入 "=MIN(B2:B7)"

❶**图G** 通过MAX与MIN函数求B2～B7单元格内的最大值与最小值。可将这两个函数组合记忆。计算时，会忽略空白单元格与文本，但0作为计算对象，会被显示出来。

单击一次即可搞定的fx按钮

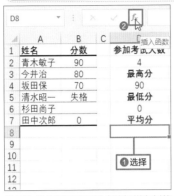

⭕ **图7** 选定单元格后单击编辑栏左侧的 "fx（插入函数）"按钮（❶❷）。

⭕ **图8** 打开"插入函数"对话框。确定函数类别（❶）后，选择所需函数（❷）。单击"确定"按钮后AVERAGE函数自动输入到单元格内，同时打开如前页图5中的"函数参数"对话框。

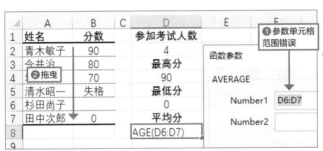

⭕ **图9** 参数单元格设置错误（❶），重新选定单元格范围（❷）。

重要函数

6 忽略文本计算平均值

AVERAGE
统计函数
★★★★★

格式　=AVERAGE(参数1,参数2,……)。

功能　返回参数中包含数值的平均值。
　　　0会被计算在内，但空白单元格与文本会被忽略。

参数　与COUNT函数一样。

⭕ **图H** 通过AVERAGE函数计算B2~B7单元格中所有数值的平均值。在计算时，0会被计算在内，而空白单元格与文本会被忽略，因此结果不是80（=240/3），而是60（240/4）。

	A	B	C	D
1	姓名	分数		参加考试人数
2	青木敏子	90		4
3	今井治	80		最高分
4	坂田保	70		90
5	清水昭一	失格		最低分
6	杉田尚子			0
7	田中次郎	0		平均分
8				60
9				
10				输入"= AVERAGE (B2:B7)"

关联记忆功能相似的函数

文本函数

记忆函数的方法有很多种，其中不分重点地按照ABC顺序的方法最不提倡。即使是学习英文单词时，也不会有人按照ABC的顺序去记忆。取而代之的是关联记忆或相似记忆等更易理解的方式，并且记住的单词不容易忘记。这与学习函数的道理是殊途同归的。

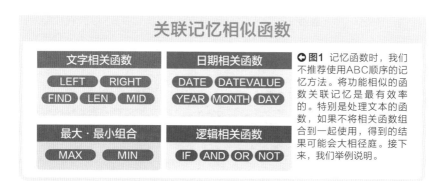

关联记忆相似函数

文字相关函数	日期相关函数
LEFT RIGHT	DATE DATEVALUE
FIND LEN MID	YEAR MONTH DAY

| 最大·最小组合 | 逻辑相关函数 |
| MAX MIN | IF AND OR NOT |

◐**图1** 记忆函数时，我们不推荐使用ABC顺序的记忆方法。将功能相似的函数关联记忆是最有效率的。特别是处理文本的函数，如果不将相关函数组合到一起使用，得到的结果可能会大相径庭。接下来，我们举例说明。

通过FIND和LEFT函数截取"公司名称"

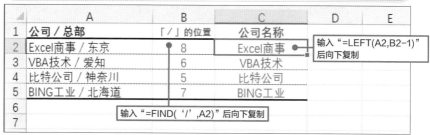

	A	B	C	D	E
1	公司 / 总部	「/」的位置	公司名称		
2	Excel商事 / 东京	8	Excel商事		
3	VBA技术 / 爱知	6	VBA技术		
4	比特公司 / 神奈川	5	比特公司		
5	BING工业 / 北海道	7	BING工业		
6					
7					

输入"=LEFT(A2,B2-1)"后向下复制

输入"=FIND（'/',A2）"后向下复制

"/"是第八个字符

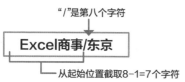

Excel商事/东京

从起始位置截取8-1=7个字符

◐◑**图2** 截取A列中公司名称的文本字符。通过FIND函数获得"/"的位置。第二步使用LEFT函数截取从起始处到"/"之前的全部字符。如果没有同时掌握这两个函数，这个操作是无法完成的。

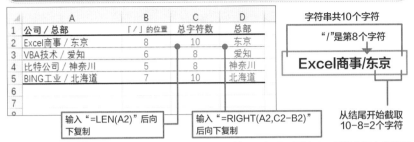

使用FIND、LEN和RIGHT截取"总部"所在地

字符串共10个字符

"/"是第8个字符

Excel商事/东京

从结尾开始截取
10-8=2个字符

输入"=LEN(A2)"后向下复制

输入"=RIGHT(A2,C2-B2)"后向下复制

◆图3 接下来截取"总部"所在地。B列中使用的公式与图2相同。通过LEN函数获得字符串长度。通过RIGHT函数从尾端开始截取"/"之后的剩余字符。处理这样的字符串时，需要掌握数个字符函数。

例如，前面介绍过的MAX函数与MIN函数。它们就如同性格完全相反的双胞胎兄弟，是分别返回最大值与最小值的函数，将其关联记忆的效果无疑是最完美的组合（**图1**）。同时，144页中的DATE函数与157页中的YEAR函数等与日期相关的函数也可以通过关联记忆法将其一网打尽。

处理文本字符的核心是函数组合！必须做到"一次关联"

特别是在处理文本字符时，将关联文本函数组合使用，很多时候都能得到理想的结果。因此，关联记忆相关函数的方法不是锦上添花，而是必由之路。

接下来，让我们试着从"公司/总部"列中截取公司名称（**图2**）。先用FIND函数查询"/"的位置，将其结果减1，就是通过LEFT函数截取文本字符的长度。如果不熟悉查询某个字符在字符串中位置的FIND函数，以及从左侧截取字符的LEFT函数，那么就无法完成这项任务。

从"公司/总部"列中截取总部所在地的操作也是大同小异（**图3**）。使用FIND函数确定"/"的位置后，在使用LEN函数查询整个字符串的长度。用总长度减去"/"所在的位置，即得到使用RIGHT函数从右侧截取字符串的长度。这一步的操作重点是将上述三个函数联合使用。

在Excel 2016中，文本函数约有40种。我们从中选取一些并将其组合使用，作为示例介绍给读者，希望能够为读者提供一些思路和参考。作为学习心得，一网打尽的学习方式才是Excel高手进阶的捷径。

重要函数 7

查询字符在字符串中的位置

FIND

文本函数 ★★★★

格式 =FIND(字符串,查询对象,起始位置)。
功能 查询某个字符在字符串中的位置。
参数 字符串：查询的字符串；
对象：被查询的字符；
起始位置：查询的字符串起点，可以省略。

图I 通过FIND函数查询书名中包含的Excel的位置。Excel作为查询对象用半角双引号进行分隔。C列由于查询第二个字符之后“Excel”的位置，因此故而在起始位置出现“Excel”时，结果显示为错误。大写的“EXCEL”或全角的“Excel”都不符合条件，因此结果显示为错误。

	A	B	C	D	E	F
1	书名	「Excel」位置	第2个字符后「Excel」的位置			
2	Excel函数大辞典	1	#VALUE!			
3	成为Excel达人	3	3			
4	轻松提高Excel的方法	5	5			
5	简单明了的Excel函数	6	6			
6	明白了！EXCEL函数	#VALUE!	#VALUE!			
7	Excel全攻略	1	#VALUE!			
8	Excel虎之卷	1	#VALUE!			
9						

输入“=FIND(‘Excel’,A2)”后向下复制

输入“=FIND(‘Excel’,A2,2)”后向下复制

重要函数 8

从左侧或右侧截取n个字符

LEFT

文本函数 ★★★★

格式 =LEFT(字符串,字符数)。
功能 从字符串起始处（左侧）截取指定数量的字符。
参数 字符串：截取对象字符串；
对象：截取字符数。省略时默认截取一个字符。

RIGHT

文本函数 ★★★★

格式 =RIGHT(字符串,字符数)。
功能 从字符串末尾处（右侧）截取指定数量的字符。
参数 字符串：截取对象字符串；
对象：截取字符数。省略时默认截取一个字符。

	A	B	C	D
1	名	姓	首字母	
2	Michael	Mayer	MM	
3	Aki	Takahashi	AT	
4	Kenji	Suzuki	KS	
5				
6				

“=LEFT(A2)&LEFT(B2)”后向下复制

图J 通过LEFT函数截取名和姓中的首字母组成姓名拼写。第一个LEFT函数截取名字中的首字母，第二个LEFT函数截取姓中的首字母，中间使用通配符&连接。

查询字符串长度

LEN

文本函数
★★★★☆

格式 =LEN(字符串)。
功能 返回字符串中字符数量。
参数 字符串：查询字符串长度。

●**图K** 通过LEN函数查询姓名的字符串长度。姓与名之间的空格也被算作一个字符。在A4单元格中，可以看到字符不分大小写一视同仁地被统计出来。需要查询字节时可以使用LEN函数，该函数将半角默认为一个字节，全角默认为两个字节。

▲	A	B
1	姓名	字符数
2	今田 健司	5
3	氏家 ゆみ子	6
4	Tornado Trump	13
5	Ｂａｒａｃｋ 小滨	9
6		
7		
8		输入"=LEN(A2)"后向下复制

从字符串中截取字符

MID

文本函数
★★★★☆

格式 =MID(字符串,起始位置,字符数)。
功能 从字符串中指定位置截取指定数量的字符。
参数 字符串：截取对象的字符串;
　　　起始位置：开始截取字符的位置;
　　　字符数：截取的字符数量。

▲	A	B	C	D
1	公司／总部	「（」的位置	总字符数	总部
2	Excel商事（东京）	8	11	东京
3	VBA技术（爱知）	6	9	爱知
4	比特公司（神奈川）	5	9	神奈川
5	BING工业（北海道）	7	11	北海道
6	输入"=FIND('（',A2)"			
7	后向下复制			
8		输入"=LEN(A2)"		
9		后向下复制		
10			输入"=MID(A2, B2+1,C2-B2-1)"	
11			后向下复制	

字符串共11个字符
"（"是第八个字符

Excel商事(东京)

从第8+1=9个字符开始截取
11-8-1=2个字符

●**图L** 从「公司／总部」列中截取公司所在地需要使用MID函数。通过FIND函数确定「（」的位置，再通过LEN函数查询字符串总长度。使用MID函数，截取从「（」+1，到「（」-1」之间的字符，这个字符长度就是公式「C2-B2-1」所表示的内容。

日期与
时间函数

如果不能复制就
重新确认复制对象

计算结果令人不解

	A	B	C	D
1	姓名	出生日期	虚岁	
2	小宫 莲	2017/4/10	1	
3	齐藤 さくら	2017/2/2	-2016	
4	筱田 阳菜	2016/9/30	-2015	
5	志村 悠马	2015/2/18	-2014	
6				
7	输入 "=E2-YEAR(B2)+1" 后向下复制			

今年的年龄
怎么成了
-2014岁？

○**图1** 计算虚岁年龄时，用本年度数值（E2单元格）减去出生年月日中的年份后再加1。将此公式向下复制后，年龄中出现了负值。这是怎么回事？

复制公式时参数单元格发生了偏移

没有将E2单元格作
为参数继续使用

○**图2** 在"公式"选项卡中单击"显示公式"按钮（❶ ❷），确认输入的公式内容。结果发现，从C3单元格开始，作为参数B2被B3、B4等代替，而另一个原本是固定参数的E2却发生了偏移。

在144页中我们介绍了关于输入函数的自动填充方式。但有时，这种方式并不能让我们得到想要的结果，**图1**就是如此。尽管使用当前年份（E2）与出生年月日的数据相减，应该得到的是虚岁年龄，然而当自动填充后，结果却令人迷惑不解。

经确认C2单元格内的数据并没有问题。通过YEAR函数从出生年月日中提取出生年份数据，将其与E2单元格内输入2017相减后再加1就是虚岁年龄，结果是1岁。按照习惯，虚岁年龄将出生年记做1岁，因此2017年出生的人的年龄为1岁。然而，当将公式向下拖曳复制后，却出现了-2016岁，显然是哪里出现了问题。

这是由于引用参数单元格时出了问题。通常，复制公式时，所引用的参数单元格都会按照特定顺序发生顺移（**图2**）。本例中，引用同一行的单元格，B2被B3、B4等代替。由于输入公式单元格的位置变换引起参数单元格以相同方向进行顺移的引用方式，被称为"相对引用"。

导致错误的原因是E2单元格发生了顺移。如果不希望所引用的单元格出现顺移，可以使用"绝对引用"。

引用的单元格发生顺移导致错误，使用$固定单元格

这种问题的处理方法也很简单（**图3**）。输入"=E2"后按下F4键，刚刚输入的E2会变成$E$2。设置绝对引用符号$后，在复制操作时行号与列号都不再出现顺移。本例中，只需将行号设置为E$2即可。这种引用方式被称为"混合引用"。

由于与日期有关的公式结果都是以日期格式显示的，需要先调整格式再进行复制（下页**图4**、**图5**）。设置绝对引用后，复制后的数据$E$2不再出现顺移（**图6**）。 绝对引用是累计计算的重要法宝（**图7**、**图8**）。例如"B$2：B2"等混合引用，可以单侧固定单元格范围，十分方便。

使用绝对引用限制单元格顺移

↑图3 在C2单元格内输入"="后单击E2单元格（**①②**）。单元格内出现"=E2"的字样后，按下F4键（有的机型需要配合Fn键使用）（**③**）。变成$E$2的绝对应用方式后，输入公式的剩余部分（**④**），最后按下Enter键结束输入。在$E$2中只需对行号E$2设置绝对引用即可。每按一次F4键，单元格内会以E2→$E$2→E$2→$E2→E2的顺序变化。

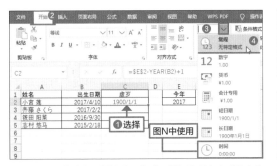

🔼 **图4** 显示格式为日期格式，从"开始"选项卡中"数字格式"下拉列表中选择"常规"选项（❶～❹）。

🔼 **图5** 得到了正确的虚岁年龄。此时可以拖曳C2单元格向下填充，得到其他人的正确年龄。

	A	B	C
1	姓名	出生日期	虚岁
2	小宫 莲	42835	=$E$2-YEAR(B2)+1
3	齐藤 さくら	42768	=$E$2-YEAR(B3)+1
4	筱田 阳菜	42643	=$E$2-YEAR(B4)+1
5	志村 悠马	42053	=$E$2-YEAR(B5)+1

$E$2保持不变

🔼 **图6** 本例中，与图2所用的是同一个公式。但由于设置了绝对引用，从C3单元格开始，其他单元格内的$E$2部分保持不变。

设置绝对引用计算"累计"值

	A	B	C
1	年月日	行走距离	累计
2	2017/5/1	40.2	40.2
3	2017/5/2	22.5	
4	2017/5/3	19.4	
5	2017/5/4	15.6	
6	2017/5/5	33.9	

❷拖曳

❶输入"=SUM(B$2:B2)"

	A	B	C
1	年月日	行走距离	累计
2	2017/5/1	40.2	40.2
3	2017/5/2	22.5	62.7
4	2017/5/3	19.4	82.1
5	2017/5/4	15.6	97.7
6	2017/5/5	33.9	131.6

从B2单元格开始计算该行的累计值

🔼 **图7** 在C列中计算行走距离（B列）的累计值。输入SUM函数后向下复制（❶❷），简单便捷。此处的操作重点是将"B$2:B2"作为合计的对象。

	A	B	C
1	年月日	行走距离	累计
2	42856	40.2	=SUM(B$2:B2)
3	42857	22.5	=SUM(B$2:B3)
4	42858	19.4	=SUM(B$2:B4)
5	42859	15.6	=SUM(B$2:B5)
6	42860	33.9	=SUM(B$2:B6)

合计对象顺利引用单元格

🔼 **图8** 本例中，与图2所用的是同一个公式。SUM函数的合计对象设置为"从B列第二行开始到该行末尾"，单元格引用顺利完成。尽管复制带有通配符$的B$2部分，但也没有发生变化。横向复制时，无论B$2变成C$2还是D$2，都不影响本例中的计算。

重要函数 11 从日期中截取年月日的数值

YEAR
日期与时间函数
★★★★★

格式 =YEAR(日期)。
功能 从日期（序列值）中截取
年份数值。
参数 日期：日期数据（序列值）。

MONTH
日期与时间函数
★★★★★

格式 =MONTH(日期)。
功能 从日期（序列值）中截取
月份数值。
参数 日期：日期数据（序列值）。

DAY
日期与时间函数
★★★★★

格式 =DAY(日期)
功能 从日期（序列值）中截取日
的数值
参数 日期：日期数据（序列值）

	A	B	C	D	E
1	姓名	出生日期	年	月	日
2	小宫 莲	2017/4/10	2017	4	10
3	齐藤 さくら	2017/2/2	2017	2	2
4	筱田 阳菜	2016/9/30	2016	9	30
5	志村 悠马	2015/2/18	2015	2	18

输入"=YEAR(B2)"
后向下复制

此处输入"=MONTH(B2)"

此处输入"=DAY(B2)"

○图M YEAR函数、MONTH函数和DAY函数可以从
日期数据（序列值）中分别截取年份、月份和日的数
据。例如，使用MONTH函数可以判断出生年月日中的
"月份"。另外，使用重要函数2（144页）中的DATE
函数可以将年月日数据还原为序列值。建议读者将
YEAR、MONTH、DAY和DATE等四个函数关联记
忆（请参考150页）。

重要函数 12 将时分秒数据转换为时间数据

TIME
日期与时间函数
★★★★★

格式 =TIME(时,分,秒)。
功能 将指定的时分秒数据返回为时间数据
（序列值）。
参数 时：小时;
分：分钟;
秒：秒钟。

○图N TIME函数是将时分秒数值转
换为时间数据（序列值）的函数。将
24小时设置为序列值1，那么12小时就
是0.5，12时30分约为0.520833（48
分之25）。转换为时间数据后，对于使
用简单的加减法计算出勤时间非常方便
（H列）。

	A	B	C	D	E	F	G	H	I	J
1	工作人员	上班时间			下班时间			工作时间		
2		时	分	时间	时	分	时间			
3	饭田ミキ	8	30	8:30 AM	17	30	5:30 PM	9:00:00		
4	浦和洋子	9	0	9:00 AM	17	0	5:00 PM	8:00:00		
5	小宫和重	14	15	2:15 PM	20	45	8:45 PM	6:30:00		
6	齐藤正	17	0	5:00 PM	23	0	11:00 PM	6:00:00		

输入"=TIME(B3,C3,0)"
后向下复制

输入"=TIME(E3,F3,0)"

输入"=G3-D3"

失败的根本原因是不会使用IF函数

IF函数

用IF函数扩展世界

IF打折 ──────────→ 优惠10%
IF不打折 ──────────→ 按定价销售

IF成绩超过400分 ──→ 合格
IF没达到 ──────────→ 不合格

◐ **图1** 有些函数如果不熟悉，会严重影响效率，即制约理论中的瓶颈效应，在Excel函数中也存在这种现象，这就是IF函数的应用。IF函数按照"如果……那么；如果不……"将各种情形分别假设，掌握IF函数，可以将我们的函数应用范围瞬间扩大。

比较运算符是重点

	A	B	C	D
1	姓名	分数	合格否	
2	今田健二	188	不合格	
3	氏家清子	410	合格	
4	小宫和重	476	合格	
5	近藤进	420	合格	
6	进藤由香	379	不合格	
7				
8				
9				

输入"=IF(B2>=400,'合格','不合格')"后向下复制

比较运算符	示例	含义
=	A＝B	A等于B
＜＞	A＜＞B	A不等于B
＜	A＜B	A小于B
＞	A＞B	A大于B
＜＝	A＜＝B	A小于等于B
＞＝	A＞＝B	A大于等于B

◐ **图2** 灵活掌握IF函数的参数"逻辑关系"可以扩大函数的使用范围。B列中显示分数超过400分被判定为"合格"，否则为"不合格"（左图）。还有"不等于"、"大于"等各种运算符（右图）。

　　工作中使用的表格难免会出现"如果……那么……；如果不……"需要假设的情形（**图1**）。而能够熟练掌握IF函数，对能否将所掌握的函数发挥到最大作用将产生重大影响。Excel函数中也存在制约理论中所谓的瓶颈效应。当掌握一定程度的函数后，与其继续扩大所掌握的函数数量，不如将其活用，突破自我征服瓶颈。

　　这个瓶颈就是IF函数。使用IF函数就可以处理"分数超过400分被判定为'合格'否则为'不合格'"的问题（**图2**）。

重要函数 13 根据条件返回不同的值

IF 逻辑函数
★★★★★

格式 =IF(逻辑公式,真,假)。

功能 逻辑公式为真(TRUE)时,返回真的值;
逻辑公式为假(FALSE)时,返回假的值。

参数 逻辑公式:判断结果为真假的公式;
真:逻辑公式为真时,返回真的值;
假:逻辑公式为假时,返回假的值。

	A	B	C	D
1	商品名	定价	10%OFF	销售价格
2	复印机	¥120,000	对象	¥120,000
3	打印机	¥34,000		¥34,000
4	平板电脑A	¥24,000		¥24,000
5	平板电脑B	¥34,000	对象	¥34,000
6				
7		输入"=IF(C2='对象',		
8		B2*0.9,B2)"后向下复制		
9				

○ **图O** D列中使用IF函数表示"10%OFF"列中"对象"商品的九折价格,否则为全价。"对象"作为文本字符使用双引号分隔。在D2单元格输入公式后向下复制,就得到全部商品的销售价格。

加入参数做出三种假设

	A	B	C
1	姓名	分数	合格否
2	今田健二	188	不合格
3	氏家清子	410	合格
4	小宫和重	476	合格
5	近藤进	420	合格
6	进藤由香	379	不合格
7			
8			
9			

输入"=IF(B2>=400,'合格',
IF(B2<200,'不合格','重考'))"后向下复制

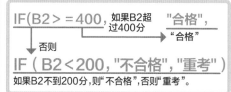

IF(B2>=400, 如果B2超过400分 "合格",
→ "合格"
否则
IF(B2<200,"不合格","重考")
如果B2不到200分,则"不合格",否则"重考"。

○ **图3** IF函数中输入的三个参数分别表示B列中的分数超过400分,则判定为"合格",不到200分,则判定为"不合格",否则"重考"。函数中最多可以输入64个参数。

学习IF函数时,与比较运算符一起掌握使用。IF函数表示"如果……那么"的假设逻辑关系。逻辑公式正确则为真(TRUE),错误则为假(FALSE)。将两个数值(也可以是文本字符)进行比较运算的符号称为比较运算符。其中的"=""<="等符号与数学运算符号基本相同,但"不等号"是"<>"。

掌握IF参数,可以表述复杂条件

在IF函数中加入参数,可以指定如"超过400分为'合格',不到200分为'不合格',否则'重考'"等复杂的条件(**图3**)。但是这个公式还是过于冗长,接下来我们将介绍一些输入技巧,这就是在"函数参数"对话框(参照147页)中输入IF函数参数的小窍门。

首先打开"函数参数"对话框,输入与通常函数有所不同的参数(**图**

4~图6）。此处的重点是如何设置IF函数的参数。**图7**中直接输入了省略参数的"IF（）"。之后单击编辑栏中的第二个"IF"，"函数参数"对话框自动切换到第二个IF函数（**图8**）。此时，可以设置第二个IF函数的参数。

● 简便设置IF函数参数的技巧

● **图4** 选定C2单元格后单击"fx（插入函数"按钮（❶❷）。打开"插入函数"对话框后，在"选择类别"下拉列表中选择"逻辑"选项，再选择IF选项（❸❹）。之后单击"确定"按钮。

● **图5** 当C2单元格内输入"IF()"后，自动打开"函数参数"对话框，光标自动停留在Logica_test文本框中。此时单击B2单元格。

● **图6** 向Logica_test文本框中输入B2后，再输入">=400"（❶）。在Value_if_ture文本框中输入"合格"（❷）。

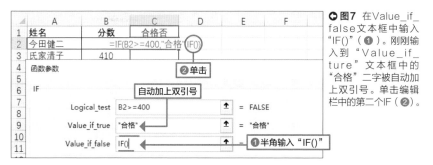

◐图7 在Value_if_false文本框中输入"IF()"（❶）。刚刚输入到"Value_if_ture"文本框中的"合格"二字被自动加上双引号。单击编辑栏中的第二个IF（❷）。

❷单击

自动加上双引号

❶半角输入"IF()"

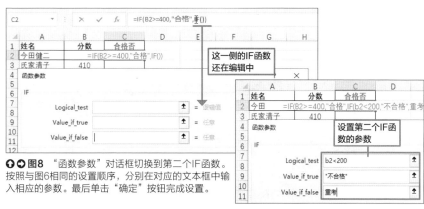

这一侧的IF函数还在编辑中

设置第二个IF函数的参数

◐◐图8 "函数参数"对话框切换到第二个IF函数。按照与图6相同的设置顺序，分别在对应的文本框中输入相应的参数。最后单击"确定"按钮完成设置。

重要函数
14 计算符合条件的值的和

SUMIF

数学/三角函数
★★★★

格式 =SUMIF(单元格区域,搜索条件,求和区域)。
功能 计算符合条件的单元格的值的和。
参数 单元格区域：搜索对象所在的单元格区域；
搜索条件：设置搜索条件；
求和区域：需要求和的单元格的区域，
如省略则默认为第一个参数的单元格区域为求和区域。

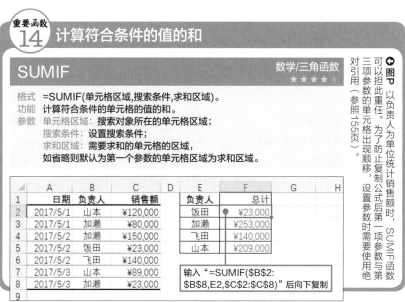

输入 "=SUMIF($B$2:$B$8,E2,$C$2:$C$8)" 后向下复制

◐图P 以负责人为单位统计销售额时，SUMIF函数可以担此重任。为了防止复制公式后第一项参数与第二项参数的单元格出现顺移，设置参数时需要使用绝对引用（参照155页）。

Part 2

函数

IF函数

逻辑函数

灵活使用and和or设置参数

设置多重参数

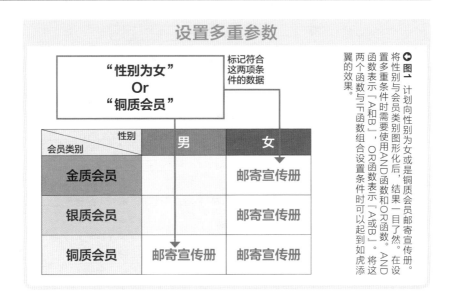

标记符合这两项条件的数据

"性别为女" Or "铜质会员"

会员类别＼性别	男	女
金质会员		邮寄宣传册
银质会员		邮寄宣传册
铜质会员	邮寄宣传册	邮寄宣传册

○图1 计划向性别为女或是铜质会员邮寄宣传册。将性别与会员类别图形化后，结果一目了然。在设置多重条件时需要使用AND函数和OR函数。AND函数表示「A和B」，OR函数表示「A或B」。将这两个函数与IF函数组合设置条件时可以起到如虎添翼的效果。

使用IF函数时，设置"性别为女"或是"会员种类为铜质会员"等多重筛选条件（**图1**）。这种情况下可以使用AND函数和OR函数，分别表示"和"与"或"。将这两个函数放在IF函数参数中使用，可以令IF函数如虎添翼。在150页中我们介绍过"关联函数"学习法，这对AND函数与OR函数以及后面将要介绍的NOT函数，都可以作为与IF函数相关的函数关联记忆。

在公式中设置AND函数和OR函数，当所有的条件为真时，AND函数返回值为真；当其中的任何一个条件为真时，OR函数返回值为真。将此函数作为IF函数的参数，设置"性别为女"或是"会员种类为铜质会员"，条件为真的单元格内填入"邮寄宣传册"，否则保留空白单元格（**图2**）。需要注意的是，结果返回为空白单元格需要设置一对双引号。这种操作技巧会经常用到，请读者一定掌握。

将OR函数与AND函数组合使用，可以设置如"性别为女且会员类别为

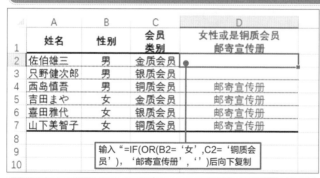

重要函数 15 表示AND与OR的函数

AND
逻辑函数 ★★★★

格式 =AND(逻辑公式1,逻辑公式2,……)。
功能 所有参数为真时返回真的值。
参数 逻辑公式1：结果为真或假的公式；
　　　逻辑公式2：结果为真或假的公式；
　　　可以省略。参数最多可以设置255项。

OR
逻辑函数 ★★★★

格式 =OR(逻辑公式1,逻辑公式2,……)。
功能 任何一项条件为真时返回真的值。
参数 与AND函数相同。

姓名	性别	会员类别	女性且铜质会员	女性或铜质会员
佐伯雄三	男	金质会员	FALSE	FALSE
只野健次郎	男	银质会员	FALSE	FALSE
西岛慎吾	男	铜质会员	FALSE	TRUE
吉田まや	女	金质会员	FALSE	TRUE
嘉田雅代	女	银质会员	FALSE	TRUE
山下美智子	女	铜质会员	TRUE	TRUE

输入"=AND(B2='女',C2='铜质会员')"后向下复制

输入"=OR(B2='女',C2='铜质会员')"后向下复制

图Q 通过AND函数与OR函数判断各个会员是否符合"性别为女且会员类别为铜质会员"以及"性别为女或会员类别为铜质会员"等两项条件。符合条件，结果返回为TRUE（真），不符合条件，则返回为FALSE（假）。实际应用中，会经常将这两个函数与IF函数组合使用。

与IF函数组合使用

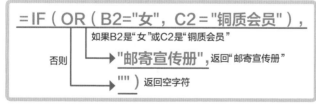

姓名	性别	会员类别	女性或是铜质会员邮寄宣传册
佐伯雄三	男	金质会员	
只野健次郎	男	银质会员	
西岛慎吾	男	铜质会员	邮寄宣传册
吉田まや	女	金质会员	邮寄宣传册
嘉田雅代	女	银质会员	邮寄宣传册
山下美智子	女	铜质会员	邮寄宣传册

输入"=IF(OR(B2='女',C2='铜质会员'),'邮寄宣传册','')"后向下复制

图2 将OR函数与IF函数组合使用，判断"性别为女或会员类别为铜质会员"时"邮寄宣传册"。在图Q中，将返回结果设置为具体字符，比起设置为TRUE，或FALSE更容易理解。使用一对双引号可以表示空字符。

=IF（OR（B2="女"，C2="铜质会员"），

如果B2是"女"或C2是"铜质会员"

否则

"邮寄宣传册"，返回"邮寄宣传册"

""）返回空字符

铜质会员或银质会员"等复杂的条件（下页**图3**）。同时，还可以将AND函数作为OR函数的参数使用。

将AND与OR组合使用设置复杂条件

	A	B	C	D
1	姓名	性别	会员 类别	女性且 「铜质会员或银质会员」 邮寄宣传册
2	佐伯雄三	男	金质会员	
3	只野健次郎	男	银质会员	
4	西岛慎吾	男	铜质会员	
5	吉田まや	女	金质会员	
6	喜田雅代	女	银质会员	邮寄宣传册
7	山下美智子	女	铜质会员	邮寄宣传册
8				

输入"=IF(AND（B2='女',OR(C2='铜质会员',C2='银质会员')),'邮寄宣传册'，'')"后向下复制

◑ ◐ **图3** 本例中邮寄宣传册的条件设置将AND函数与OR函数组合使用，设计"性别为女且会员类别为铜质会员或银质会员"的公式，换一种表达方式就是"A且'B或C'"。

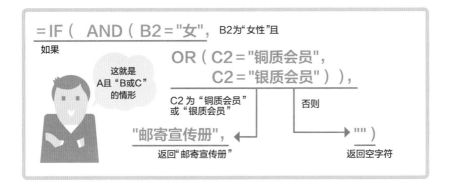

颠倒黑白的NOT函数用起来也十分便捷

最后介绍一下NOT函数。NOT函数中，如果参数为真，则返回假的值；如果参数为假，则返回真的值。不要小看这种颠倒黑白的函数，有时可以发挥巨大的作用。

图3中"性别为女性且银质会员或铜质会员"的人与不是"性别为男或金质会员"的人为同一对象人群。根据前文设置，继续用OR函数表述的话应该是"性别为男或金质会员"，而如果使用NOT函数表述的话应该是"女性且铜质会员或银质会员"，这两种表述的结果都是一样的（**图4**）。或许这两种表述看起来完全相反，但比起使用"A且B且C或……"的表达方式，"除了X……"的表述方式更易理解。

使用NOT函数扩大表述范围

性别为<u>女性</u>的铜质会员<u>或</u>银质会员的人

‖ 二者相同

不是"<u>男性</u><u>或</u>金质会员"的人

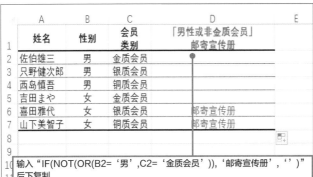

	A	B	C	D	E
1	姓名	性别	会员 类别	「男性或非金质会员」 邮寄宣传册	
2	佐伯雄三	男	金质会员		
3	只野健次郎	男	银质会员		
4	西岛慎吾	男	铜质会员		
5	吉田まや	女	金质会员		
6	喜田雅代	女	银质会员	邮寄宣传册	
7	山下美智子	女	铜质会员	邮寄宣传册	
8					
9					
10	输入"IF(NOT(OR(B2='男',C2='金质会员')),'邮寄宣传册','')"				
11	后下复制				

◑◐图4 将图3中"性别且银质会员或铜质会员"的设置条件替换为不是"性别为男或金质会员"。使用NOT函数可以表述此项条件。通过OR函数表述的"性别为男性或金质会员"的公式，与NOT函数的真假是完全相反的。

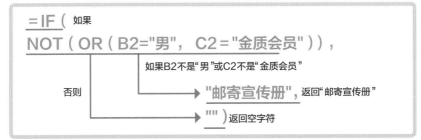

=IF（ 如果

NOT（OR（B2="男"，C2="金质会员"）），

如果B2不是"男"或C2不是"金质会员"

否则

"邮寄宣传册"，返回"邮寄宣传册"

""） 返回空字符

重要函数
16 表示"不是"的函数

NOT 逻辑函数
★★★★

格式 =NOT(逻辑公式)。
功能 参数为真时返回假的值;
参数为假时返回真的值。
参数 逻辑公式：结果为真
或假的公式。

	A	B	C	D	E
1	姓名	性别	会员 类别	非「男性或金质会员」	
2	佐伯雄三	男	金质会员	FALSE	
3	只野健次郎	男	银质会员	FALSE	
4	西岛慎吾	男	铜质会员	FALSE	
5	吉田まや	女	金		
6	喜田雅代	女	银	输入"=NOT(OR(B2='男',	
7	山下美智子	女	铜	C2='金质会员'))"后向下复制	

◐图R 使用NOT函数，表述不是"性别为男或金质会员"的逻辑公式。NOT函数的最大特点就是返回与AND函数或OR函数所组成的逻辑公式结果完全相反。当与单纯的逻辑公式的结果完全相反时，其表述的意义却是完全相同的。例如"B2='男'"即B2等于"男"，与"NOT(B2<>'男')"不是B2不等于"男"，二者的意义完全相同。

函数组合

函数组合是向
高级晋升的龙门

使用组合拳,提升战斗力

LARGE函数	×	IF函数	▶添加客户评价
LARGE函数	×	套用格式	▶自动着色
SUMIF函数	×	数据验证	▶更简便更快捷

◎图1 将函数组合使用可以更好地发挥函数的威力。接下来让我们学习函数与函数组合,数据验证组合等各种使用技巧。

使用函数组合拳自动添加客户评价

▲	A	B	C	D
1	顾客	购买次数	顾客等级	
2	太石明美	48	S	
3	佐佐木美子	10		
4	铃木和子	32	S	
5	藤本亨	6		
6	古野裕则	8		
7	松浦保	28		
8	汤本康二	41	S	
9	吉田勇吉	29		
10				

◎图2 将购买次数前三位的客户自动加上S评价。LARGE函数返回最大的第n个值。使用IF函数为购买次数前三位的客户加上S标识。

输入"=IF(B2>=LARGE($B$2: $B$9,3),'S','')"后向下复制

比起单独使用函数,将函数组合到一起可以产生更显著的效果(**图1**)。前一节介绍了逻辑函数,再前面介绍了文本函数⋯⋯。即使是IF函数,在设置特殊条件时,也需要与其他函数组合使用。

例如,将客户名单中购买次数最多的前三位筛选出来,加上S标识。这时,使用LARGE函数筛选"最大的第三位",再使用IF函数,将其参数设置为"购买次数超过最大的第三位"的"逻辑公式"(**图2**)。

重要函数 17 查询第n大的最大值/最小值

LARGE
统计函数 ★★★★

格式 =LARGE(单元格区域,位次)。
功能 在单元格范围内，查询最大的第n个值。
参数 单元格区域：查询值所在的单元格范围。
位次：所查询的值在从大到小的排序中位于第几位。

SMALL
统计函数 ★★★★

格式 =SMALL(单元格区域,位次)。
功能 在单元格范围内，查询最小的第n个值。
参数 单元格区域：查询值所在的单元格范围。
位次：所查询的值在从小到大的排序中位于第几位

	A	B	C	D	E
1	顾客	分数		序号	分数
2	大石明美	64		1	88
3	佐佐木美子	75		2	80
4	铃木和子	88		3	75
5	藤本亨	63		4	75
6	古野裕则	75		5	71
7	松浦保	80			
8	汤本康二	71			
9	吉田勇吉	69			

输入 "=LARGE($B$2: $B$9,D2)" 后向下复制

◐ 图S 使用LARGE函数将得分最高的五个人进行排序。向下复制公式时，第一个参数要设置绝对引用。

Part 2 函数 函数组合

格式套用组合拳威力超群！

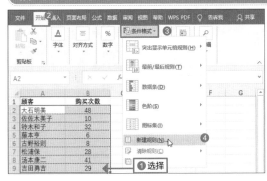

◐ 图3 为购买次数最多的前三位客户设置着色。选择A2~B9单元格，在"开始"选项卡中单击"条件格式"按钮，在下拉列表中选择"新建规则"选项（❶~❹）。

　　Excel的函数组合拳并不仅限于函数之间，还可以将"套用格式"与函数组合使用（**图3**）。在Excel中有很多功能都可以与函数进行组合，而这种组合拳更是威力超群，使我们的Excel应用能力如虎添翼。

数据验证组合拳，效果非凡！通过函数特定条件的设置

　　符合特定条件时，自动设置预设格式的功能，可以通过数据验证与公式（逻辑公式）共同设置。在下页**图4**和**图5**中，为购买次数前三位客户自动着

色就是这种功能的体现。

　　公式虽然与前页图2几乎完全相同，但B2单元格设置了"$B2"列的绝对引用（参照155页）。数据验证和公式也完全一样，其他的单元格中参数单元格发生顺移。本例中，所有列的计算必须参考B列中的购买次数。

　　使用函数的工作表，仍然有提高其使用效率的组合拳（**图6～图8**）。具有代表性的是"数据验证"。例如，通过SUMIF函数计算以负责人为单位的销售额。如果换一个名字，销售额的合计也随之重新计算，但重新输入负责人的名字却是一件麻烦事。此时可以使用数据验证，从负责人名单中直接选择，方便快捷。

❷输入 "=$B2>=LARGE($B$2: $B$9,3)"

❺选择后单击"确定"按钮

◯图4 选择"使用公式确定……"选项（❶）。半角输入图中所示的公式后单击"格式"按钮（❷❸）。$B2表示列的绝对引用。选择"填充"选项卡中的颜色后，单击"确定"按钮返回原设置界面（❹❺）。最后单击"确定"按钮关闭设置界面（❻）。

◯图5 表格中购买次数前三位的客户行被自动设置水绿色。在"仅对排名靠前或靠后的数值设置格式"选项中设置"最高10名"等内容，就可以修改公式的范围，十分灵活。与163页AND函数组合使用，可以设置如"前五位且购买次数超过40"等条件。

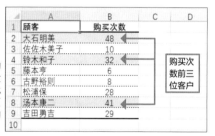

数据验证组合拳，方便快捷！

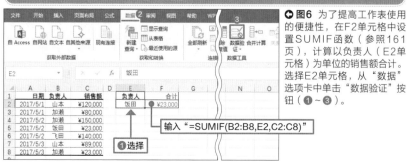

❶选择

输入 "=SUMIF(B2:B8,E2,C2:C8)"

◯图6 为了提高工作表使用的便捷性，在F2单元格中设置SUMIF函数（参照161页），计算以负责人（E2单元格）为单位的销售额合计。选择E2单元格，从"数据"选项卡中单击"数据验证"按钮（❶～❸）。

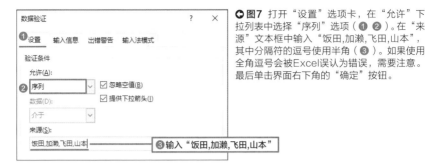

◐图7 打开"设置"选项卡，在"允许"下拉列表中选择"序列"选项（❶ ❷）。在"来源"文本框中输入"饭田,加濑,飞田,山本"，其中分隔符的逗号使用半角（❸）。如果使用全角逗号会被Excel误认为错误，需要注意。最后单击界面右下角的"确定"按钮。

◐◑图8 选择E2单元格后，右侧会出现▼按钮，单击后弹出各个负责人名字的下拉列表（❶）。如果选择"加濑"（❷），SUMIF函数的计算结果会自动显示加濑的销售额合计。在学习Excel过程中，掌握函数是一个积累的过程，但掌握如何使工作表用起来更便捷的能力是需要一番努力的。

重要函数 18 将数值四舍五入/向上舍入/向下舍入

ROUND
数学/三角函数
★★★★

格式 =ROUND(值,位数)。
功能 将数值按照设置的位数四舍五入。
参数 值：四舍五入的对象数值。
　　 位数：四舍五入后小数点后保留的位数，如果是0，小数点后首位舍入到整数。如果是负值，向小数点左侧的个位、十位、百位……进行四舍五入。

ROUNDUP
数学/三角函数
★★★★

格式 =ROUNDUP(值,位数)。
功能 将数值按照设置的位数向上舍入。
参数 与ROUND相同。

ROUNDDOWN
数学/三角函数
★★★★

格式 =ROUNDDOWN(值,位数)。
功能 将数值按照设置的位数向下舍入。
参数 与ROUND相同。

	A	B	C	D	E	F
1	原数值		位数	四舍五入	向上舍入	向下舍入
2	2562.7289		-2	● 2600	● 2600	● 2500
3			-1	2560	2570	2560
4			0	2563	2563	2562
5			1	2562.7	2562.8	2562.7
6			2	2562.73	2562.73	2562.72

输入"=ROUND($A$2,C2)"后向下复制

输入"=ROUNDUP($A$2,C2)"后向下复制

输入"=ROUNDDOWN($A$2,C2)"后向下复制

◐图T 将A2单元格内的数值向C列中进行四舍五入/向上舍入/向下舍入。将位数设置为0时，小数点后第一位会舍入到最接近的整数。设置为-1时，舍入到个位，-2时舍入到十位，这种方式对于处理以100为单位的金额时非常方便快捷。

查找与引用函数

表格计算的精髓是查找与引用函数

从表中查询数据

价格表

苹果	¥120
香蕉	¥180
橘子	¥390
草莓	¥480

橘子的单价是多少？

390日元！

⊙图1 "查询与引用"是指从其他表格中查询特定的数值（索引值）。这项功能对于制作报价书等文件具有重要作用。

重要函数
19 从指定表格中查询数据

VLOOKUP

索引/文本函数
★★★★★

格式 =VLOOKUP(索引值,索引区域,列号,匹配类型)。

功能 从参数"单元格区域"左侧列开始搜索"索引值"，找到索引值后返回该数值所在列目标"列号"单元格内的数据。

参数 索引值：从索引区域左侧列开始查询的数据值。
索引区域：该数据值必须位于索引区最左侧列中。
列号：需要提取的数据位于左数第几列。
匹配类型：F设置匹配类型为FALSE表示索引值与目标值完全一致。而设置为TRUE表示查询小于索引值的最大值。

⊙图U 这是VLO-OKUP函数最简单的示例，即从左侧价格表中查询商品（D2单元格）的价格。

▲	A	B	C	D	E	F
1	商品名	价格		此商品价格		
2	苹果	¥120		橘子	● ¥390	
3	香蕉	¥180				
4	橘子	¥390				
5	草莓	¥480				
6						
7						
8						

输入"=VLOOKUP(D2,A2:B5,2,FALSE)"

在工作中使用Excel时，经常会遇到需要从其他的工作表中引用数据的情形（**图1**）。例如，制作报价单时，如果只输入商品名（商品编码），就能将其他表格中的商品单价自动显示出来，将会大大提高工作效率。这时将以一个共有值作为关键词，从另一个工作表中将数据提取出来，这一过程称之为"表索引"。而VLOOKUP函数是表索引操作中必不可少的函数。

下面让我们试着操作一下，将"在成绩单中查询某个考生的成绩"（**图2**）。使用VLOOKUP函数，在参数中分别设置"索引值"和"索引区域"后，从指定单元格区域的左端列开始进行查询。当在符合条件的行中发现索引值后，将按照设置的"列号"对该行中指定单元格的数据进行提取。在F2单元格设置函数，从成绩单最左列（不含序号栏）搜索"小宫和重"，发现一致的数据后，提取同行中第2列中的分数返回到F2单元格（**图2、图3**）。

当查找与"检索值"完全一致的数据时，将参数中的"匹配类型"由

VLOOKUP函数组合简便易学

⟡ **图2** 将D～E列输入分数最高的前三甲考生的姓名。需要显示相应考生成绩时首选函数就是VLOOKUP。从A～E列中索引E列显示的姓名。需要注意的是，在复制公式时，第二个参数"索引区域"需要设置为绝对引用。

❶ 从索引区域最左列中查询"索引值"

❷ 返回同行的第二列单元格中的数据

提取的数据位于"列号"中所指定的第二列

⟡ **图3** 将图2中VLOOKUP函数进行分解说明。首先在索引区域（A2～B8）最左侧单元格内搜索设置为"小宫和重"的"索引值"（❶）。"匹配类型"被设置为FALSE，表示查询内容与索引值完全一致。在上数第三行发现相同的索引值。参数中"列号"被设置为2，表示返回同行中第二列单元格中的数据（❷）。

Part 2

函数

查找与引用函数

171

使用VLOOKUP函数设置等级

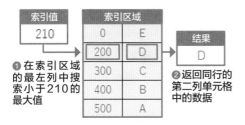

	A	B	C	D	E	F	G
1	姓名	分数	级别		●评级标准表		
2	今田健二	210	● D		分数	级别	摘要
3	氏家清子	346	C		0	E	200以下
4	小宫和重	591	A		200	D	200-299
5	近藤进	488	B		300	C	300-399
6	进藤由香	379	C		400	B	400-499
7	铃木和子	198	E		500	A	500以上
8	藤本亨	398	C				

输入"=VLOOKUP(B2,$E$3:$F$7,2,TRUE)"
后向下复制

●**图4** 使用VLOOKUP函数可以对不同分数设置不同的等级，例如"将成绩为300分以上不到400分设置为C级"。操作要点有两处，第一，将第二个参数中所指定的索引区域的最左侧单元格按升序排列；第二，将第四个参数设置为TRUE。

●**图5** 将第四个参数设置为TRUE表示VLOOKUP函数将在索引区域的最左列中搜索小于索引值的最大值。例如，本例中将索引值设置为210，则"小于210的值"中最大的是200，找到索引值，返回第二列中为D（❶❷）。位于索引区域最左侧单元格内的数据是重点。

重要函数 20 查询数据在区域单元格中的位置

MATCH
查找/文本函数
★ ★ ★ ★

格式　=MATCH(检索值,检索区域,匹配类型)。
功能　返回检索值位于检索区域单元格中的位置。
参数　检索值：需要查询的数据值。
　　　检索区域：查询的数据值所在的单元格范围。
　　　匹配类型：设置为1，
　　　表示搜索小于检索值的最大值。
　　　（需要事先将单元格区域按升序排序）。
　　　设置为0，表示搜索与检索值完全一样的数据。
　　　设置为-1，表示搜索大于检索值的最小值。
　　　（需要事先将单元格区域按降序排序）。

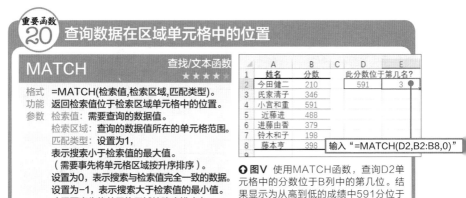

	A	B	C	D	E
1	姓名	分数		此分数位于第几名?	
2	今田健二	210		591	3 ●
3	氏家清子	346			
4	小宫和重	591			
5	近藤进	488			
6	进藤由香	379			
7	铃木和子	198			
8	藤本亨	398			

输入"=MATCH(D2,B2:B8,0)"

●**图V** 使用MATCH函数，查询D2单元格中的分数位于B列中的第几位。结果显示为从高到低的成绩中591分位于第三位。

FALSE设置为0。另外，如果将"匹配类型"设置为TRUE或1或者省略，则返回值为小于"检索值"的最大值。

对"X公里~X公里的价格为X元"等广泛应用领域设置等级

　　利用这项特征，可以像图4中一样为数据设置等级。在本例中，对"大于0分而低于200分设置为E级"等分数区间设置了等级。例如，210分处于

200分以上而在300分以下，因此设置为D级（**图5**）。根据这个操作要领，可以对"X公里～X公里的价格为X元"等价格表进行表索引操作。

尽管VLOOKUP函数十分便利，但由于工作表类型的不同，也有无法应对的情形。例如，使用这个函数无法查找成绩单最左侧列以外的数据（**图6**）。这时需要将MATCH函数与INDEX函数组合使用，完成对数据的查询与引用。公式可能有些复杂，但这两个函数要比VLOOKUP函数具有更高的灵活性。

到目前为止，我们用帕累托法则对函数进行了说明。重要函数专栏中详细介绍了精选函数60中的29个，余下的函数以同样的方式进行说明，希望读者能够通过这些介绍成为真正的函数高手。

重要函数 21 引用区域单元格中第n行n列单元格的数据

INDEX　　　　　　　检索/文本函数
★★★★★

格式　=INDEX(检索区域,行号,列号)。
功能　返回区域单元格中第n行n列单元格的数据。
参数　检索区域：查询的数据值所在的单元格范围。
　　　行号：取指定需要查询的行的位置。区域单元格只有一行时可以省略。
　　　列号：指定需要查询的列的位置。区域单元格只有一列时可以省略。

	A	B	C	D	E
1	姓名	分数		查询从上开始第N位	
2	今田健二	210		3	小宫和重
3	氏家清子	346			
4	小宫和重	591			
5	近藤进	488			
6	进藤由香	379			
7	铃木和子	198			
8	藤本亨	398			

输入"=INDEX(A2:A8,D2)"

🔾**图W** 使用INDEX函数，引用位于A列某个姓名从上第n行（指定为D2单元格）的人的姓名。

使用MATCH和INDEX函数查询与引用数据

	A	B	C	D	E	F
1	姓名	分数		名次	分数	姓名
2	今田健二	210		1	591	小宫和重
3	氏家清子	346		2	488	近藤进
4	小宫和重	591		3	398	藤本亨
5	近藤进	488				
6	进藤由香	379				
7	铃木和子	198				
8	藤本亨	398				

输入"=LARGE($B$2:$B$8,D2)"后向下复制

输入"=INDEX($A$2:$A$8,MATCH(E2,$B$2:$B$8,0))"后向下复制

🔾**图6** 使用LARGE函数引用E列中前三位的成绩，并将考生的姓名显示在其右侧单元格中。通过MATCH函数查询E列的成绩位于第几名，再通过INDEX函数引用该成绩右侧的姓名。在表格的A～B列中，成绩并不是位于最左侧的列中，因此VLOOKUP函数无法正常使用。

Excel中人气No.1
的函数终极攻略

在Excel中有很多函数，但最希望读者在职场中能够掌握的是VLOOKUP函数。使用这个函数可以完成从销售台账到商品台账的索引等工作，即所谓的智能"查询与引用"。接下来，我们按照从入门到高级应用的顺序，对这个函数进行逐一说明。

听说过VLOOKUP函数吗？这个函数在处理涉及到客户名簿与商品台账

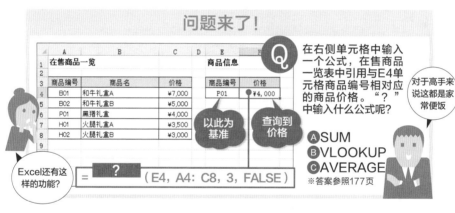

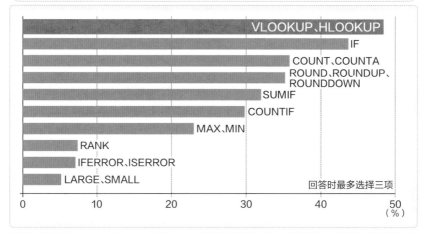

白领中，VLOOKUP函数的人气是No.1

回答时最多选择三项

◆图1 Nikki Business Associe与Bizreach以职业白领为对象，针对除SUM函数与AVERAGE函数之外，Excel函数中使用最多函数的调查结果显示，VLOOKUP函数独占鳌头（Nikki Business Associe2015年10月刊，第36页《人气Excel函数排行榜》）。由此可见，在职场中VLOOKUP函数的作用非比寻常。

●虽然只是数百种Excel函数中的一个

◆图2 上图中将Excel函数按不同的类别，分别列举了多个具有代表性的函数。其中VLOOKUP函数属于"检索/文本"类函数。除此之外，查询与引用函数中还有LOOKUP与INDEX等其他的函数。

等工作中，使用频率非常高（**图1**）。

　　VLOOKUP函数只是数以百计的Excel函数中的一个而已，属于"检索/文本"类函数。之所以能够在职场中发挥重要作用，是因为这个函数在处理"查询与引用"等复杂问题时可以一次搞定。查询与引用是指以某个关键字为索引值，从其他的表格中引用相关数据，下页**图3**是这个函数的典型示例。

　　示例中有两本台账，一本是记录商品编号、商品名称和单价的商品台账，另一本是记录销售日期、商品编号和销售数量的销售台账。现在，我们要将商品名称与单价加入到第二本台账中。但这种操作并不是一个一个地手动录入，而是通过查询商品台账中的商品编号，将对应的商品名称与商品价格自动添加到销售台账中。为了完成上述简便的操作，我们需要借助VLOOKUP函数。

图3中只是一个很简单的示例，使用VLOOKUP函数还可以完成更复杂的查询与引用任务。在174页下图中还可以在日本地图上按区域设置自动着色。接下来，我们将分别按入门篇、练习篇和实践篇等三部分对VLOOKUP函数进行终极说明。

●职场中超级活跃的数据处理函数 — 查询与引用函数

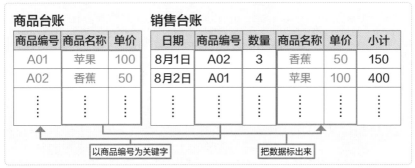

❶图3 本例中，将商品台账数据引用到记录销售日期、商品编号和销售数量等数据的销售台账中。以商品编号为关键字，从商品台账中引用商品名称与单价。通过VLOOKUP函数，可以建立如同关系型数据库（RDB）的处理方式。

稳扎稳打，步步为营

入门篇 P177
介绍VLOOKUP函数的基本使用方法，深入浅出，清晰易懂
初学者也不必紧张

练习篇 P186
介绍实战中能发挥重要作用的多种操作技巧
也包括VLOOKUP函数之外的方法

实践篇 P194
附带条件的格式组合等惊人的应用例子介绍
到这里来的话是神的圈套

学习查找与引用功能的基本原理

VLOOKUP 入门篇

使用VLOOKUP函数从表格中查询与引用数据的方法大体分为两种（**图1**），二者之间的区别在于参数中"匹配类型"的不同。首先，介绍一下VLOOKUP函数的查询与引用的基本功能与两种方法之间的使用区别。

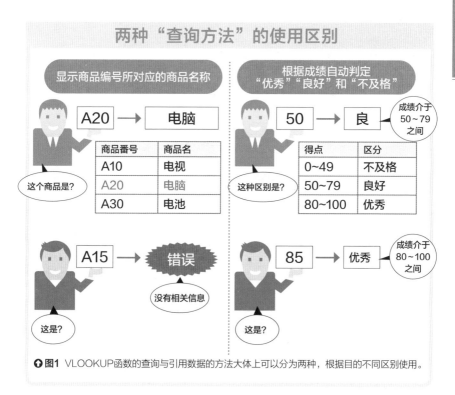

○ 图1 VLOOKUP函数的查询与引用数据的方法大体上可以分为两种，根据目的不同区别使用。

查询完全一致的检索值，引用关联数据

查询表格中的商品编号及商品名称，引用该商品的价格等信息（**图2**）是VLOOKUP函数的一项常用功能。

操作时，VLOOKUP函数从指定的"索引区域"最左列开始查询"索引值"，发现相应的数值后，返回同行中从左数第"列号"个单元格中的数据。如果将"匹配类型"设置为FALSE，在查询对象列中，只查询与"索引值"完全一致的数据单元格（**图3**）。

引用与检索值相关的数据

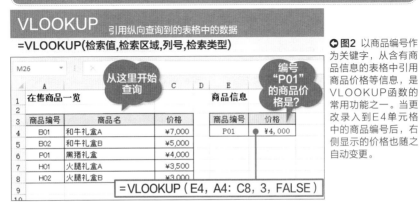

VLOOKUP 引用纵向查询到的表格中的数据

=VLOOKUP(检索值,检索区域,列号,检索类型)

从这里开始查询

编号"P01"的商品价格是？

=VLOOKUP（E4，A4：C8，3，FALSE）

○图2 以商品编号作为关键字，从含有商品信息的表格中引用商品价格等信息，是VLOOKUP函数的常用功能之一。当更改录入到E4单元格中的商品编号后，右侧显示的价格也随之自动变更。

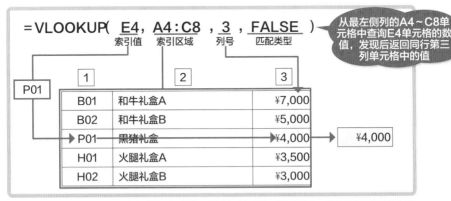

=VLOOKUP（ E4， A4：C8 ， 3 ， FALSE ）

索引值　索引区域　列号　匹配类型

从最左侧列的A4～C8单元格中查询E4单元格的数值，发现后返回同行第三列单元格中的值

○图3 使用VLOOKUP函数在"索引区域"最左侧列中查询"索引值"，发现后返回同行中第"列号"的单元格中的值。如果将"匹配类型"设置为FALSE，则搜索与"索引值"完全一致的数据。

查询包含索引值的区间

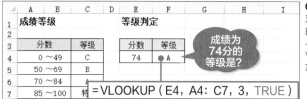

◑图4 结合成绩与等级对照表，为E4单元格内的分数评定相应的等级。与图2不同的是，本例中VLOOKUP函数的参数项"匹配类型"设置为"TRUE"。

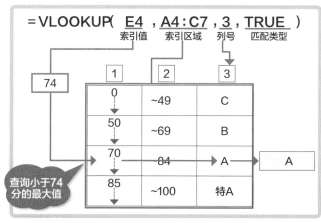

◑图5 如果将"匹配类型"设置为TRUE或省略时，将会查询"索引区域"最左列中小于"索引值"的最大值。换句话说，可以得到"索引区域"最左侧单元格中所有小于索引值的单元格区间。但使用这种方法时，需要事先将表的最左侧单元格按升序重新排列。

　　此时，作为查询对象的最左侧单元格，无论是升序、还是降序排列都不会影响查询。但是，如果同列中有多个相同的值，函数只能找到位于最上面单元格的值。如果未能找到与"索引值"相同的值，则显示"#N/A"的错误结果。

　　另外，"匹配类型"设置为TRUE或省略该参数时，最左侧单元格内即使没有完全一致的查询对象也可以。

查询对应区间，引用相关数据

　　在表示根据距离或重量计算价格，或根据成绩设定等级等应用示例中会经常将"匹配类型"设置为TRUE（**图4**）。使用这种方法时，需要将"索引区域"最左列按升序（由小到大）重新排序。

　　以本列为目标，查询小于"索引值"的最大值。换句话说，通过这种查询方式，可以得到"索引区域"最左侧单元格中所有小于索引值的单元格区间，即查询"索引值"所在的区间（前页**图5**）。

本例中，在第2列中设置了录入"～49"的值的单元格，设置这些值是为了进一步对数据区间进行补充说明。同时，作为考试成绩，录入的数值是"～49"，而实际操作中所有小于50分的含有小数的成绩也包含在内。最后一行的第二列中录入"～100"，实际操作中所有大于85的数值都属于这一行。如果将"索引值"设置为考试成绩中不会出现的负数时，任何一行中都查询不到该数据，因此结果返回为"#N/A"。

除了数值，在相应的"区间"内还可以查询文本字符。文本字符区间的判断标准是Excel默认为排序的标准。本例中，在以"ア"、"カ"、"サ"等日语假名顺序排列的列中查询姓名的读音，并将其返回值设置为"あ行"、"か行"、"さ行"等（**图6**）。Excel按照"タ"→"ドイイチロウ"→"ナ"的顺序进行排列，只需找到"タ"所对应的"た行"即可。

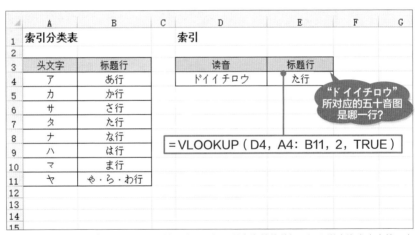

○**图6** 将"匹配类型"设置为TRUE的用法，不仅可以查询数值数据，还可以查询文本字符。本例中，以"**ア**"、"**カ**"、"**サ**"等日语假名的第一个假名作为查询对象，引用"**あ行**"等返回值。按照日语标准，小于"**ドイイチロウ**"的最大值是"**タ**"，因此其返回值为"**た行**"。

※ 该示例仅供读者参考。

考虑复制后的变化，设置操作对象的范围

使用VLOOKUP函数从商品名称中引用商品价格时，通常会在数行中录入相同的公式。然而，如果将参数中的"索引区域"设置为"A4:B8"的"相对引用"，将公式向下复制后，就会出现"A5:B9"等行号的顺移。

因此，需要设置如"$A$4:$B$8"的绝对引用，避免复制时出现变化（**图7**）。如果复制只是在行方向进行，可以设置"A$4:B$8"等形式的"混合引用"。另外，通常"索引值"会引用公式左侧单元格，保持D4的相对引用不变（**图8**）。

固定引用的表格区域

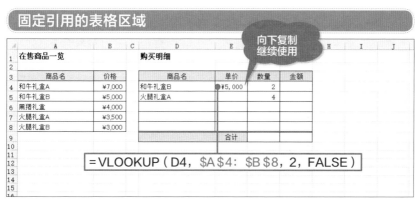

↑图7 前面介绍的示例中，将"索引区域"设置为相对引用并没有出现问题，但如果需要向下复制公式时，相对引用的单元格范围会出现顺移。为了防止顺移导致的变化，需要使用$设置绝对引用（或是混合引用）。

↑图8 E4单元格内录入的公式复制到了E5单元格内。在VLOOKUP函数参数中，被设置为"检索值"D4单元格中的公式复制到D5单元格后，部分公式发生了顺移。因此需要在表示"索引范围"的单元格"$A$4:$B$8"中设置绝对引用。

为引用单元格区域命名

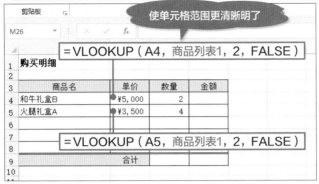

使单元格范围更清晰明了

=VLOOKUP（A4，商品列表1，2，FALSE）

=VLOOKUP（A5，商品列表1，2，FALSE）

�图9 从在售商品一览表中设置新的工作表，统计采购商品信息，使用VLOOKUP函数引用包括商品名与单价的数据，并将"索引区域"命名为"商品列表1"。命名后的区域复制时并不会受到影响，同时，由于按名称保存，也方便其他工作表的引用。

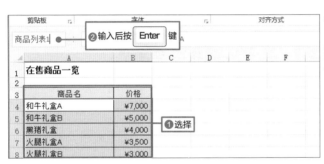

�图10 将VLOOK-UP函数引用的区域设置名称更方便使用。选择将要命名的单元格范围（❶），在"名称框"中录入新的名称后按下Enter键（❷）。本例中将此区域命名为"商品列表1"。

◑图11 选择设置名称的单元格区域后，在名称框中会显现该区域的名称。也可以从名称框中选择已经命名的单元格区域。单击右侧的▼按钮可以打开下拉列表，选择想要的单元格区域。

　　如果觉得操作费事，可以为引用的"索引区域"设置名称（**图9**）。选择目标区域单元格，在"名称框"中输入适当的名称后按Enter键（**图10、图11**）。这个名称只保留在当前的工作表中，因此其他的工作表也可以引用。同时，在"公式"选项卡中单击"用于公式"按钮后，可以为正在输入的公式直接插入名称。

出现错误时的应对措施

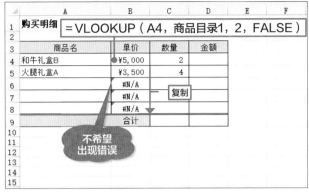

◎**图12** 本例中VLOO-KUP函数公式将参数中的"索引值"设置为同行的商品名称。将这个公式向下复制后，没有输入商品名称的行其返回值会出现错误，显示为"#N/A"。职场中处理工作时通常需要事先复制公式，而出现的错误只能事后处理。

IFERROR 公式中出现错误时返回其他值

=IFERROR(值,发生错误时的值)

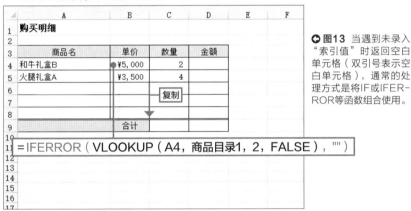

◎**图13** 当遇到未录入"索引值"时返回空白单元格（双引号表示空白单元格），通常的处理方式是将IF或IFER-ROR等函数组合使用。

使用避免错误的函数，应对输入数据的行。

制作重复使用的购买明细表时，通常会事先在向所有行录入数据后再通过VLOOKUP函数公式将商品名称等信息作为关键字查询商品价格。然而，当遇到未输入"索引值"的行，复制公式后返回"#N/A"（**图12**）。为了避免这种现象，通常的处理方式是将IF或IFERROR等函数组合使用（**图13**）。

综合前文中介绍的方法，重新制作采购明细表。将"检索值"设置为比商品名称更容易录入的商品编号，引用商品名称与商品价格（单价）。将单价与采购数量相乘，以行为单位计算金额。在表的末尾输入计算数量与金额合计的SUM函数公式（**图14**）。

最后，再介绍一下VLOOKUP函数的"好朋友"。在Excel中，还有HLOOKUP函数和LOOKUP函数。

完成采购明细表

❍**图14** 用商品编号取代商品名称作为索引值使用，分别将相对应的商品名称与商品单价引用。在金额单元格中输入计算单价与数量的（已经录入）乘法公式，为了避免遇到由于单价单元格空白而出现错误的返回值情况，同时设置IFERROR函数，组合使用。最后在表格末端输入计算数量与金额合计的SUM函数公式。

横向使用HLOOKUP、简洁明了使用LOOKUP

需要横向查询表格数据时使用HLOOKUP函数。查询的顺序不再是从"索引区域"最左列开始，而是从该区域的最顶端行开始查询"索引值"，在查询到相应数据的列中，按照参数中设置的"行号"返回指定行的单元格内的数据（**图15**）。这个函数与VLOOKUP函数唯一的区别就是查询方向不同，而其他的使用方法几乎一样。

使用LOOKUP函数时，将"匹配类型"如同VLOOKUP函数一样设置为TRUE，可以更加简洁和灵活地处理数据（**图16**）。省略"对应范围"时，将会查询"索引范围"最前列或最前行中小于"索引值"的最大值，并返回末尾列或末尾行中的值。索引方向根据"索引范围"的大小而定，如果行数大于列数，则从最左列开始，如果列数大于行数，则从最上行开始查询。

另外，如果同时设置"索引范围"与"对应范围"参数，其范围也仅仅是一行或一列的单元格区域。因此使用这个方法，可以查询"索引范围"中小于"索引值"的最大值，并返回与该值对应的"对应范围"单元格内的值（**图17**）。而此时需要将"索引范围"与"对应范围"设置相同的单元格数量，但单元格的方向无论是横向还是纵向都不受影响。

横向查询表的数据

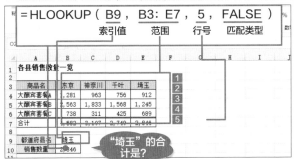

HLOOKUP 在表格的最上行横向查询并返回相应的值
=HLOOKUP（索引值,范围,行号,匹配类型）

=HLOOKUP（ B9 ， B3：E7 ， 5 ， FALSE ）
　　　　索引值　　范围　　行号　　匹配类型

◯ **图15** 使HLOOKUP函数在表的最上行查询，找到后返回相应的值。除了查询方向不同之外，其他的操作要领与VLOOKUP函数都相同。

引用对应范围的值

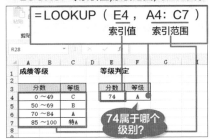

LOOKUP 引用检索值对应的值
=LOOKUP（索引值,索引范围,对应范围）

=LOOKUP（ E4 ， A4：C7 ）
　　　　索引值　　索引范围

◯ **图16** 尽管在VLOOKUP函数中将"匹配类型"设置为TRUE也能处理，但使用LOOKUP函数可以更简洁高效地完成这个任务。省略"对应范围"时，将在"索引范围"最前列（行）查询小于"索引值"的最大值，当发现结果后返回位于该单元格同行的"索引范围"末尾列（行）单元格的值。

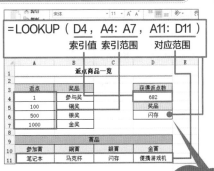

=LOOKUP（ D4 ， A4：A7 ， A11：D11 ）
　　　　索引值　索引范围　　对应范围

◯ **图17** 设置LOOKUP函数的"对应范围"时，在"索引范围"中查询小于"索引值"的最大值，同时返回与其位置相同的"对应范围"内的值。此时，"索引范围"与"对应范围"都应位于同一行或同一列。而且，所包括单元格的数量也必须保持一致，但单元格范围的方向可以不同。

需要掌握的便捷技巧与实用窍门

VLOOKUP
练习篇

接下来介绍一些与VLOOKUP函数相关联的实用技巧。首先是"数据验证"。事先设置VLOOKUP函数"索引值"的候选表，输入时只需鼠标单击选择即可，将会大大提高工作效率（**图1**）。而且也不必担心误输入，节省由于公式引起的错误处理时间，优点多多。

从"索引值"候选表中选择

具体操作如下，选择E4单元格，单击"数据"选项卡中"数据验证"按钮（**图2**）。打开"数据验证"对话框，选择"设置"选项卡，在"允许"下拉列表中选择"序列"选项，在"来源"文本框中引用B4~B13单元格（**图3**），单击"确定"按钮后完成设置，再次单击E4单元格确认。单元格右端出现▼按钮，单击后弹出包含书名的下拉列表，这种设置可以大大提高工作效率。

下一步是处理未录入数据的单元格。VLOOKUP函数引用未录入数据单元格时，返回值不是空白而是0（下页**图4**）。这是由于将未录入数据单元格的数值默认为0导致的。尽管有很多方法可以不显示0，例如使用IF函数或格

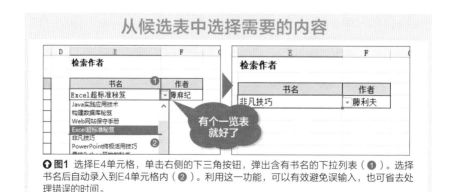

◆图1 选择E4单元格，单击右侧的下三角按钮，弹出含有书名的下拉列表（❶）。选择书名后自动录入到E4单元格内（❷）。利用这一功能，可以有效避免误输入，也可省去处理错误的时间。

式设置等方法，但都比较麻烦，不推荐使用。

最简单的解决方式是，在VLOOKUP函数公式前后附加空白文本字符（**图5**）。设置几个文本字符后，未录入数据单元格的值不再是0，而是当作空白文本进行处理，附加文本字符的结果是空白。同时，即使VLOOKUP函数引用的单元格不是空白单元格，由于附加了空白文本字符，其结果也与未设置前并无二致。

但这种方法只限于对象单元格的数据是文本字符时才有效。单元格为数值格式时，附加空白文本字符后会将其变成文本格式。

将"索引值"一分为二，使用下拉列表方式更容易选择

列表输入方式非常便利，但如果数据的数量过多，不得不使用滚动条时，就显得相对麻烦了。数据量大时可以按照一定类别对其进行分割。例

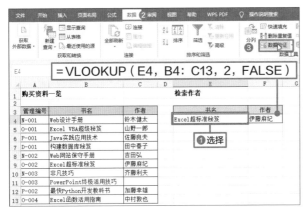

◐ **图2** 在F4单元格中输入VLOOKUP函数，以E4单元格中输入的书名为关键字引用作者。与下拉列表（数据验证）结合使用，可以大大提高VLOOKUP函数的应用性。选择E4单元格，单击"数据"选项卡中的"数据验证"按钮（❶～❷）。

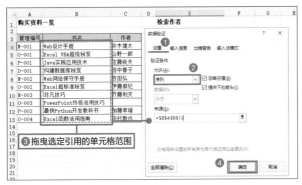

◐ **图3** 打开"数据验证"对话框，选择"设置"选项卡，在"允许"下拉列表中选择"序列"选项（❶ ❷）。将光标放在"来源"文本框里后，拖曳选择B4~B13单元格，设置完引用的单元格后单击"确定"按钮关闭对话框（❸ ❹）。

糟糕！未录入的数据变成了0

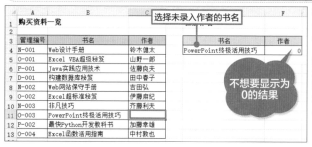

◯ **图4** 使用VLOOKUP函数引用单元格时，如果单元格未录入数据，由于Excel使用默认数据的缘故其结果会显示为0。使用IF函数或格式设置等方法，可以避免这种现象，但都比较麻烦。

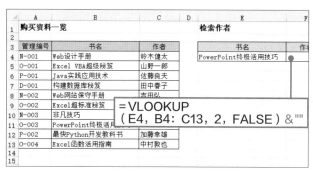

◯ **图5** 引用数据为文本格式时，在VLOOKUP函数的前后附加全角双引号（两个半角双引号代表空白文本字符），就可以轻易解决这个问题。空白单元格被默认为空白文本字符，其结果也是空白。&是附加文本字符时的通配符。

如，在前页**图2**中设置的管理编号由大写英文字母、半角短横线和带0的三位数字号码等构成。在本例**图6**中，将分类与编号分别录入到指定的单元格内。

此时，列表式分类的"数据验证"中，在"来源"文本框中可以直接输入如N、O、P、D等以半角逗号隔开的候补选项。

这里的操作重点是从彼此独立的分类与编号中引用书名的VLOOKUP函数公式。使用通配符&，将分类、半角短横线、序号和附加的文本字符共同设置为"检索值"。另外，由于分类与序号的组合，可能找不到相应的书名，使用IFERROR函数可以防止错误发生。

通常输入带有0的数字如001时，会被默认显示为1。因此，可以将F4单元格设置为文本格式如**图6**所示。将数字格式变更为文本格式会导致计算错误，因此F4单元格左上角出现绿色提示标志。

如果觉得麻烦，就以数字格式输入序号，与分类等信息附加到一起时再转换成带有0的三位数字。使用TEXT函数，可以将数值转换为特定格式的文本字符（**图7**）。需要带0的三位数的格式时，将函数的格式设置为000即可。

从两个分类中开始查询

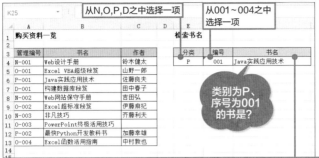

= IFERROR (VLOOKUP (E4&"-"&F4, A4: C13, 2, FALSE), "")

○图6 本例中通过管理序号引用了书名。资料众多时，将其全部设置到下拉列表中反而麻烦。本例中用表示类别的英文字母和三位数字编号构成，中间以半角短横线连接，将这个管理编号设置为VLOOK-UP函数的"索引值"。

TEXT 将显示的格式转换成适当的文本格式
=TEXT（值,显示格式）

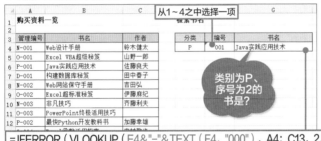

= IFERROR (VLOOKUP (E4&"-"&TEXT (F4, "000"), A4: C13, 2, FALSE), "")

○图7 图6中F4单元格被重新设置为"文本格式"，序号显示为001。当需要将录入到F4单元格中的1等数字以文本格式显示为001时，可以将TEXT函数组合使用。设置公式为TEXT（F4，"000"）即可。

查询含有设置关键字的全部书名

VLOOKUP函数中设置"索引值"时也可以使用"通配符"。例如，表示包括空白单元格在内的任意文本字符的*（半角星号），以及表示任意一个字符的?（半角问号）。下页**图8**中，利用*引用含有VBA的书名。这时，由于查询部分书名而返回全部书名，需要将"列号"设置为1。

将关键字录入到其他的单元格而查询含有个别文字的书名时，在单元格的首位添加通配符*后再设置"检索值"（**图9**）。但是，如果没有录入关键字，则搜索范围默认为全部书名，因此需要设置IF函数，将未录入关键字的单元格显示为空白。

作为VLOOKUP函数的一个缺陷，只能从检索区域的左侧列开始查询数

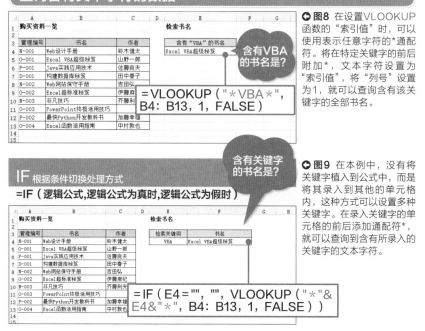

查询含有文本字符的数据

图8 在设置VLOOKUP函数的"索引值"时，可以使用表示任意字符的*通配符。将在特定关键字的前后附加*，文本字符设置为"索引值"，将"列号"设置为1，就可以查询含有该关键字的全部书名。

图9 在本例中，没有将关键字植入到公式中，而是将其录入到其他的单元格内，这种方式可以设置多种关键字。在录入关键字的单元格的前后添加通配符*，就可以查询到含有所录入的关键字的文本字符。

据。在**图10、图11**中可以解决这个问题。本例中，以居于表格最右侧列中的作者名为关键字查询了书名，查询时所使用的函数是MATCH函数。这个函数返回"检索值"在"检索区域"的位置，而余下的在同一位置的书名通过INDEX函数查询即可。需要注意的是，这种使用方法需要将MATCH函数的"匹配类型"设置为0，表示查询完全一致的数据。其他的设置则表示查询"小于'索引值'的最大值"。

接下来再介绍几种函数组合的示例。例如，将计算最大值的MAX函数组合使用，可以查询采购额最高的书名。通过MAX函数计算出采购额的最大值并以此为关键字，将MATCH函数与INDEX函数组合查询书名（下页**图12**）。

使用MAX函数查询"最后购买的书名"。由于Excel中的日期数据被称为"序列值"，因此使用MAX函数查询最近的购买日期即可，操作可以参照**图13**。在表格中以购买日期的先后顺序排列（购买日期的升序），利用LOOKUP函数可以构建更简洁的公式。

从表的右侧列开始查询

INDEX – 返回指定位置的值

=INDEX（范围,行号,列号）

MATCH – 查询在指定区域内的位置

=MATCH（检索值,检索区域,匹配类型）

"田中春子"
的著作是?

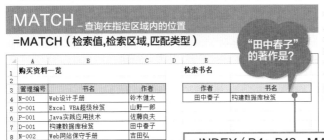

	A	B	C	D	E
1	购买资料一览				检索书名
2					
3	管理编号	书名	作者		作者　书名
4	N-001	Web设计手册	铃木健太		田中春子　构建数据库秘笈
5	O-001	Excel VBA超级秘笈	山野一郎		
6	P-001	Java实践应用技术	佐藤良夫		
7	D-001	构建数据库秘笈	田中春子		
8	N-002	Web网站保守手册	吉田弘		
9	O-002	Excel超标准秘笈	伊藤麻纪		
10	N-003	非凡技巧	齐藤利夫		
11	O-003	PowerPoint终极活用技巧			
12	P-002	最快Python开发教科书	加藤幸雄		
13	O-004	Excel函数活用指南	中村敦也		
14					

=INDEX（B4: B13, MATCH
（E4, C4: C13, 0））

● **图10** 以采购资料目录最右侧列中作者名为关键字，查询对应的书名。由于表格最左端列没有查询对象，而无法使用VLOOKUP函数。这种情况下，将INDEX函数与MATCH函数组合使用才是最佳选择。

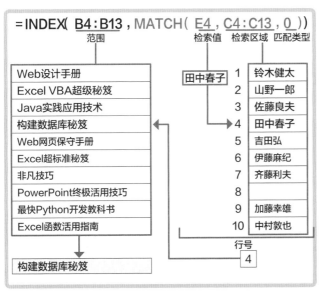

● **图11** 使用MATCH函数查询"田中春子"的著作在表格中的位置，结果显示为4。接下来使用INDEX函数，引用书名中第4条数据"构建数据库秘笈"。在这组函数组合中，MATCH函数负责查询位置，INDEX函数负责引用该位置单元格的值。

分别检索行与列，引用交点数据

最后，我们介绍一下"二维数据查询与引用"。在**图14**各县销售数量一览表中，纵向显示商品名称，横向显示地区名称。商品名称与地区名称的组

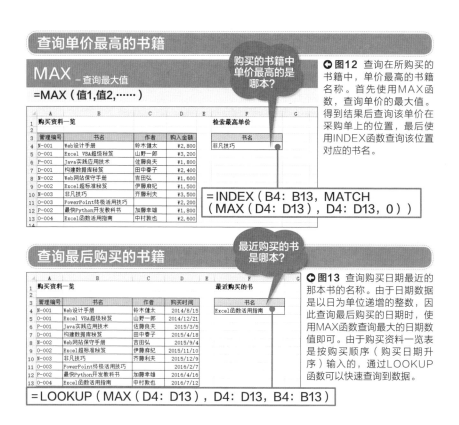

　合可以查询销售数量，即从某一商品名的行中找到与地区名称的交点，就是该商品在该地区的销售数量。

　　这时，通常首先使用MATCH函数分别查询行（商品名称）与列（地区名称），将得到的位置数据输入到INDEX函数中，分别设置为"行号"与"列号"进行引用（**图15**）。

　　另外，VLOOKUP函数也可以进行二维数据查询与引用。操作要点是使用VLOOKUP函数查询商品名称，之后再使用MATCH函数查询地区名称（**图16**）。将MATCH函数查询到的地区名称的位置设置为VLOOKUP函数的"列号"。除此之外，将HLOOKUP函数与MATCH函数组合使用，也可以实现同样的功能。

从横向与纵向搜索数据

○图14 以地区为单位的销量一览表中，纵轴表示商品名称，横轴表示地区名称。在这种表格中，可以通过商品名称与地区名称的组合查询销量。使用MACTH函数分别从表格的最左列与最上行进行查询，并将相应的行号与列号设置为INDEX函数的参数，最后通过INDEX函数引用行号与列号交点处的值。

=INDEX（B4：E8，MATCH（A11，A4：A8，0），MATCH（B11，B3：E3，0））

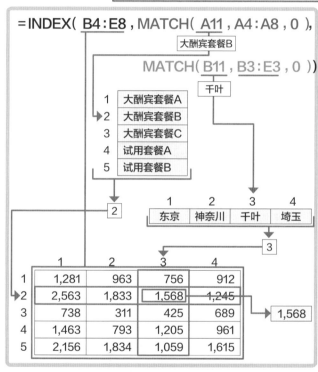

○图15 通过MATCH函数查询得知，"大酬宾套餐B"位于商品名称（A4~A8单元格）第2行，"千叶"位于商品名称（B3~E3单元格）第3列。通过INDEX函数，将销量表（B4~E8）中第2行第3列单元格中的数据1.568引用出来。

=VLOOKUP（A11，A4：E8，MATCH（B11，A3：E3，0），FALSE）

○图16 将VLOOKUP函数与MATCH函数组合使用，也能处理图15中的问题。首先使用VLOOKUP函数查询地区名称，之后将其值设置为VLOOKUP函数的"列号"。最后通过VLOOK-UP函数再次查询即可。

将预定一览表汇总到一张日程表

在实践篇中我们将介绍使用VLOOKUP等查询与引用函数的复杂操作示例。因为这些函数不仅可以完成简单的查询与索引功能，还可以根据使用者的想法设置各种巧妙的应用方式。我们在参考文件中准备了多种示例，希望读者能够动手操作理解具体细节。

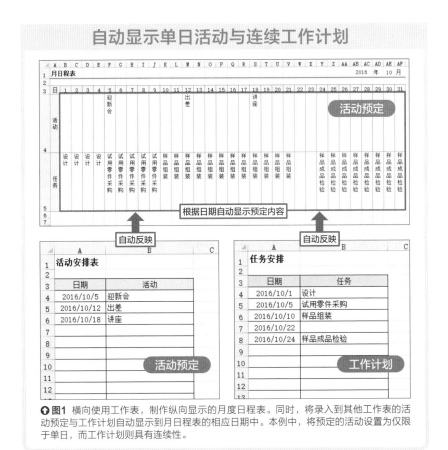

↑图1 横向使用工作表，制作纵向显示的月度日程表。同时，将录入到其他工作表的活动预定与工作计划自动显示到月日程表的相应日期中。本例中，将预定的活动设置为仅限于单日，而工作计划则具有连续性。

设置月度日程表中自动显示活动预订与工作计划

图1下中分别将活动安排表与任务安排表中的内容设置相应的程序，将其自动显示到十月份的日程表（**图1上**）中。在本示例中，将当天完成的活动称为单日活动，而将需持续数据的工作称为连续工作计划。

完成后形成三份工作表（参考文件中有示例工作表）。首先，设置单元格的宽度、高度、边框线等表格的格式完成月日程表的设置（**图2**）。由于活动表与工作计划表需要纵向显示，因此选择A4~AF5单元格，在"开始"选项卡中单击"方向"按钮，在下拉列表中选择"竖排文字"选项。同时因表格篇幅设置的原因，在"页面布局"选项卡中将"纸张方向"设置为"横向"。

下一步，将录入年份的AB1~AC1单元格合并，向合并后的单元格录入2016，向AE1单元格录入月份值10。需要注意的是，如果将月份值录入为4，由于小月的缘故31号显示为灰色。同样录入2月份后也会自动调整，这是因为使用了"数据验证"功能。

再分别将活动表与工作计划表分别录入到其他的单独表格中（下页**图3、图4**）。届时，在工作计划表中必须将日程按照由远到近的顺序排列。但活动表中不受此限制，怎样排序都可以。

在活动表与工作计划表中，除标题外，将全部数据分别命名为"活动表"和"工作计划表"。

设置格式

❶ 图2 制作月日程表（参考文件中有示例工作表）。扩大第四行与第五行的高度，并将文字方向设置为"纵向"。将A~AF列的宽度缩小，将打印方向设置为"横向"。将AB1~AC1单元格合并后录入年份，录入表格基本内容，设置边框线。

● 图3 在新的工作表中制作活动预定表，并录入活动的日期及内容。除了标题部分外，将其余的单元格命名为"活动表"。

● 图4 在新的工作表中制作工作计划表。将各项工作任务的开始时间和内容，按照由远到近的顺序（升序）录入到表格中。间隔空白时，输入计划的开始日期，而内容处不填。将A4~B13单元格命名为"工作计划表"。

查询完全一致的数据，显示单日活动

　　首先在月日程表的"活动"行中输入公式，使活动表中的内容自动显示到月日程表中。向B4单元格输入公式后，再通过拖曳将公式复制到AF4单元格（**图5**）。

　　此处的操作要点是DATE函数。根据AB1中录入的年份、AE1中录入的月份以及每列第三行中的日期等数据做成该列对应的日期数据。关于年份与月份的单元格，为了防止复制时发生顺移需使用$设置绝对引用。

　　将上述日期设置为VLOOKUP函数的"索引值"，在名称为"活动表"的区域内从最左列单元格开始查询。"匹配类型"设置为FALSE时，函数只查询各列中与活动日期完全一致的数据。

　　为了防止因为日期中未录入活动内容而导致查询结果显示为0的情况出现，需要活用练习篇中介绍的操作技巧，即为VLOOKUP函数设置空白文本字符。另外，当"索引值"日期没有查询到活动内容时将会返回"#N/A"，因此还需设置IFERROR函数。

查询相关区间，显示连续工作计划

　　在月日程表中设置将"工作计划表"的内容自动显示的公式，与活动表中设置的公式大致相同（**图6**）。使用DATE函数从各单元格中分别查询年份、月份和日期等数据，并将其设置为VLOOKUP函数的"索引值"。唯一

录入自动显示预定内容的公式

DATE – 查询日期数据（日期序列值）

=DATE（年，月，日）

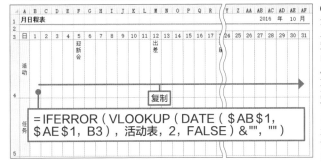

◎**图5** 向B4~AF4单元格内输入公式，自动显示一个月全部活动预定的内容。通过DATE函数将AB1中的年份、AE1中的月份以及各列第三行中的日期生成日期数据，并将其设置为VLOOKUP函数的"索引值"，"匹配类型"设置为完全一致后，查询该日期下预定的活动内容。

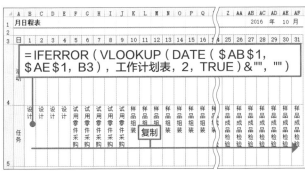

◎**图6** 接下来向B5~AF5单元格中输入公式，自动显示一个月全部工作计划的内容。公式内容大致与图5中的相同，只是VLOOK-UP函数的"匹配类型"设置为TRUE。这样的设置可以将同一项任务从任务开始日期连续显示到下一项任务的前日为止。

不同的就是，"检索区域"与"匹配类型"的设置。

由于"匹配类型"设置为TRUE，通过DATE函数在"工作计划表"的最左列开始查询各列日期之前最近的日期。例如索引值为"10月7日"，那么之前最近的日期是"10月5日"，返回的值是"试用零件采购"。在工作计划表中从"10月5日"到"10月9日"之间的全部日期被设置为"试用零件采购"，这也是为何前文要求将工作计划内容的日期按升序排列的原因。思路大致与入门篇介绍的为区间数据划分级别（例如将70~84分设置为"A"等级）的做法相同。

同时，将工作计划表（**图4**）中，没有任何计划的期间填入该期间的最初日期，将对应的任务内容保留空白。**图6**中的公式也是通过VLOOKUP函数引用空白文本字符到下一项任务开始前保留空白单元格。

结合实际情况
变换选择目录

　　图1右中将三个会场举行的活动内容显示在一个表格中，其他的工作表通过这个一览表可以进行各种查询与引用操作。例如**图1左上**中，选择会场名称后，直接显示该会场中正在举行的活动内容与讲师姓名。再如**图1左下**中，选择会场名称后显示该会场的活动内容、开始时间以及讲师姓名。

　　关于会场名称，按照前文练习篇中已经介绍的方法设置列表选择即可（**图2**、**图3**）。再将各会场活动一览表的单元格按照会场的不同，分别设置与会场名称相同的名字（下页**图4**）。

　　首先，从图1表中左上开始着手。在B3单元格内录入查询当前时间的公式，再将与该时刻对应的A3单元格，会场中正在进行的活动内容与讲师姓名分别显示到C3与D3单元格中（**图5**）。

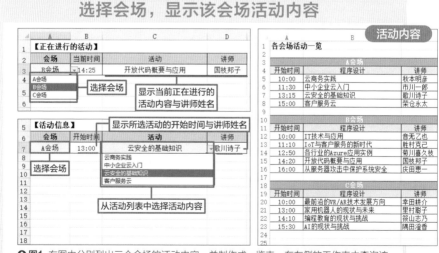

选择会场，显示该会场活动内容

⬆ **图1** 右图中分别列出三个会场的活动内容，并制作成一览表，在左侧的工作表中查询该一览表的内容。左上图中，选择会场后，会自动显示在该会场中正在进行的活动名称和讲师姓名。左下图中，选择会场后，该会场的活动内容将以列表的形式自动显示。

选择并查询"B会场"的单元格内容

在本例中，使用INDIRECT函数，将文本字符转换为单元格引用格式。例如，如果A3单元格显示为"B会场"，则自动显示为被命名为"B会场"的单元格范围，如图4所示。将这一内容设置为VLOOKUP函数中的"索引区域"，使其能够切换到A3单元格对应的查询对象的单元格范围。

将所选会场的活动内容设置为列表式数据验证时，也可以使用INDIRECT函数（**图6**、**图7**）。使用相同的函数查询所选会场活动列表，再通过INDEX函数查询其第2列中的全部数据。如果将INDEX函数中"行号"设置为0，则将返回设置的"列号"中的全部单元格。

从列表中选择会场

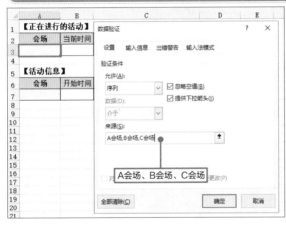

◐图2 首先，在"正在进行的活动"表中，设置下拉列表选择会场。按照187页图2的操作要领，选择A3单元格，在"数据验证"对话框中选择"设置"选项卡，在"允许"下拉列表中选择"列表"选项，在"来源"文本框中输入"A会场,B会场,C会场"（逗号为英文半角），设置完毕后单击"确定"按钮。

◐图3 选择A3单元格后显示▼按钮，单击后选择所需的会场。

自动显示进行中的活动名称

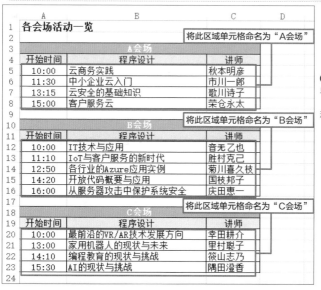

各会场活动一览

	A	B	C	D
1	各会场活动一览			
2			将此区域单元格命名为"A会场"	
3		A会场		
4	开始时间	程序设计	讲师	
5	10:00	云商务实践	秋本明彦	
6	11:30	中小企业云入门	市川一郎	
7	13:15	云安全的基础知识	歌川诗子	
8	15:00	客户服务云	荣仓永太	
9				
10			将此区域单元格命名为"B会场"	
11	开始时间	B会场 程序设计	讲师	
12	10:00	IT技术与应用	音无乙也	
13	11:10	IoT与客户服务的新时代	胜村克己	
14	12:50	各行业的Azure应用实例	菊川喜久枝	
15	14:20	开放代码概要与应用	国枝邦子	
16	16:00	从服务器攻击中保护系统安全	庆田惠一	
17			将此区域单元格命名为"C会场"	
18		C会场		
19	开始时间	程序设计	讲师	
20	10:00	最前沿的VR/AR技术发展方向	幸田耕介	
21	13:00	家用机器人的现状与未来	里村聪子	
22	14:10	编程教育的现状与挑战	筱山志乃	
23	15:30	AI的现状与挑战	隅田澄香	
24				

◐图4 将三个区域的单元格分别命名为"A会场"、"B会场"和"C会场"。

NOW – 返回当前时间
= NOW ( )

TODAY – 返回当前日期
= TODAY ( )

INDIRECT – 将文本字符设置为引用单元格
= INDIRECT（引用文本字符）

◐图5 在B3单元格内输入自动显示当前时间的公式并设置自动更新。设置C3单元格内与会场对应的活动名称。使用INDIRECT函数获得与A3单元格名称相同的单元格范围，并将当前时刻设置为"索引值"，在该"索引范围"内通过VLOOKUP函数查询活动名称，将设计好的公式录入到该单元格内。在D3单元格中，输入相同的公式显示讲师姓名。

	A	B	C	D	E	F	G	H	I
1	【正在进行的活动】								
2	会场	当前时间	活动	讲师					
3	B会场	14:25	开放代码概要与应用	国枝邦子					
4									
5	【活动信息】								
6	会场	开始时间	活动	讲师					
7									

= IFERROR（VLOOKUP（B3, INDIRECT（A3），3, TRUE），"时间外"）

= NOW ( ) – TODAY ( )

= IFERROR（VLOOKUP（B3, INDIRECT（A3），2, TRUE），"时间外"）

显示会场对应的活动列表

= INDEX（INDIRECT（A7），0，2）

◐图6 将A7单元格设置成A3的格式，使其可以从列表中选择会场。再打开C7单元格的"数据验证"对话框，在"设置"选项卡中的"允许"下拉列表中选择"序列"选项。在"来源"文本框中以英文半角输入图中的公式，通过这个公式，查询与A7名称相同的单元格区域（参照图4）的第二列全部数据。

◐图7 在A7中选择"C会场"，则C7自动显示C会场的活动列表，从中选择需要的活动即可。

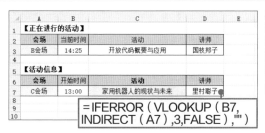

= IFERROR（INDEX（INDIRECT（A7），MATCH（C7，INDEX（INDIRECT（A7），0，2），0），1），""）

◐图8 设置自动显示所选活动的开始时间。通过INDEX函数查询与A7单元格名称相同的单元格区域（参考图4），再通过MATCH函数查询C7单元格中活动的位置。最后通过同一单元格区域内第一列（开始时间）的值，查询与该位置对应的单元格的值。

= IFERROR（VLOOKUP（B7，INDIRECT（A7），3,FALSE），""）

◐图9 输入公式，自动显示与所选活动对应的讲师姓名。讲师姓名位于活动列表右侧单元格，将B7的开始时间设置为VLOOKUP函数的"索引值"，在与A7名称相同的单元格区域内进行查询，返回位于第三列的讲师姓名即可。

选择C7中的活动名称，使其自动显示开始时间与讲师姓名（**图8、图9**）。图8中显示开始时刻的公式稍稍复杂，但这些组合在一起的函数都是前文中曾经介绍过的内容，只需认真思考即可理解其内容。如果不能完全理解，建议读者再次复习一下INDEX等函数的用法。

VLOOKUP 实战篇③ 根据销量为表格中的地图数据标识颜色

在本节中，我们将工作表上的日本地图设置颜色（**图1**）。根据其他工作表中的都道府县的数据，按照销量的多少设置颜色的浓淡。同时，将设有分店的都道府县名称设置为红色粗体字。请读者操作之前下载本书提供的带有日本地图的示例文件。

首先将示例文件中表示都道府县数据的单元格命名为"销售情况"（**图2**）。将日本地图的单元格命名为"日本"（下页**图3**）。命名后，选择单元格区域时将会更加快捷，方便后面的设置（**图4**）。需要注意的是，命名时，将冲绳（合

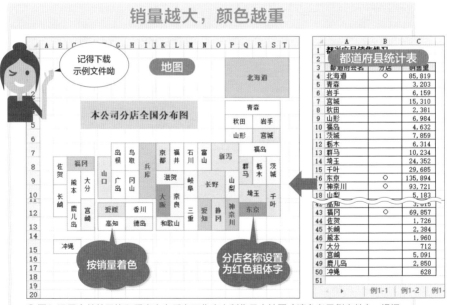

❶**图1** 设置合并单元格和垂直方向后在工作表上制作日本地图（请参考示例文件）。根据另附的都道府县统计表，将设有分店的地名设置成红色粗体字。同时，根据销量不同，将地名设置为从白色到深蓝色等五个色阶。当然，这些设置不需要手动操作而是通过公式全部自动完成。

并后的B15～C15）放在最后选择。单击名称框时，将活动单元格放在B15中。

在"条件格式"中活用VLOOKUP函数

在"日本"单元格区域，可以通过设置"条件格式"实现着色与色阶的变化（**图5**）。首先从设置地名为红色粗体字开始着手，选择"使用公式确定要设置……"选项，输入确认"销售情况"区域分店列中○的有无（**图6**）。

将VLOOKUP函数的索引值设置为当前活动单元格—B15单元格的相对引用。这种设置可以在复制后令单元格相应地顺移，使各地名称对应的公式也相应一次调整完毕。因此，图6中VLOOKUP函数公式在"销售情况"的最左列查询各地名称，返回到相对应的分店列中的值。公式的内容为判断分店列中○的有无。结果为TRUE（真）时，将格式设置为红色粗体字（**图7**）。

按照同样的思路，根据各地销售数量为日本地区设置自动着色的条件格

	A	B	C	D	E
1	都道府县销售情况		将此区域单元格命名为"销售情况"		
2					
3	都道府县名	分店	销售里		
4	北海道	○	85,819		
5	青森		3,203		
6	岩手		6,159		
7	宫城		15,310		
8	秋田		2,381		
9	山形		6,984		
10	福岛		4,632		
11	茨城		7,859		
12	枥木		6,314		
13	群马		10,234		
42	高知		3,810		
43	福冈	○	69,857		
44	佐贺		1,726		
45	长崎		2,384		
46	熊本		1,960		
47	大分		712		
48	宫崎		5,091		
49	鹿儿岛		2,850		
50	冲绳		628		
51					

�**图2** 按地区名称不同，将各地的销售数据汇总在新工作表中。将这些数据命名为"销售情况"（是否包含标题不会影响后期数据处理）。

例1-1　例1-2　例1-3　例2-1

使日本地图整体易于选择

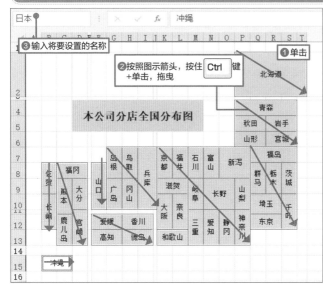

❸输入将要设置的名称

❷按照图示箭头，按住 Ctrl 键 +单击，拖曳

❶单击

本公司分店全国分布图

◐**图3** 图示操作和查询与索引功能的本质关系不大，但这是构建表格型地图的重要操作技巧。按住Ctrl+单击或拖曳鼠标，选定日本区域中各个地区的单元格范围，将这些区域命名为"日本"（❶~❸）。最后将B15~C15合并后输入"冲绳"。

❷选择"日本"

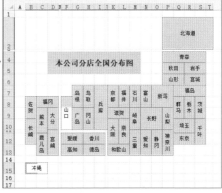

◐◑**图4** 所有已命名的单元格区域，在名称框单击▼按钮可以快速选定（❶❷）。选择"日本"后可以直接选定整个日本地图。在后面的操作中，将对整个日本地图反复设置条件格式，因此预设一次选定整个地图的功能是十分有意义的。

式（**图8、图9**）。将条件分为5000以上、1万以上、5万以上和10万以上等四个等级，分别进行设置。

根据各地数据自动调整格式

◐图5 选择整个日本地图的单元格区域，在"开始"选项卡中单击"条件格式"按钮，选择"新建规则"选项（❶~❹）。这时，所选单元格范围内的活动单元格（颜色未发生变化的录入对象单元格）放在"冲绳"中（合并后的B15~C15单元格）。

◐图6 选择"使用公式确定要设置……"选项，输入图中公式（❶❷）。这个公式表示，在"销售情况"（参照前页图2）区域最左列查询各地区名称（B15单元格），发现后判断同行第二列单元格中○的有无。将这个与B15活动单元格对应的公式复制即可，然后单击"格式"（❸）按钮。

◐图7 打开"单元格格式设置"对话框，在"字体"选项卡中的"字形"列表框中选择"加粗"选项，在"颜色"下拉列表中选择"红色"选项（❶~❸），单击"确定"按钮关闭对话框，回到"新建格式规则"对话框后再次单击"确定"按钮关闭对话框。到此为止，这些操作对设有分店的都道府县等地名设置了红色加粗字体。

◐图8 选择整个日本地图，再次打开"新建格式规则"对话框，选择"使用公式确定要设置……"选项输入图中公式（❶❷）。这个公式表示在"销售情况"（参照图2）区域内查询各地区的销售数量，判断是否超过5000。再次单击"格式"按钮（❸）。

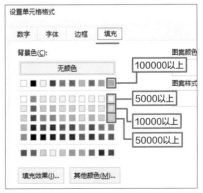

◐图9 在"单元格格式设置"对话框中打开"填充"选项卡，为销售数量超过5000的地区设置填充的颜色。重复这一步骤，分别为10000以上、50000以上、100000以上等分别设置条件格式中的填充颜色，这样可以根据销售量的增加，颜色不断加深。

汇总 **汇总满足条件的数据**

汇总满足条件的数据

> 条件：商品ID以A开始

商品ID	金额
A-1005	¥2,800
A-1013	¥15,000
B-2011	¥3,200
C-1089	¥15,000
A-3052	¥23,000
⋮	⋮
A-1014	¥15,000
B-2013	¥12,000

统计数量

计算合计值和平均值

符合条件的数据　　相关的数据

❶ **图1** 以销售记录表为例，介绍在不同条件下统计相应数据的函数。例如，"商品"列中，统计ID为A开始的商品数量，计算该商品销售额的合计值及平均值等。

本节中，将以表格形式的数据为对象，介绍统计满足条件的数据的数量，以及相关数据的合计值或平均值等函数与公式的使用技巧（**图1**）。为了便于说明，我们选取了网络销售的订单与发货记录表作为示例文件。

设置条件时使用比较运算符与通配符

首先，在对象区域内查询有多少符合条件的单元格（**图2**）。这样的汇总计算可以使用COUNTIF函数。

在COUNTIF函数中，根据"索引条件"设置的不同其用途也多种多样，其中最简单的就是统计数据个数。

例如，查询购买会员的男性人数时，将参数"索引条件"设置为文本字符"男"，设置参数"范围"为"性别"列进行查询即可（**图3**）。通过设置，只含有"男"的单元格或是公式结果显示为"男"的单元格将成为统计对象。但如果有文本字符为"男"，而同一个单元格内还包含其他的文本字

统计满足条件的数据个数

	A	B	C	D	E	F	G	H	I	J	K	L
1	会员制网络销售记录											
2												
3	订单日	送货日	商品ID	单价	数量	金额	居住地	年龄	性别		销售数量	
4	2016/10/1	2016/10/5	A-1005	¥2,800	1	¥2,800	东京都板桥区	36	女		男性	
5	2016/10/5	2016/10/6	A-1013	¥15,000	1	¥15,000	静冈县沼津市	45	女		12	
6	2016/10/2	2016/10/6	B-2011	¥3,200	1	¥3,200	群马县前桥市	28	男		40岁以上	
7	2016/10/2	2016/10/6	C-1089	¥7,500	2	¥15,000	东京都丰岛区	51	男		9	
8	2016/10/3	2016/10/7	A-3052	¥23,000	1	¥23,000	埼玉县川越市	37	男		东京23区	
9	2016/10/3	2016/10/8	B-1086	¥2,200	1	¥2,200	山形县米泽市	23	男		5	
10	2016/10/5	2016/10/8	B-4031	¥6,400	1	¥6,400	广岛县福山市	35	男		东京都以外	
11	2016/10/5	2016/10/8	C-1817	¥8,000	4	¥32,000	东京都世田谷区	58	男		13	
12	2016/10/6	2016/10/8	A-1014	¥5,000	1	¥5,000	千叶县船桥市	40	男			
13	2016/10/7	2016/10/11	B-2011	¥3,200	1	¥3,200	东京都三鹰市	33	女			
14	2016/10/7	2016/10/11	A-1051	¥2,000	3	¥6,000	福岛县郡山市	64	男			
15	2016/10/8	2016/10/11	B-1086	¥2,200	1	¥2,200	东京都杉并区	32	女			
16	2016/10/10	2016/10/13	A-1013	¥15,000	1	¥15,000	神奈川县川崎市	26	女			
17	2016/10/11	2016/10/12	C-2004	¥6,000	2	¥12,000	福冈县系岛市	59	男			
18	2016/10/11	2016/10/12	A-1006	¥1,800	1	¥1,800	东京都昭岛市	43	女			
19	2016/10/12	2016/10/15	A-1047	¥4,700	1	¥4,700	静冈县滨松市	24	男			
20	2016/10/13	2016/10/16	B-1086	¥2,200	2	¥4,400	埼玉县所泽市	31	男			
21	2016/10/13	2016/10/17	C-1019	¥8,500	1	¥8,500	东京都练马区	40	女			
22	2016/10/15	2016/10/18	A-1014	¥5,000	3	¥15,000	北海道札幌市	55	女			
23	2016/10/15	2016/10/20	B-2013	¥12,000	1	¥12,000	神奈川县横浜市	29	男			
24												
25												

图2 在目标单元格区域内，设置一项条件，查询符合条件的数据的个数。统计范围包括含有性别为"男"等特殊数据的单元格、"东京都○○区"、"40岁以上"等条件的数值、"东京都以外"等条件的单元格。

符时，将不符合条件而不被统计。

同样，这个函数不仅可以设置文本字符，还可以设置数值条件。当统计符合特定数值条件的数据个数时，只需按照同样的方法直接设置即可。

还可以与比较运算符组合使用设置数据范围等条件。具体来说，将英文半角比较运算符与数值组合后使用引文半角双引号分隔，将其以文本字符形式设置为查询条件。本例中，将条件设置为">=40"，表示统计在查询范围内年龄超过40岁的人数（**图4**）。

除此之外，设置条件时还可以加上IF函数等条件判断函数或与比较运算符搭配使用，可以设置更多"索引条件"。使用如？、*等通配符查询指定区域的文本字符单元格的个数（**图5**）。

例如，统计购买会员的客户中住在东京23区的人数时，使用*查询0个字符以上的任意文本字符的功能，设置"索引条件"为"东京都*区"（**图6**）。另外，统计居住在东京都外的会员人数时，将比较运算符与通配符组合使用，将"索引条件"设置为"<>东京都*"（**图7**）。

当然，在公式中设置条件时既可以直接输入设置，也可以引用其他单元格中的数据。例如，C1单元格中只录入了地名，可以将条件设置为C1&"*"，把两个文本运算符&和*组合使用，统计居住在该地区的会员人数。

● 统计含有特定数据的单元格数量

COUNTIF — 统计符合条件的单元格数量

= COUNTIF（范围,索引条件）

= COUNTIF（I4：I23，"男"）

	A	B	C	单位	住地	年龄	性别		销售数量
1	会员制网络销售记录								
3	订单日	送货日	商品ID			年龄	性别		销售数量
4	2016/10/1	2016/10/5	A-1005	¥2,8	桥区	36	女		男性
5	2016/10/1	2016/10/6	A-1013	¥15,0	津市	45	女		12
6	2016/10/2	2016/10/6	B-2011	¥3,2	桥市	28	男		
7	2016/10/3	2016/10/6	C-1089	¥7,5	岛区	51	男		
8	2016/10/3	2016/10/7	A-3052	¥23,0	越市	37	男		
9	2016/10/3	2016/10/9	B-1086	¥2,2	手市	23	男		
10	2016/10/5	2016/10/8	B-4031	¥6,4	山市	35	男		
	2016/10/5	2016/10/8	C-1017		公区	58	田		

◯ **图3** 查询满足一项条件的单元格数量时，可以使用COUNTIF函数。将参数中"索引条件"设置为文本字符，在另一项参数"范围"中统计含有检索条件的单元格数量。本例中，在"性别"列中统计单元格为"男"的数量。

● 统计大于特定数值的单元格数量

= COUNTIF（H4：H23，"＞＝40"）

	A	B	商	年龄	性别		销售数量
1	会员制网						
3	订单日	送货日		年龄	性别		销售数量
4	2016/10/1	2016/10/5	A-	36	女		40岁以上
5	2016/10/1	2016/10/6	A-	45	女		9
6	2016/10/2	2016/10/6	B-	28	男		
7	2016/10/3	2016/10/6	C-	51	男		
8	2016/10/3	2016/10/7	A-	37	男		
9	2016/10/3	2016/10/9	B-	23	男		
10	2016/10/5	2016/10/8	B-	35	男		
11	2016/10/5	2016/10/8	C-	58	男		
12	2016/10/5	2016/10/8		40	男		

符号	含义
＝	等于
＜＞	不等于
＞	大于
＞＝	大于等于
＜	小于
＜＝	小于等于
＊	0个文字以上的任意文本字符
？	任意1个文本字符

◯ **图5** 在COUNTIF函数中，设置"索引条件"时不仅可以使用"＞＝"，还可以多种运算符号同时使用。使用这些运算符时，即使与数字组合，也需使用英文半角双引号将其分隔后设置为文本字符的形式。

◯ **图4** 将"索引条件"设置为数值，再将其与比较运算符组合使用，可以统计在一定数值范围内的单元格数量。本例中以文本字符的形式设置索引条件为"＞＝40"，在"年龄"列中统计超过40岁的单元格的数量。

以行为单位判断条件，统计特定列中的单元格的值

接下来，我们计算符合条件数据的合计值与平均值（**图8**）。

后面将要介绍的函数中，作为查询或统计对象，在参数中可以设置两个以上的单元格区域。但每个单元格区域的数量必须一致（行数×列数）。而且，在各自的单元格区域内，将处于相对一致位置的单元格作为一个整体进行条件的判断或汇总。多数情况下将工作表中的一个列作为条件进行判断，将其中满足条件的单元格与同行的其他单元格作为汇总对象。

例如，使用SUMIF函数在"性别"列单元格中值为"女"的行中计算该列中所有单元格的合计值（**图9**）。需要注意的是，SUMIF函数中可以省略参数"合计范围"。省略后，将统计符合参数"范围"的单元格的值。

● 统计符合文本字符的相应单元格的数量

	A	B	商品I	额	居住地	年龄	性别	销售数量
1	会员制网络销售记录							
2								
3	订单日	送货日	商品I	额	居住地	年龄	性别	销售数量
4	2016/10/1	2016/10/5	A-100	300	东京都板桥区	36	女	东京23区
5	2016/10/1	2016/10/6	A-101	000	静冈县沼津市	45	女	5
6	2016/10/2	2016/10/6	B-201	200	群马县前桥市	28	男	
7	2016/10/3	2016/10/6	C-108	300	东京都丰岛区	51	男	
8	2016/10/3	2016/10/7	A-305	000	埼玉县川越市	37	男	
9	2016/10/3	2016/10/9	B-108	200	山形县米泽市	23	男	
10	2016/10/5	2016/10/8	B-403	400	广岛县福山市	35	男	
11	2016/10/5	2016/10/8	C-181	000	东京都世田谷区	58	男	
12	2016/10/6	2016/10/8	A-101	000	千叶县船桥市	40	男	
13	2016/10/7	2016/10/10	B-201	200	东京都三鹰市	33	女	
14	2016/10/7	2016/10/13	A-105	000	福岛县郡山市	64	男	
15	2016/10/8	2016/10/11	B-108	200	东京都杉并区	32	女	
16	2016/10/10	2016/10/12	A-101	000	神奈川县川崎市	26	女	
17	2016/10/11	2016/10/12	C-200	000	福冈县系岛市	59	男	

=COUNTIF（G4：G23,"东京都*区"）

◆ **图6** 设置"索引条件"时还可以使用含有 &、*等的文本通配符。例如，统计"住址"为东京23区的会员人数时，可以将条件设置为"东京都*区"。

	A	B	商品	额	居住地	年龄	性别	销售数量
1	会员制网络销售记录							
2								
3	订单日	送货日	商品	额	居住地	年龄	性别	销售数量
4	2016/10/1	2016/10/5	A-1	00	东京都板桥区	36	女	东京都以外
5	2016/10/1	2016/10/6	A-1	00	静冈县沼津市	45	女	13
6	2016/10/2	2016/10/6	B-2	00	群马县前桥市	28	男	
7	2016/10/3	2016/10/6	C-1	00	东京都丰岛区	51	男	
8	2016/10/3	2016/10/7	A-3	00	埼玉县川越市	37	男	
9	2016/10/3	2016/10/9	B-1	00	山形县米泽市	23	男	
10	2016/10/5	2016/10/8	B-4	00	广岛县福山市	35	男	
11	2016/10/6	2016/10/8	C-1	00	东京都世田谷区	58	男	
12	2016/10/6	2016/10/8	A-1	00	千叶县船桥市	40	男	
13	2016/10/7	2016/10/10	B-2	00	东京都三鹰市	33	女	
14	2016/10/7	2016/10/13	A-1	00	福岛县郡山市	64	男	
15	2016/10/8	2016/10/11	B-1	00	东京都杉并区	32	女	
16	2016/10/10	2016/10/12	A-1	00	神奈川县川崎市	26	女	

=COUNTIF（G4：G23,"＜＞东京都*"）

◆ **图7** 统计不含有某个文本字符的单元格数量时，可以将比较运算符"＜＞"与通配符*组合使用。例如，统计"住址"为东京以外地区的会员人数时，可以将条件设置为"＜＞东京都*"。

设置条件时可以使用比较运算符与通配符。在**图10**中计算从"商品ID"列中含有A的单元格的同行"金额"列中单元格的值的合计值。

同样的思路，还可以计算在满足条件的行中指定列中单元格内数据的平均值，这时需要使用AVERAGEIF函数。本例中，计算在"性别"列单元格内值为"男"的同行"年龄"列内数据的平均值（**图11**）。

满足条件的数据为计算对象

○**图8** 在单元格区域内，以满足条件的数据为对象，统计合计值和平均值。本例中，分别设置了判断条件的列与计算对象的列，统计满足条件的行的合计值。

●计算满足条件的数据的合计值

SUMIF –统计符合条件的数据的合计值

= SUMIF（范围,索引条件,合计范围）

= SUMIF（I4：I23，"女"，E4：E23）

○**图9** 计算符合条件的数据的合计值时可以使用SUMIF函数。本例中，将参数中的"范围"设置为"性别"列，将"索引条件"设置为"女"，将"合计范围"设置为"数量"列。由此计算女性会员购买商品数量的合计值。

= SUMIF（C4：C23，"A＊"，F4：F23）

○**图10** 如同COUNTIF函数一样，SUMIF函数在设置条件时也可以使用比较运算符与通配符。本例中，计算了在"商品ID"列中含有A的单元格的同行"金额"列中单元格的合计值。

	C	D	E	F	G	H	I		K
1	会								
2									
3	商品ID	单价	数量	金额	居住地	年龄	性别		销售金额
4	A-1005	¥2,800	1	¥2,800	东京都板桥区	36	女		「A」商品
5	A-1013	¥15,000	1	¥15,000	静冈县沼津市	45	女		●¥88,300
6	B-2011	¥3,200	1	¥3,200	群马县前桥市	28	男		
7	C-1089	¥7,500	2	¥15,000	东京都丰岛区	51	男		
8	A-3052	¥23,000	1	¥23,000	埼玉县川越市	37	男		
9	B-1086	¥2,200	1	¥2,200	山形县米泽市	23	男		
10	B-4031	¥6,400	1	¥6,400	广岛县福山市	35	男		
11	C-1817	¥8,000	4	¥32,000	东京都世田谷区	58	男		
12	A-1014	¥5,000	1	¥5,000	千叶县船桥市	40	男		
13	B-2011	¥3,200	1	¥3,200	东京都三鹰市	33	女		
14	A-1051	¥2,000	3	¥6,000	福岛县郡山市	64	男		
15	B-1086	¥2,200	1	¥2,200	东京都杉并区	32	女		

●计算满足条件的数据的平均值

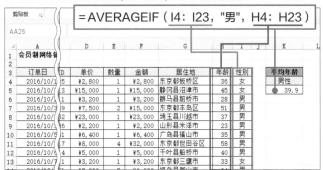

AVERAGEIF – 统计符合条件的数据的平均值

＝AVERAGEIF（范围,索引条件,平均对象范围）

＝AVERAGEIF（I4：I23，"男"，H4：H23）

Part 2

函数

汇总

○**图11** 计算满足条件的数据的平均值时可以使用AVERAGEIF函数。本例中，参数"范围"设置为"性别"列，参数"索引条件"设置为"男"，参数"平均对象范围"设置为"年龄"列，由此计算男性的平均年龄。

统计符合多重条件的数据

○**图12** 不仅可以设置单一条件，还可以设置多重条件，对于满足所有条件的数值进行汇总。例如，统计居住在东京都且年龄小于50岁的会员购买数量的合计或商品ID含有B的商品中且女性会员购买金额的合计等。

汇总同时满足两项以上条件的行

到目前为止，我们介绍的函数都是只需满足一项条件，还可以对同时满足两项以上条件的数据进行汇总（**图12**）。

COUNTIF函数可以同时设置对象范围和满足该范围的条件，并统计所有满足条件的行的数量。例如，仍旧以销售记录表为例，可以同时设置两项条件，一项是居住在东京都，另一项是年龄为50岁以下，通过这个函数可以同时统计符合这两项条件的会员人数（**图13**）。

对于满足全部条件行的特定列的单元格，可以统计其合计值或平均值。使用SUMIFS函数，统计商品ID中含有B、消费者为"女性"的行中、"金额"列中单元格的值的合计（**图15**）。需要注意，在这个函数中设置求和的

●统计满足多重条件的数据的数量

=COUNTIFS（索引范围1,索引条件1,索引范围2,索引条件2,……）

=COUNTIFS（G4：G23，"东京都*"，H4：H23，"<50"）

	订单日/量	金额	居住地	年龄	性别		销售数量
1	会员制网						
2							
3	订单日/量	金额	居住地	年龄	性别		销售数量
4	2016/1 1	¥2,800	东京都板桥区	36	女		居住东京
5	2016/1 1	¥15,000	静冈县沼津市	45	女		不满50岁
6	2016/1 1	¥3,200	群马县前桥市	28	男		5
7	2016/1 2	¥15,000	东京都丰岛区	51	男		
8	2016/1 1	¥23,000	埼玉县川越市	37	男		
9	2016/1 1	¥2,200	山形县米泽市	23	男		
10	2016/1 1	¥6,400	广岛县福山市	35	男		
11	2016/1 4	¥32,000	东京都世田谷区	58	男		
12	2016/1 1	¥5,000	千叶县船桥市	40	男		
13	2016/1 1	¥3,200	东京都三鹰市	23	女		

◐ 图13 统计满足多重条件的数据的数量时可以使用COUNTIFS函数。本例中，统计同时满足条件为"居住地"和"东京都"开头的文本字符，以及"年龄"列中小于50岁的单元格的数量。

=COUNTIFS（B4：B23，">=2016/10/9"，
B4：B23，"<=2016/10/12"）

	A	送货日	商品ID	年龄	性别		销售数量
1	会员制网络销						
2							
3	订单日	送货日	商品ID	年龄	性别		销售数量
4	2016/10/1	2016/10/5	A-1005	36	女		9~12日送货
5	2016/10/1	2016/10/5	A-1013	45	女		5
6	2016/10/2	2016/10/6	B-2011	28	男		
7	2016/10/3	2016/10/6	C-1089	51	男		
8	2016/10/3	2016/10/7	A-3052	37	男		
9	2016/10/3	2016/10/7	B-1086	23	男		
10	2016/10/5	2016/10/8	B-4031	35	男		
11	2016/10/5	2016/10/8	C-1817	58	男		
12	2016/10/6	2016/10/8	A-1014	40	男		
13	2016/10/7	2016/10/11	B-2011	33	女		
14	2016/10/7	2016/10/13	A-1051	64	男		
15	2016/10/8	2016/10/11	B-1086	32	女		

◐ 图14 在"索引条件"中还可以设置日期与时间等文本字符。将比较运算符与通配符组合使用，可以设置日期范围等条件。本例中，统计了"送货日"列中含有2016年10月9日~2016年10月12日之间等日期的行的数量。

单元格范围的参数位置，与SUMIF函数中的参数设置有所不同（**图16**）。

　　同样的思路，使用AVERAGEIFS函数可以统计满足多重条件的行其指定列的单元格的平均值。本例中，统计住址为东京都、消费金额小于1万元的女性消费者的平均年龄（**图17**）。需要注意的是，在这个函数中，设置计算平均值的单元格范围的参数位置也与AVERAGEIF函数中的参数设置有所不同。

●统计满足多重条件的数据的合计值

SUMIFS – 统计符合多重条件的数据的合计值

=SUMIFS（合计对象范围,条件范围1,条件1,,条件范围2,条件2……）

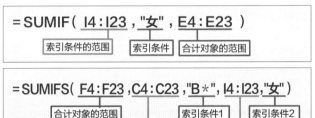

=SUMIFS（F4:F23, C4:C23, "B＊", I4:I23, "女"）

	单价	数量	金额	居住地	年龄	性别	销售金额
							B」商品
							女性
5	¥2,800	1	¥2,800	东京都板桥区	36	女	¥5,400
3	¥15,000	1	¥15,000	静冈县沼津市	45	女	
	¥3,200	1	¥3,200	群马县前桥市	28	男	
9	¥7,500	2	¥15,000	东京都丰岛区	51	男	
	¥23,000	1	¥23,000	埼玉县川越市	37	男	
	¥2,200	1	¥2,200	山形县米泽市	23	男	
	¥6,400	1	¥6,400	广岛县福山市	35	男	
	¥8,000	4	¥32,000	东京都世田谷区	58	男	
4	¥5,000	1	¥5,000	千叶县船桥市	40	男	
	¥3,200	1	¥3,200	东京都三鹰市	33	女	

◯ 图15 在统计对象表中，针对同时满足多重条件行中的数据，通过SUMIFS函数可以统计合计值。本例中，统计了商品D中含有B、消费者为女性的消费金额的合计值。

=SUMIF（ I4:I23 , "女" , E4:E23 ）

索引条件的范围 / 索引条件 / 合计对象的范围

=SUMIFS（ F4:F23 ,C4:C23 ,"B＊", I4:I23 ,"女" ）

合计对象的范围 / 索引条件1 / 索引条件2 / 索引条件的范围1 / 索引条件的范围2

◯图16 尽管SUMIF函数与SUMIFS函数被称为兄弟函数，但由于参数位置不同容易混淆，希望读者在使用时引起注意。在设置合计对象范围的参数时，SUMIF函数设置在结尾处，而SUMIFS函数则设置在起始处。

●统计满足多重条件的数据平均值

AVERAGEIFS – 统计符合多重条件的数据平均值

=AVERAGEIFS（平均对象范围,条件范围1,条件1,条件范围2,条件2……）

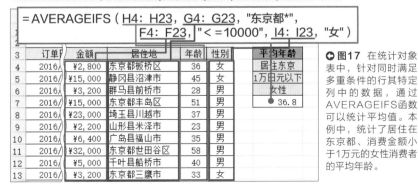

=AVERAGEIFS（H4:H23, G4:G23, "东京都＊",
　　　　　　　F4:F23, "<=10000", I4:I23, "女"）

	订单F	金额	居住地	年龄	性别	平均年龄
						居住东京
						1万日元以下
						女性
2016/		¥2,800	东京都板桥区	36	女	36.8
2016/		¥15,000	静冈县沼津市	45	女	
2016/		¥3,200	群马县前桥市	28	男	
2016/		¥15,000	东京都丰岛区	51	男	
2016/		¥23,000	埼玉县川越市	37	男	
2016/		¥2,200	山形县米泽市	23	男	
2016/		¥6,400	广岛县福山市	35	男	
2016/		¥32,000	东京都世田谷区	58	男	
2016/		¥5,000	千叶县船桥市	40	男	
2016/		¥3,200	东京都三鹰市	33	女	

◯图17 在统计对象表中，针对同时满足多重条件的行其特定列中的数据，通过AVERAGEIFS函数可以统计平均值。本例中，统计了居住在东京都、消费金额小于1万日元的女性消费者的平均年龄。

数据验证

灵活使用函数进行数据验证

在数据验证对话框中灵活使用函数与公式

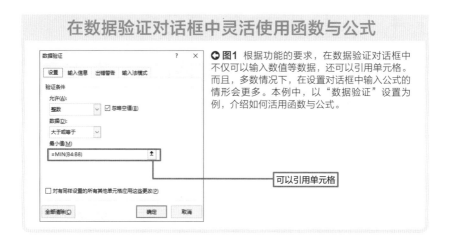

●**图1** 根据功能的要求，在数据验证对话框中不仅可以输入数值等数据，还可以引用单元格。而且，多数情况下，在设置对话框中输入公式的情形会更多。本例中，以"数据验证"设置为例，介绍如何活用函数与公式。

可以引用单元格

查询结果小于最小值的金额时显示错误警告

输入低于其他商品的价格

显示错误警告

●**图2** "在售商品一览"表中，当输入的"购买预算"低于其他商品价格时，自动显示错误警告。这种功能可以通过"数据验证"设置，根据表中的内容确定最小值，在设置界面中输入相应的公式与函数即可。

在Excel中，可以在"数据验证"对话框中设置引用单元格（**图1**）。这种引用通常不是引用单元格，更多时候是设置公式。接下来，我们将介绍在"数据验证"对话框中活用公式与函数的技巧。

在设置界面中直接输入函数公式

"数据验证"具有自动判断目标单元格中的数据是否符合条件的功能。首先以"购买预算"为例，当录入的商品价格低于其他商品的价格时，将会自动显示错误警告（**图2**）。

● 限制录入大于指定数值的整数

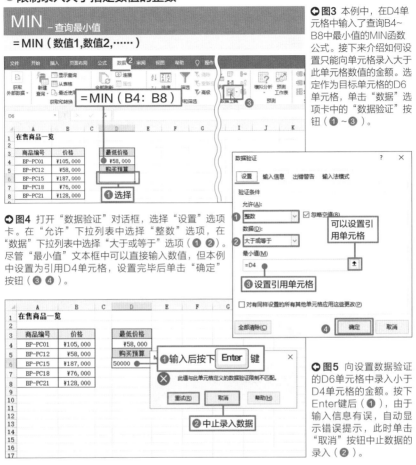

MIN – 查询最小值

=MIN（数值1,数值2,……）

◯ 图3 本例中，在D4单元格中输入了查询B4~B8中最小值的MIN函数公式。接下来介绍如何设置只能向单元格录入大于此单元格数值的金额。选定作为目标单元格的D6单元格，单击"数据"选项卡中的"数据验证"按钮（①~③）。

◯ 图4 打开"数据验证"对话框，选择"设置"选项卡。在"允许"下拉列表中选择"整数"选项，在"数据"下拉列表中选择"大于或等于"选项（① ②）。尽管"最小值"文本框中可以直接输入数值，但本例中设置为引用D4单元格，设置完毕后单击"确定"按钮（③ ④）。

◯ 图5 向设置数据验证的D6单元格中录入小于D4单元格的金额。按下Enter键后（①），由于输入信息有误，自动显示错误提示，此时单击"取消"按钮中止数据的录入（②）。

　　这种情况下，通常的解决方式是，在其他的单元格中设置MIN函数公式查询商品一览表中的最低价格。在此基础上，选择目标单元格，单击"数据"选项卡中的"数据验证"按钮（图3）。打开"数据验证"对话框，选择"设置"选项卡。在"允许"下拉列表中选择"整数"选项，在"数据"下拉列表中选择"大于或等于"选项。尽管"最小值"文本框中可以直接输入数值，但本例中设置为引用D4单元格，设置完毕后单击"确定"按钮（图4）。

　　向设置了数据验证的D6单元格中录入数据，如果该金额小于D4单元格中的数值，那么会自动显示错误提示，无法录入数据（图5）。单击"确定"按

●使用函数设置最小值

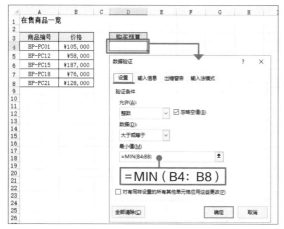

◐**图6** 即使不设置查询最小值的单元格，也可以通过录入公式自动查询最小值。本例中，在D4单元格中设置"数据验证"，直接在"最小值"文本框中输入MIN函数。

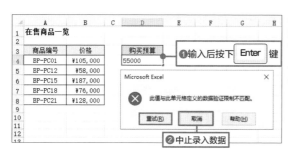

◐**图7** 在D4单元格中设置"数据验证"，当在B4~B8单元格中录入小于最小值的数据时，按下Enter键后（❶），自动显示错误提示，不得不单击"取消"按钮中止数据的录入（❷）。

钮后，可以重新编辑单元格，单击"取消"按钮后中止数据录入。

同时，在图4中单击"最小值"右侧按钮，通过鼠标的单击或拖曳即可直接在工作表上选择需要引用的单元格，操作简便快捷。

如果不想在其他的单元格中显示最低金额，可以直接在"数据验证"的"最小值"文本框中输入公式（**图6**）。当将小于最低金额的数值录入到单元格时，Excel自动显示错误提示（**图7**）。

通过"数据验证"，可以针对不符合规则数据的录入设置自动提示。在"数据验证"对话框中选择"出错警告"选项卡，在"样式"下拉列表中选择"停止"选项之外的其他内容后，尽管提示错误信息，但仍可以继续输入不符合规则的数据。本例中选择"信息"选项，分别在"标题"文本框与"错误信息"列表框中录入相应的提示内容（**图8**）。由此，当目标单元格中被录入了不符合规则的数据时，Excel将会自动显示预设的错误提示信

●修改错误提示内容

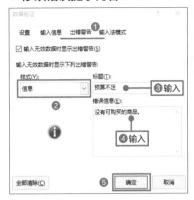

◐图8 设置针对不符合规则数据录入自动弹出的提示内容，在对话框中选择"出错警告"选项卡（❶）。在"样式"下拉列表中选择"停止"选项之外的其他内容后，可以继续输入不符合规则的数据（❷）。而"标题"文本框与"错误信息"列表框都可以录入想要设置的提示内容（❸~❺）。

◐图9 向B4~B8单元格录入小于最小值的数值后，按下Enter键（❶），自动弹出设置的错误信息对话框。但是单击对话框中的"确定"按钮后，也可以输入不适合的数据（❷）。如果中止录入数据，单击"取消"按钮。

息。单击"取消"按钮可以中止数据录入，单击"确定"按钮将保持已经录入的信息不变（**图9**）。

但是如果在"数据验证"对话框中取消勾选"输入无效数据是……"复选框，即使输入了不符合规则的数据，也不会自动弹出提示警告，只能目视确认。

通过公式设置年·月的首日与尾日

作为数据验证的限制录入格式之一，可以设置日期与时间等格式的数据。即使设置日期范围，也可以引用录入到其他单元格中的数据。但是，不仅是日期数据，"年"与"月"也可以分别设置相应的数值（下页**图10**）。

首先，设置只能向单元格录入指定"年"与"月"的"1号"之后的日期。选择设置对象单元格，打开"数据验证"对话框（**图11**）。在"设置"选项卡中的"允许"下拉列表中选择"日期"选项，在"数据"下拉列表中选择"大于或等于"选项。在"开始日期"文本框中输入查询指定年·月

● 图10 事先在单独的单元格内填入表示"年"与"月"的整数。在"今后活动"表的"日期"列中只录入年·月的数值。设置"数据验证",但输入设定值以外的日期时,自动拒绝数据的输入。

● 限制输入规定年·月首日以后的日期

● 图11 首先对单元格设置输入限制,使其只能输入特定的"年"与"月"首日之后的日期。选择D4~D8单元格,单击"数据"选项卡中的"数据验证"按钮(❶~❸)。

DATE –查询日期数据(日期序列值)
=DATE(年,月,日)

● 图12 打开"数据验证"对话框,选择"设置"选项卡。在"允许"下拉列表中选择"日期"选项,"数据"下拉列表选择"大于或等于"选项(❶ ❷)。在"开始日期"文本框中输入DATE函数公式,设置A4的值为"年"、B4的值为"月",1为"日"等日期的数据验证格式(❸)。

❸ =DATE($A$4,$B$4,1)

首日日期的DATE函数公式(**图12**)。这个设置针对区域内的所有单元格,每个单元格都需要引用同一个单元格,因此对表示"年"的A4单元格和表示"月"的B4单元格使用$设置绝对引用。最后输入错误警告信息完成设置(**图13**)。到此为止,我们对目标区域内的所有单元格设置了数据验证,不允许输入指定年·月之前的日期(**图14**)。

除此之外,还可以设置可输入日期的区间。打开"数据验证"对话框,

○**图13** 下一步，设置错误提示信息。在"数据验证"对话框中选择"出错警告"选项卡（❶）。在"样式"下拉列表中保持"停止"选项不变，而在"标题"文本框与"错误信息"列表框中分别输入相应的信息，最后单击"确定"按钮（❷~❹）。

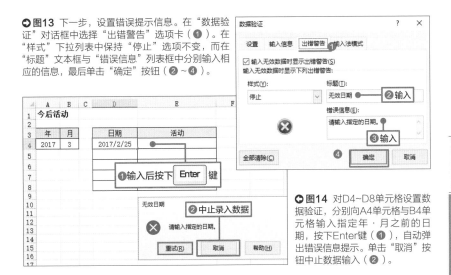

○**图14** 对D4~D8单元格设置数据验证，分别向A4单元格与B4单元格输入指定年·月之前的日期，按下Enter键（❶），自动弹出错误信息提示。单击"取消"按钮中止数据输入（❷）。

●设置输入指定年·月的区间日期

○**图15** 数据验证不仅可以限制输入指定的日期，还可以设置限制输入的日期区间。在"数据"下拉列表中选择"小于"选项，在"结束日期"文本框中输入公式，表示下月1日前日，即当月月末日期即可（❶~❸）。

○**图16** 再次打开"出错警告"选项卡，变更错误提示信息的内容（❶❷）。设置完毕后单击"确定"按钮，单元格内只能输入指定的年·月日期（❸）。

选择"设置"选项卡，在"数据"下拉列表中选择"小于"选项。在"结束日期"文本框中，通过DATE函数将"月"的值设置为下月，将"日"的值设置为0（1日的前日），可以查询当月月末的日期（**图15**）。最后设置错误提示信息内容，完成设置（**图16**）。

其他的限制输入条件

◐ 图17 数据验证不仅可以限制目标单元格，还可以作为条件，限制其他单元格的数据输入。本例中，如果A4单元格输入的时间超过截止日期，则报名参加活动的志愿者的姓名将无法输入。

● 通过公式定义输入条件

TODAY – 返回当前日期
=TODAY ( )

◐ 图18 选择图17中的C4~C8单元格，打开"数据验证"对话框，选择"设置"选项卡，在"允许"下拉列表中选择"自定义"选项（❶）。在"公式"文本框中输入公式（逻辑公式），查询当前的日期是否在A4中的日期之前（❷）。如果结果为TRUE，则可以继续输入。

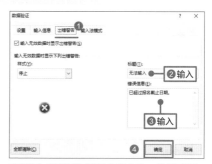

◐ 图19 设置错误提示信息内容，当前日期如果超过截止日期时，自动弹出提示。打开"出错警告"选项卡，分别在"标题"文本框与"错误信息"列表框中填入相应的内容，最后单击"确定"按钮（❶~❹）。

通过公式定义输入许可条件

数据验证不仅可以限制目标单元格，还可以作为条件限制其他单元格的数据输入。例如，当前的日期如果超过了其他单元格中设置的"截止日期"，那么就要拒绝输入（**图17**）。打开"数据验证"对话框，选择"设置"选项卡，在"允许"下拉列表中选择"自定义"选项，设置条件公式。只有结果返回为TRUE时，才能向单元格内输入数据。本例中，在"公式"文本框中输入TODAY函数公式，查询当前日期，并设置错误提示信息（**图18**、**图19**）。

设置限制输入周六周日的日期

◐ **图20** 对于周六周日休息的店铺，在预约表上不希望客户输入含有周六和周日的日期，可以通过数据验证进行设置。在"数据验证"对话框中的"允许"下拉列表中选择"自定义"选项设置函数，查询所输入的日期是否为周六日。

●通过公式判断输入的数据

WEEKDAY – 查询日期对应的星期

=WEEKDAY（序列值,类型）

❷＝WEEKDAY（B4，2）<6

⬆ **图21** 选定图20中B4~B8单元格，打开"数据验证"对话框，选择"设置"选项卡，在"允许"下拉列表中选择"自定义"选项（❶）。在"公式"文本框中输入判断单元格中输入的日期是否为星期六或星期日的公式（❷）。设置时，目标单元格相对引用活动单元格（B4）。

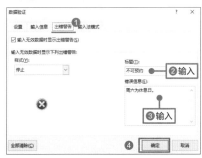

⬆ **图22** 设置错误提示信息内容，当前日期如果是周六或周日时，自动弹出提示。打开"出错警告"选项卡，分别在"标题"文本框与"错误信息"列表框中填入相应的内容，最后单击"确定"按钮（❶~❹）。

如果输入的日期是特定星期，可以通过设置"自定义"拒绝数据的输入（**图20**）。WEEKDAY函数的参数中，将"类型"设置为2，日期如果是星期六则为6，如果是星期日则为7，由此，可以计算返回值是否"小于6"。另外，如果设置目标为单元格区域时，公式需设置相对引用活动单元格，自动根据各目标单元格的变化而变化（**图21**）。最后设置错误提示信息，完成设置（**图22**）。

Excel

Part 3

文档·制图

即使内容很棒，但美观度不够的文件，
也是没有说服力的。Excel也是同理，
外观非常重要。
本章中，
将介绍关于Excel格式设置以及布局等
调整文件外观的技巧。

文/阿部香织、冈野幸治、土屋和人、服部雅幸、三浦亚有
子、森本笃德

总论

五分钟制作美观漂亮的表格

即使内容很精彩，而外观很糟糕的话，这份Excel文件从动手制作的那一刻开始就是一份有缺陷的文件。"如果能再将行间距拉大一些的话……"、"着眼点很好，但图表却很难看懂……"、"报告没问题，可就是颜色搭配稍稍差了点……"本章的核心是围绕上述问题，介绍如何将杂乱的文档变得更加顺眼、更加易懂、更加漂亮。

要制作漂亮的文档，并不需要使用什么特异功能，只是从常见的格式设置功能开始，只需花费数分钟时间，就能呈现出一份通俗实用的Excel文档操作技巧。

制表篇

▲合并单元格与文字排列 （P226）

▲文字排列的高阶技巧 （P232）

▲从单元格边框线中毕业（P254）

▲迅速提高美观度的"格式套用" （P262）

设计篇

▲让"主题"与"配色"更协调 （P270）

印刷篇

▲多页打印的秘笈是留白（P282）

图表篇

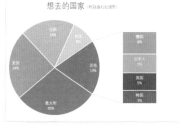

▲修改毫无新意的饼状图 （P286）

▲折线图的奥秘　　　　　（P294）

制图篇

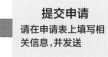

▲流程图的核心是流畅感　　　（P302）

掌握单元格合并
与文字对齐的基础

制表篇

　　使用Excel制作文件不可或缺的两项基础功能分别是将多个单元格合并的"单元格合并"与设置单元格内文字位置的"对齐方式"。作为Excel基础中的基础，如果不能熟练掌握这两项基础功能，其他更加复杂的操作就无从谈起。相反，如果能够灵活使用单元格合并与对齐方式，即使再简单的表格也能做得十分漂亮，大大提高表格的观赏度。万丈高楼平地起，先从夯实基础开始学习。

强调可读性与易懂性

游泳教室开放通知

灵活设置标题与冗长的
文字说明，增强美观度

本次日经居住区，将开放夏季游泳教室。面向所有居住于本区域内的住户，无论是儿童或成人均可报名参加。
请在确认详细信息后，按规定的方式提交申请。我们将尽快把参与证送到您的手中。另，如若报名人数众多将以抽签的方式来决定参与名单，还请予以谅解。期待大家的参与！

初级教室	以初学者为教学对象。通过水中运动疗法进行水中运动，然后掌握自由泳。
4种泳姿	学会自由泳、蛙泳、仰泳、蝶泳。（能游25m的对象）。
儿童	以学龄前～小学生为对象。首先能习惯水、再以学会自由泳为目标。

		周一	周二	周三	周四	周五	周六
初级教室	10:00～	水中运动疗法				水中运动疗法	
	11:15～		◎	全馆休馆日	◎		
	12:30～		◎			◎	
4种泳姿	11:15～		◎			◎	
儿童	14:00～		学龄前		学龄前		学龄前
	16:15～		低年级		低年级		
	17:30～		高年级		高年级		

最重要的是时间分布表的可读性！
思考合并单元格与对齐

❶图1　在Excel中，合并单元格与文字对齐是制作文件过程中基础的基础。将标题设置为居中对齐，大段文字设置自动换行。按时间分布，设置单元格合并、垂直方向与缩小字体填充，可以有效提高文件的可读性与易懂性。万丈高楼平地起，先从夯实基础开始学习。

三种单元格合并方式，灵活使用提高效率

　　单元格合并功能有三种类型，分别是"合并后居中"、"合并单元格"和"跨越合并"（**图2**）。灵活掌握每种功能的要点，可以有效提高工作效率。

　　"合并后居中"是同时合并单元格并将文字对齐方式设置为居中的功能。例如，设置文章标题前后左右的位置时，按照文章篇幅选定所需单元格后，单击"合并后居中"按钮，标题即可自动设置在正中央的位置（**图3**）。

　　单击"合并后居中"右侧的▼按钮打开下拉列表，可以选择其他的合并方式。如果不希望合并后改变原有的文字排序方式，选择列表中的"合并单元格"选项即可（**图4**）。

合并单元格的三种方式

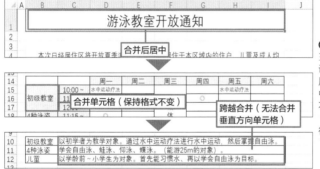

◆ **图2** 合并单元格有三种方式，分别是同时设置合并单元格与文字居中对齐的"合并后居中"，只合并单元格而不改变原有文字对齐的"合并单元格"，与以行为单位横向合并的"跨越合并"。

●同时设置单元格合并与文字居中对齐

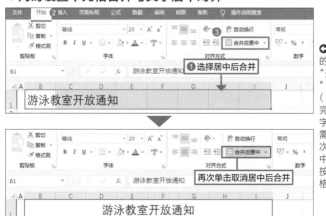

◆ **图3** 选择需要合并的单元格区域，在"开始"选项卡中单击"合并后居中"按钮（❶～❸），即可同时完成单元格合并与文字居中对齐的设置。需要拆分单元格时再次单击"合并后居中"按钮，或单击▼按钮选择"取消单元格合并"选项。

● 保持原有文字对齐的合并单元格

⬆➡图4 选定需要合并的单元格范围后单击"合并后居中"按钮右侧的▼按钮打开下拉列表,选择"合并单元格"选项(❶~❹)。合并后单元格内原有文字的排序方式不受影响(本例中事先设置左对齐)。

● 以行为单位进行合并的活跃合并

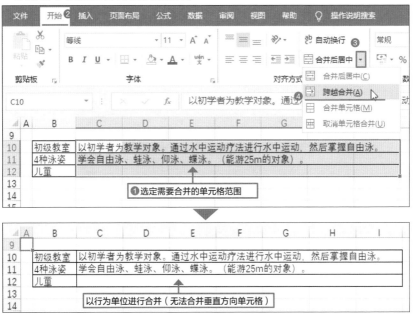

⬆图5 选定需要合并的单元格范围后单击"合并后居中"按钮右侧的▼按钮打开下拉列表,选择"跨越合并"选项(❶~❹),将单元格以行为单位进行合并。当进行类似的以行为单位的合并操作时(图4),这个按钮非常方便快捷,而且合并后原有的文字排序并不受影响。

　　"跨越合并"是以行为单位的横向合并单元格功能。首先选定数"行·列"的单元格,然后选择"跨越合并"选项,所选范围的单元格将以每行为单位分别进行合并(**图5**)。在设置以行为单位的合并单元格时,这项功能非常方便快捷,请熟练掌握。

●数据无法合并

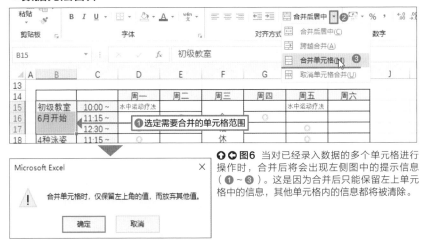

○○**图6** 当对已经录入数据的多个单元格进行操作时，合并后将会出现左侧图中的提示信息（❶~❸）。这是因为合并后只能保留左上单元格中的信息，其他单元格内的信息都将被清除。

需要掌握的四种文字对齐方式

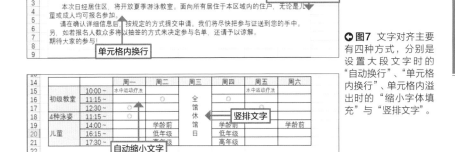

○**图7** 文字对齐主要有四种方式，分别是设置大段文字时的"自动换行"、"单元格内换行"、单元格内溢出时的"缩小字体填充"与"竖排文字"。

　　但是，如果将含有数据的两处以上单元格合并时，会弹出**图6**左侧的警告提示。如果继续合并将只保留左上角单元格内信息，其他单元格的信息将被清除。

　　接下来我们介绍一下文字对齐方式，需要掌握的基本功能主要有四种，分别是设置大段文字时的"自动换行"、"单元格内换行"，调整文件整体外观的"缩小字体填充"与"竖排文字"（**图7**）。

● 单元格内设置文字自动换行

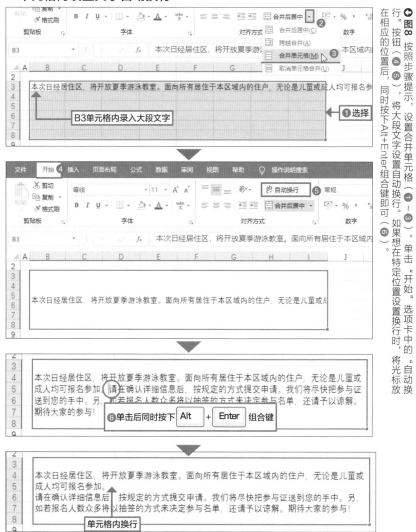

❽ 按照步骤提示，设置合并单元格（❶ ~ ❸）。单击"开始"选项卡中的"自动换行"按钮（❹ ❺），将大段文字设置自动换行。如果想在特定位置设置换行时，将光标放在相应的位置后，同时按下Alt+Enter组合键即可（❻）。

为大段文字设置换行、文字溢出对策与竖排文字

选定输入大段文字的单元格后单击"自动换行"按钮，文章将在单元格内自动换行显示（**图8**）。另外，如果想在特定位置设置换行时，将光标放在相应的位置后，同时按下Alt+Enter组合键即可，这就是所谓的"单元格内

●单元格内缩小字体填充

↑图9 选定单元格或单元格区域，同时按下Enter+1组合键（**①**），或鼠标右击，在弹出的快捷菜单中，选择"设置单元格格式"命令。打开对话框后，勾选"对齐"选项卡中的"缩小字体填充"复选框（**② ③**）。单击"确定"按钮，单元格内文字的字号自动缩小到相应的大小以适应单元格。如果单元格的宽度发生变化，字号也将自动调整（最大不会超过原有字号）。

●竖排文字一键设置

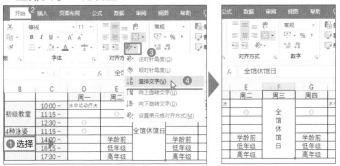

↑图10 选定单元格或单元格区域后，单击"开始"选项卡中的"方向"按钮，选择下拉列表中的"竖排文字"选项（**①~④**），文字方向将变成垂直方向。再次单击后文字方向将返回到水平方向。

换行"的操作技巧。

　　文字多的时候，难免会出现文字溢出单元格的情况，这需要借助缩小字体填充的功能。打开"设置单元格格式"对话框，勾选"缩小字体填充"复选框（**图9**）。单元格内文字将为适应单元格的宽度而自动缩小字号。设置后字号默认动态变化，单元格宽度缩小，字号变小，单元格宽度变大，字号也变大，但最大不会超过原有字号。

　　图10左中将"全馆休息日"设置为垂直显示将会更加美观。在"方向"下拉列表中选择"竖排文字"选项即可实现。如果想将文字方向恢复到原来的水平方向，只需再次选择同一选项即可。在"方向"下拉列表中，可以设置文字的90度和45度旋转。

制表篇

精益求精！
文字排列的高阶技巧

强调文字对齐，提高文件质量

日经町地区少年足球俱乐部
成 员 大 征 集 ！

"喜欢足球""想踢得更好""热爱足球运动"的小学生征集中！女生也可参加。主要面向日
经小学和服部小学的学生征集，同时欢迎其他小学的同学们踊跃报名！众所周知，足
球的技术是为了让身体和心灵得到锻炼。本征集信息也在SNS上发布。期待各位前来体
验，也欢迎大家参观学习。

申请表的重点是分散对齐与缩进

【练习时间及地点】

·周三	17:00 ~ 18:30	日 经 广 场
·周四	17:30 ~ 19:00	日 经 小 学 校 园
·周六	10:00 ~ 12:00	日 经 公 园 足 球 场

●教练介绍：三浦进，1984年出生，拥有足球协会B级，少年足
球领队资格，执教15年，所指导的球队进入日经SSS、JC联赛。

"我从小学开始坚持踢足球，因此培养了挑战精神，能和地区的
大家一起踢足球我感到非常开心。大家

设置垂直方向分散对齐，调整行间距

	申	请	书				年龄	性别
注 音 假 名								
姓 名							岁	男·女
地 址								
电 话 号 码								
足 球 经 验	无·有（							）

◀ ▶ **图1** 单元格内文字的对齐方式多种多样。例如，通过分散对齐，可以将文字内容充分地分散到单元格的左右两侧，提高美观度。在Excel中，看起来很难调整的竖排文字也能轻松设置，接下来我们将介绍加工文件的方法。

看起来很难的竖排文字也能轻松搞定

【饮品】

●啤酒	●白酒		●果醋		●软饮
瓶装啤酒（大）	清酒一杯		柠檬醋		乌龙茶
生啤杯	一壶两杯装		葡萄柚醋		可乐
生啤中			梅醋		橙汁

5	3	5	7	4	4	4	4	2	2	2
0	5	9	0	0	0	0	3	8	8	8
0	0	0	0	0	0	0	0	0	0	0
口	口	口	口	口	口	口	口	口	口	口
元	元	元	元	元	元	元	元	元	元	元

在上一节中，我们已经介绍了文字对齐的基本功能，但Excel中还可以设置更详细的文字对齐功能。例如，设置大段文字换行显示时，如果设置右对齐以及调整行间距，可以大大提高文件的整体美观度。在表格中设置"分散对齐"，可以进一步增强文件的可视性（**图1**）。接下来，我们将围绕如何提高文件的美观度介绍一些操作技巧（**图2**），还将介绍强化竖排文字流畅度的字体秘笈。

修改"遗憾"文件的核心技巧

⬆ **图2** 大段文字换行时，设置"两端对齐"后右侧纵向呈直线对齐，视觉上非常整齐。垂直方向设置"分散对齐"可以调整行间距。将字数不同的项目名称纵向排列时，将水平方向设置"分散对齐"可以得到很好的平衡感。设置分隔线时，通过"填充"设置"－"等符号，视觉效果更好。

通过"自动换行"设置单元格内文字的换行时（参照第230页图8），通常会出现右侧文字参差不齐的现象。特别是当文中出现半角文字时更要注意。此时，需要通过设置两端对齐提高美观度。打开"设置单元格格式"对话框，在"水平对齐"下拉列表中选择"两端对齐"选项，右侧的文字以相应的间隔自动进行微调整（**图3**）。

便利的"分散对齐"，可以调整行间距

大段文字换行后，行间距通常会保持不变，但有秘笈可以解决这个问

●自动换行的文字设置两端对齐

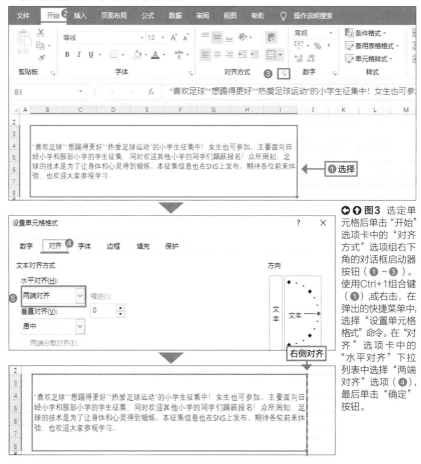

◐◖**图3** 选定单元格后单击"开始"选项卡中的"对齐方式"选项组右下角的对话框启动器按钮（❶～❸）。使用Ctrl+1组合键（❶）或右击，在弹出的快捷菜单中，选择"设置单元格格式"命令。在"对齐"选项卡中的"水平对齐"下拉列表中选择"两端对齐"选项（❹），最后单击"确定"按钮。

题。在"设置单元格格式"对话框中，在"垂直对齐"下拉列表中选择"分散对齐"选项（**图4**），单元格的行间距会自动调整（**图5**）。

当纵向罗列"日经广场""日经公园足球场"等文字数量不同的项目名称时，设置分散对齐可以有效地提高美观度，这种对齐方式也是政府机关发布白皮书时经常使用的。打开Excel中的"设置单元格格式"对话框，在"水平对齐"下拉列表中选择"分散对齐"选项，即可完成这个设置（下页**图6**）。届时，还可以同时设置"缩进"。如果将缩进值设置为2，则左右两端将各留白2个字符，余下空间分散对齐。

●垂直方向设置"分散对齐"调整行间距

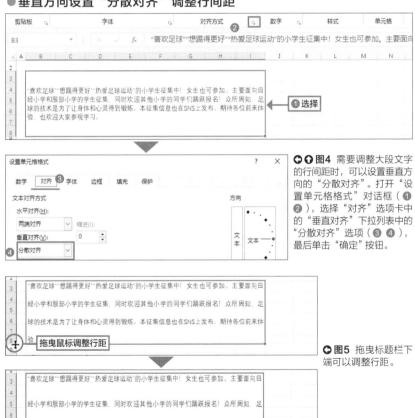

图4 需要调整大段文字的行间距时，可以设置垂直方向的"分散对齐"。打开"设置单元格格式"对话框（❶❷），选择"对齐"选项卡中的"垂直对齐"下拉列表中的"分散对齐"选项（❸❹），最后单击"确定"按钮。

图5 拖曳标题栏下端可以调整行距。

●将水平方向"分散对齐"与缩进组合使用

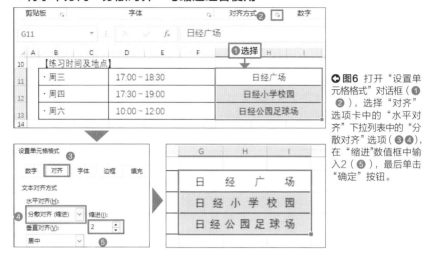

●图6 打开"设置单元格格式"对话框（❶❷），选择"对齐"选项卡中的"水平对齐"下拉列表中的"分散对齐"选项（❸❹），在"缩进"数值框中输入2（❺），最后单击"确定"按钮。

●填充"－"设置分隔线

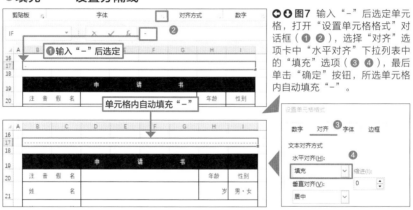

●●图7 输入"－"后选定单元格，打开"设置单元格格式"对话框（❶❷），选择"对齐"选项卡中"水平对齐"下拉列表中的"填充"选项（❸❹），最后单击"确定"按钮，所选单元格内自动填充"－"。

　　在Excel的文字对齐设置中，有一项被称为"填充"的有趣功能，使用这项功能可以为申请表添加折线等有趣操作。只需向单元格内输入一个"－"或"*"等符号，打开"设置单元格格式"对话框，选择"对齐"选项卡中的"水平对齐"下拉列表中的"填充"选项即可（**图7**）。操作完成后，所选单元格内会自动填充之前输入的符号。而且，当单元格宽度发生变化时，填充数量也随之自动调整，但填充的范围永远是整个单元格，功能非凡。这项功能在应用于直线图形的画线时既灵活又简便。

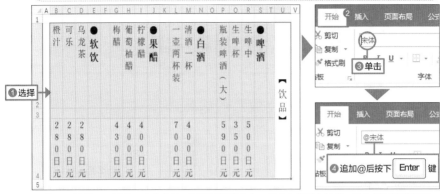

设置竖排文字专用字体，增强美观度

⬆ **图8** 尽管第231页图10中的方法可以设置竖排文字，但文字间留白过多。选定单元格范围后，在"开始"选项卡中的"字体"文本框的字体名称前，输入@后按下Enter键（❶～❹）。

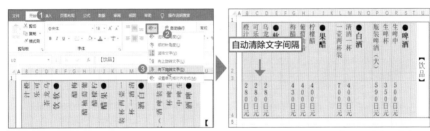

⬆ **图9** 打开"开始"选项卡中"方向"按钮中的下拉列表，选择"向下旋转文字"选项（❶～❸）。使用竖排文字专用字体"@HGP行书"，清除文字间隔。

设置均衡的竖排文字"@字体"

最后介绍一下提高竖排文字美观度的高阶字体。通常，如第231页图10中的方法，可以将单元格内文字设置为垂直方向，但文字间隔设置十分不理想，调整不便。为了提高整体美观度，需要灵活使用"竖排文字专用字体"。

其具体操作方法却异常简单。选择单元格区域后，打开"开始"选项卡将光标置于"字体"文本框的字体名称前，输入半角@后按下Enter键（**图8**），这表示竖排文字专用字体。设置后文字自动向左旋转九十度，之后仍需要对其进行调整，在"方向"按钮中的下拉列表中选择"向下旋转文字"选项（**图9**）。字体名称中带P则表示均衡字体，因此会自动调整文字间隔，使其更加美观。

数字虽多，
也可以美观耐看

变换格式，让数值看起来不一样！

Before

商品名	成本	销售价	成本率	销售数量	销售额
每日活动便当	185	400	0.4625	1603	641200
炸鸡便当	160	450	0.355556	1538	什么都没做！
汉堡便当	135	430	0.313953	1249	537070
炸猪排便当	200	500	0.4	986	493000

⊙ **图1** 通常格式的表格中，设置边框线后可以直接录入各个商品的原价及售价等数值。但由于表格默认格式的缘故，数字被自动设置为右对齐，末尾数紧挨着边框线，可读性不高。

After

商品名	成本	销售价			
每日活动便当	¥185	¥400			添加货币符号"¥"后一目了然！再设置"."或"%"后更是锦上添花。
炸鸡便当	¥160	¥450	35.6%	1,538	¥692,100
汉堡便当	¥135	¥430	31.4%	1,249	¥537,070
炸猪排便当	¥200	¥500	40.0%	986	¥493,000

⊙ **图2** 为了提高表格中数字部分的可读性，需要重新设置字体与格式。常用的方法是设置货币符号。同时，位数多的数值还需设置千位分隔符，方便读者把握数字的位数。

⊙ **图3** 右表中统计了各个公司的员工人数、营业额与营业利润。由于营业额与营业利润数字位数太多，并且数字的后半部分几乎是用0占位，可读性非常低。

这样的格式很难一下就读懂数字

公司名	员工数	营业额（日元）	营业利润（日元）
A社	978	14750000000	3870000000
B社	3,812	21361000000	5962000000
C社	68	2376000000	-1890000000
D社	503	8248000000	796000000
E社	713	20468000000	3576000000

Before

⊙ **图4** 重新设置字体与格式后，数值部分的可读性大大提高。营业额与营业利润的数值以百万单位代替0，简洁高效。

公司名	员工数	营业额（百万日元）	营业利润（百万日元）
A社	978	14,750	3,87
B社	3,812	21,361	5,96
C社	68	2,376	(189)
D社	503	8,248	796
E社	713		

After

重新设置以百万元为单位后令人耳目一新！
需要注意的是负数以括号形式分隔！

能够左右表格外观的关键因素之一是数值的表现方式。相比文本格式，数值格式有更丰富的可选空间，重要的是让每种格式能够物尽其用，构建通俗易读的表格。

接下来，我们将以两个输入各种类型数值的表格为例，介绍如何设置数值格式的技巧（**图1~图4**）。

仅将数字设置为英文字体，为金额加上货币符号

Excel 2016的标准字体是Yu Gothic（包括2013在内的之前版本是MS PGothic），这种设置通用于数值与文本字符（关于标准字体的设置请参照第246页）。然而，Yu Gothic等面向日语的字体，面对数值与英文时设计相对单调。而如果将数值设置为英文字体，日语部分的字符会呈现出焕然一新的风格。

本例中，将录入数值的单元格字体重新设置为Verdana（前页**图5**）。与

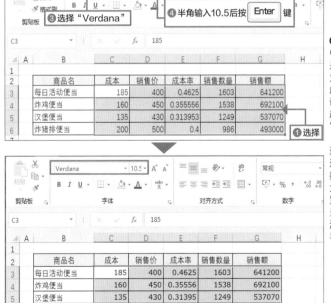

英文字体的数值可读性高

◐**图5** 在图1和图3中，无论是文本还是数值，都被设置为相同的字体，因此需要将数值重新设置字体，让其看起来焕然一新。在"开始"选项卡中的"字体"下拉列表中选择"Verdana"选项（❶~❸）。数值的字体略显偏大，可将其字号设置为10.5（❹）。当需要使用菜单中没有的字号时可以手动输入。

将金额设置为"货币"格式

◎**图6** 将表示金额的数值设置为"货币"格式，简单易懂。选择对象单元格后，在"开始"选项卡中的"数字格式"下拉列表中选择"货币"选项（包括Excel 2013在内的之前版本称为"显示格式"）（①~④）。

◎**图7** 在设置为"货币"格式的单元格时，数值前会自动添加货币符号¥。同时，数值的右侧与边框之间的留白扩大，方便读者阅读。

商品名	成本	销售价	成本率	销售数量	销售额
每日活动便当	¥185	¥400	0.4625	1603	¥641,200
炸鸡便当	¥160	¥450	0.35556	1538	¥692,100
汉堡便当	¥135	¥430	0.31395	1249	¥537,070
炸猪排便当		¥500	0.4	986	

设置¥　　　　　右侧设置留白

日语字体的字号相比略显稍大，因此将全部字号统一设置为10.5。

　　表示金额的数值前如果添加¥，读者会在第一时间感觉到这表示金额，增强辨识度。设置可以从"开始"选项卡中的"数字格式"下拉列表中选择"货币"选项（包括Excel 2013在内的之前版本称为"显示格式"）即可（**图6**）。设置后，数字中自动添加千位分隔符，数值的右侧与边框之间的留白也将扩大（**图7**）。需要注意的是，在本例表格中含有表示其他数量的数值，因此设置了货币符号。如果表内的所有数值都表示金额，则不设置货币符号显得更加明智、简洁。

设置千位分隔符和右侧留白

　　对于那些表示非金额的数值，设置格式时应首先将其设置为"数字"格式（**图8**）。尽管右侧自动设置了留白，但对于位数很多的数字没有设置千位分隔符。如果单独使用"千位分隔样式"设置千位分隔符，则右侧无法自动设置留白。所以这两种方法都不能达到想要的效果，无法一举两得（**图9**）。

　　当右侧留白与千位分隔符共用时，按照图8中的操作设置完毕后，打开

当心数值格式陷阱

○图8 表示非金额的数值，设置格式时应首先将其设置为"数字"格式（**❶~❸**）。与"货币"格式一样，在数值的最右侧自动设置留白。但不会自动设置千位分隔符。

○图9 单击"开始"选项卡中的"千位分隔样式"按钮后，数据右侧不会自动设置留白（**❶~❸**）。从严格意义上说，这种操作并不是"格式"设置，而是"样式"设置。

Part 3

文档·制图

制表篇

"设置单元格格式"对话框，在"数字"选项卡中勾选"使用千位分隔符"复选框（下页**图10**、**图11**）。或是将单元格式在"常规"状态下打开"设置单元格格式"对话框，从"分类"列表框中选择"数值"选项后，勾选"使用千位分隔符"复选框（**图12**）。但这种情况中"负数"显示格式与图11中有所不同，需要根据具体情况进行重新设置。

　　表示百分数的数值，需要设置%。从"数字格式"下拉列表中选择"百分比"选项即可（下页**图13**）。同时，使用"增加小数位数"按钮可以设置小数点后显示的数字位数。但是使用"百分比样式"按钮可以设置百分数的显示格式，但从严格意义上说，这种设置仅仅是样式的变更，而不是单元格格式的变更。

如此设置千位分隔符与留白

● **图10** 为了同时设置千位分隔符与右侧留白，需要打开"设置单元格格式"对话框。选择在"数字样式"下拉列表中已经设置为"数字"选项的单元格范围，从"开始"选项卡中打开"数字"选项组右下角的对话框启动器按钮（❶～❸）。

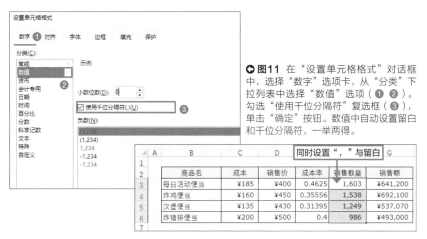

● **图11** 在"设置单元格格式"对话框中，选择"数字"选项卡，从"分类"下拉列表中选择"数值"选项（❶❷）。勾选"使用千位分隔符"复选框（❸），单击"确定"按钮。数值中自动设置留白和千位分隔符，一举两得。

● 负数的显示格式也需认真设置

● **图12** 在显示格式为"常规"的状态下，继续图11中的操作，在"分类"列表框中选择"数值"选项（❶～❺）。选择后，会出现"负数"的显示样式，需要时可以重新设置（❻）。

位数多可读性差！以百万为单位重新设置！

在第二个示例中，首先将字体重新设置为Century Gothic（下页**图15**）。这种字体即使不更换字号，也没有参差不齐的感觉。在此基础上，将全部的数值单元格设置同时拥有千位分隔符与右侧留白的"数值"格式。这种格式中，负数将被标注为红色字体，而负号也被括号所代替。

如果表示销售额或销售利润的数字位数过多，则很难一瞬间就读出数字，此时需要将其单位由元重新设置为百万元。变更单元格数值也是一个方

百分比格式

◆**图13** 在成本率单元格内，可以设置计算销售价格与成本的比率的公式，现在将得到的结果设置为百分比。选择需要设置的单元格区域，在"开始"选项卡中的"数字格式"下拉列表中选择"百分比"选项（❶~❹）。

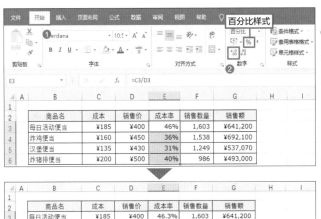

◆**图14** 将成本率设置为百分比后，数字结尾自动添加％。同时，使用"开始"选项卡中的"增加小数位数"按钮，可以增加小数点后数字的位数（❶❷）。与之相邻的是"减少小数位数"按钮，单击后可以减少小数点后的数字位数。当然，这种设置在形式上与使用"开始"选项卡中"百分比样式"按钮效果相同，而实际上后者只是样式上的变化。

式，但更简便的方式是重新设格式。本例中，保持单元格中数值不变，而从形式上将其设置为百万元单位。

打开"设置单元格格式"对话框中的"数字"选项卡，在"分类"下拉列表中选择"自定义"选项（**图16**、**图17**）。在"类型"文本框中可以看到当前"数值"格式的文本字符格式。分别在其中的两处0之后添加半角逗号，表示将所选区域内的数值从第六位开始进行缩减四舍五入，形式上相当于百万分之一（即以百万为单位）（**图18**）。

使用下横线在括号中占位留白

设置完毕后，必须明确标记单位是百万元，在标题栏中将"元"更改为"百万元"。必要时可以使用Alt+Enter组合键设置单元格内换行显示。

图17中的文本格式与图19有异曲同工之妙。需要注意的是半角下横线（ _ ），表示保留与其后的文本字符（此处设置为半角括号）相同宽度的留白。当单元格内的值为正数时，右侧保留与半角括号相同宽度的留白，数值部分的右侧默认为负数。

半角分号是正数与负数格式的分隔符。实际上从结构上可以分为四部分，即"正数；负数；0；文本"，可以分别设置为不同的格式。"红色"表示将文字颜色设置为红色，当然还可以设置如"绿色"、"蓝色"、"黄色"、"紫色"、"青色"、"黑色"和"白色"等其他的颜色。

设置百万元单位的金额格式

◐ **图15** 按照图4的操作示例，将数值的字体设置为Century Gothic（字号为11保持不变）。数字中同时自动设置千位分隔符与留白（图10、图11）。

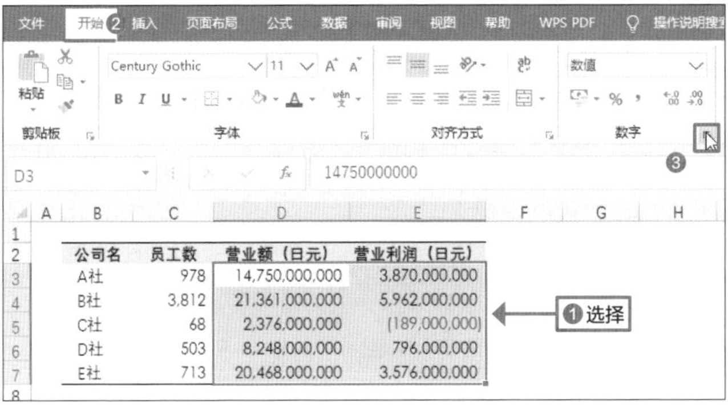

图16 选择表示营业额与营业利润的单元格区域，从"开始"选项卡中单击"数字"选项组右下角的对话框启动器按钮（❶～❸）。

图17 打开"设置单元格格式"对话框，选择"数字"选项卡（❶）。在"分类"列表框中选择"自定义"选项（❷）。在"类型"文本框中重新设置格式（❸），最后单击右下角的"确定"按钮。在原来的"¥#,##0_);[红色](#,##0)"的基础上，分别在两处0之后添加逗号。

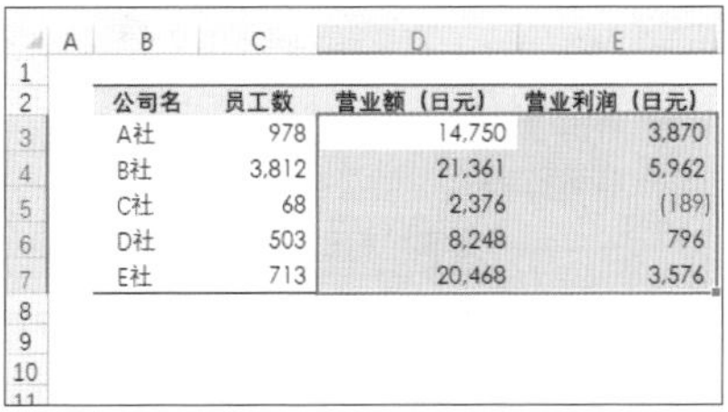

图18 营业额与营业利润的表示方式变成了百万分之一。这种设置并未改变实际数值，只是显示形式发生了变化而已。还需要将标题栏中单位改为"百万元"。需要时可以使用Alt+Ente组合键设置单元格内换行显示。

 # , ##0 ,, _) ; [红色] (#,##0,,)

❶ ❷ ❸ ❹ ❺ ❻ ❼ ❽

❶ 表示各个数位的值。如果该数位之前没有值，则不显示。
❷ 表示每三位数设置一次的千位分隔符。
❸ 表示各个数位的值。如果该数位之前没有值，则显示为0。
❹ 每个逗号表示整数部分最后三位数四舍五入后省略。
❺ 保留与后面相邻的文本字符相同宽度的留白。
❻ 区分"正数；负数"。
❼ 使用半角括号设置文本字符颜色。
❽ 数值前后用括号分隔。

图19 设置"自定义"的"显示格式"，根据需要通过各种功能符号对单元格格式进行设置。","除了表示千位分隔符之外，将其设置在末尾，还可以表示整数部分最后三位数四舍五入后省略，连续设置两个则表示最后六位数四舍五入后省略，即原值的百万分之一。

制表篇

2016的Yu字体
可以减少印刷失误

印刷时Yu Gothic字体错误最少

Excel 2013中的MS PGothic字体

1	新书一览				
2		经常遇到的问题		星经BB出版	
3					
4	书名	领域	作者	预计发刊日	定价(实体)
5	超实用英语学习术	语言学	山田健一	2017/9/11	¥1,600
6	成人编程入门	IT	铃木直美	2017/9/20	¥3,000
7	个体经营者营销、市场入门	商务	小田切雄太郎	2017/9/20	¥2,200
8	超实用中文学习术	语言学	高桥真美子	2017/10/5	¥1,600
9	家庭网络搭建	IT	佐藤信二	2017/10/15	¥2,800
10					

Bad!

新书一览　　　　然而打印后　　星经BB出

书名	领域	作者	预计发刊日	定价(实体)
超实用英语学习术	语言学	山田健	2017/9/11	¥1,600
成人编程入门	IT	铃木直美	2017/9/20	¥3,000
个体经营者营销、市场入门	商务	小田切雄太郎	2017/9/20	¥2,000
超实用中文学习术	语言学	高桥真美子	2017/10/5	
家庭网络搭建	IT	佐藤信二	##########	

漏字！打印后各种问题层出不穷

Excel 2016中的Yu Gothic字体

1	新书一览				
2		设置新字体后		星经BB出版	
3					
4	书名	领域	作者	预计发刊日	定价 (实体)
5	超实用英语学习术	语言学	山田健一	2017/9/11	¥1,600
6	成人编程入门	IT	铃木直美	2017/9/20	¥3,000
7	个体经营者营销、市场入门	商务	小田切雄太郎	2017/9/20	¥2,200
8	超实用中文学习术	语言学	高桥真美子	2017/10/5	¥1,600
9	家庭网络搭建	IT	佐藤信二	2017/10/15	¥2,800
10					

新书一览　　　　打印一下试试看　星经BB出版

Good!

名	领域	作者	预计发刊日	定价 (实体)
实用英语学习术	语言学	山田健一	2017/9/11	¥1,600
成人编程入门	IT	铃木直美	2017/9/20	¥3,000
个体经营者营销	市场入门	商务	小田切雄太郎	2017/9/20	¥2,200
超实用中文学习术	语言学	高桥真美子	2017/10/5	¥1,600
家庭网络搭建	IT	佐藤信二	2017/10/15	¥2,800

打印时没有出现错误

◆ **图1** 本例中使用Excel 2013的标准字体MS PG-othic制作了一份"新书"一览表。按照页面的视觉效果对各列宽度进行调整，行距无法手动修改。右上角加入图形录入出版社名称。然而，当用B5纸张打印后，结果与设计的页面大相径庭。单元格的宽度尽管已经缩小到不能再缩小，但右侧的文字还是有一部分没有打印出来，日期单元格中有些内容只显示为"###"。图形内文本字符的尾部也被切断。

◆ **图2** 将同样的表格使用Excel 2016的Yu Gothic字体重新设置后，页面还是按照视觉效果进行调整。与MS PGothic相比，Yu Gothic字体设有更多的留白，打印范围更广泛，打印后出现偏差的概率也更小，仅仅在A6单元格中书名自动换行时有些显示不全。即使是高手，也深知Excel打印时经常出现偏差是正常的，但Yu Gothic与Yu Micho等字体出现偏差的概率远远小于MS PGothic等字体。

作为Excel高手耳熟能详的一项常识就是"Excel打印后的结果与页面有偏差"。打印后漏字、文本字符换行位置随意变化等问题层出不穷（**图1**）。尽管与打印机等设施有密切关系，但在最新版的Excel 2016中，出现偏差的概率却大大降低了（**图2**）。

与其使用MS PGothic，不如使用Yu Gothic

Excel 2016与Excel 2013最大的区别之一是将标准字体由MS PGothic更换为Yu Gothic。 实际上，页面与打印结果之间偏差的减少正是由于更换标准字体。另外，Yu Gothic字体上下设有留白，在标准的行距内显示更加清晰。由此当文字换行时，保留适当的行间留白，可以有效提高文档的可读性（参照第230页图8）。

当然如果使用包括Excel 2013在内的之前版本，将标准字体设置为Yu Gothic后，打印后的结果与页面之间的偏差也会相应地减少。需要注意的是，在Excel 2013之前版本的Office中，且Windows 8之前的操作系统，电脑中没有自带Yu Gothic字体（**图3**），而需从微软的官方主页中下载含有Yu Gothic与Yu Micho等字体的字体包，安装后即可使用（**图4**）。

手动安装Yu Gothic字体

	Windows8/7	Windows10/8.1
Office 2013/2010	需要下载	标准
Office2016	标准	标准

◐**图3** Excel 2013/2010的版本中可以将标准字体设置为Yu Gothic。但由于Windows 8/7系统中的Office 2013/2010中没有自带这种字体，所以需要手动下载后自行安装。

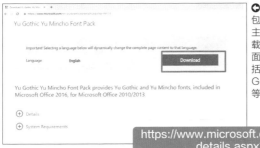

https://www.microsoft.com/ja-jp/download/details.aspx?id=49116

◐**图4** Yu Gothic与Yu Micho等字体包可以在微软的官方主页下载。打开主页后在搜索栏中输入Yu Gothic下载，中文系统下默认转到英文下载界面。下载后单击安装即可自动安装包括Yu Gothic、Yu Micho、Yu Gothic Light、Yu Micho Demibold等共计10种日文专用字体。

在新工作表中将Yu Gothic设置为标准字体时，打开"Excel选项"对话框，在"常规"选项中找到"新建工作簿时"选项组，将默认字体设置为Yu Gothic（**图5**、**图6**）。设置完毕重启Excel后，行与列的标题栏统一设置为Yu Gothic字体，向单元格输入文字时，字体也是Yu Gothic（**图7**）。

需要强调的是，原有的默认设置中显示的"正文字体"是指原工作表"主题"中默认的字体。具体来说，在Excel 2016中为Yu Gothic字体，而包括2013版本在内的之前版本中则为MS PGothic字体。

将现有文档的字体设置为Yu Gothic，将"标准"样式一次性更改。

在"Excel选项"对话框中，即使重新设置标准字体，之前的文档也是不会受到任何影响的。使用MS PGothic字体制作的文档依旧使用MS PGothic字体。但是，根据需要还是有办法可以将原来的MS PGothic字体更改为Yu Gothic字体的。方法有两种，一种是更改该文档的主题"字体"，另一种是更改"标准"样式字体。接下来，我们将介绍第二种更改方法。

更改Excel标准字体

◐**图5** 为新表格重新设置标准字体时，可以在"Excel选项"对话框中完成。在"文件"选项卡中找到"选项"选项后单击打开（❶❷）。

打开需要更改标准字体的工作表，在"单元格样式"按钮的下拉列表中找到"常规"选项后单击右键，打开快捷菜单选择"修改"命令（下页图8）。在"样式"对话框中单击"格式"按钮，打开"设置单元格格式"对话框选择"字体"选项卡，在"字体"列表框中选择Yu Gothic（**图9**、**图10**）。

通过这些设置，原来的文档中MS PGothic字体更改为Yu Gothic字体，页面与打印结果中的偏差也会相应地减少（**图11**）。但这种效果偏差的降低也仅限于标准字体的变更所引起的变化而已，而其他方面并不会受到影响。例如，全选单元格将字体设置为Yu Gothic，打印的结果仍旧还是会出现偏差。

◯ **图6** 在"常规"选项中找到"新建工作簿时"选项组（Excel 2010显示为"使用字体"选项组），选择Yu Gothic（❶~❸），单击右下角"确定"按钮。设置完毕后重新启动Excel，新建工作表中将使用新的标准字体Yu Gothic。

◯ **图7** 上图是常规的MS PGothic字体。下图是新设置的Yu Gothic字体。无论是行标题，还是列标题，全部使用了新的字体，并且单元格的行距，A、B、C等列的标题栏的行距也有所增加。

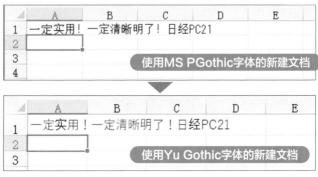

为完成的工作表设置标准字体

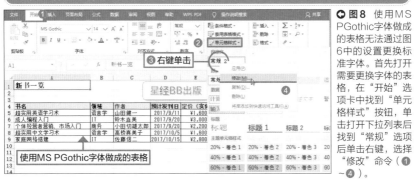

◐ **图8** 使用MS PGothic字体做成的表格无法通过图6中的设置更换标准字体。首先打开需要更换字体的表格，在"开始"选项卡中找到"单元格样式"按钮，单击打开下拉列表后找到"常规"选项后单击右键，选择"修改"命令（❶~❹）。

◐ **图9** 打开"样式"对话框。样式中已经将字体与对齐方式等单元格格式集中设置后，以"常规"、"标题"等名称预设在Excel中。在"常规"设置中，字体预设为MS PGothic。单击"格式"按钮。

◐ **图10** 打开"设置单元格格式"对话框，在"字体"选项卡中的"字体"列表框中选择Yu Gothic选项（❶❷）。字号也可以重新设置。单击"确定"按钮后返回"样式"对话框，再次单击"确定"按钮关闭当前对话框。

A	B	C	D	E
1 新书一览				星经BB出版
2	字体变成Yu Gothic			
3				
4 书名	领域	作者	预计发刊日	定价（实体）
5 超实用英语学习术	语言学	山田健一	2017/9/11	¥1,600
6 成人编程入门	IT	铃木直美	2017/9/20	¥3,000
7 个体经营者营销、市场入门	商务	小田切雄太郎	2017/9/20	¥2,200
8 超实用中文学习术	语言学	高桥真美子	2017/10/5	¥1,600
9 家庭网络搭建	IT	佐藤信二	2017/10/15	¥2,800
10				

◐ **图11** 曾经的MS PGothic字体全部更换为Yu Gothic字体，行距也有所增大。但制作表格时通过手动更改字体的部分不受影响。

使用Meiryo与Meiryo UI字体

字体	示例	说明
MS PGothic	日経PC21	包括Excel 2013在内之前版本的标准字体。
Meiryo	日経PC21	Windows VISTA中使用的标准字体。
Meiryo UI	日経PC21	Windows 7开始使用。行距比Meiryo略窄，文字之间略显拥挤。
Yu Gothic	日経PC21	Windows 8.1开始使用。Excel 2016的标准字体。

○ **图12** 有很多Excel高手更喜欢使用Meiryo与Meiryo UI字体。Meiryo字体的行距与文字间空隙略显过大，而Meiryo UI字体则稍显过窄。顺便说一下，这两种字体中Meiryo的字根是"明了"。

使用Meiryo UI字体制作的文档

打印后几乎没有任何错误

○ **图13** 这是以Meiryo UI字体为例的打印结果。使用Meiryo与Meiryo UI两种字体打印的结果几乎没有任何错误。无论设置哪种标准字体，根据自己的个人喜好与文档类型，进行适当的选择即可。

Meiryo与Meiryo UI字体打印后错误极少

实际上，除了Yu Gothic 字体，还有很多字体打印后的结果都比MS PGothic 要好很多。其中，推荐作为标准字体使用的是Meiryo与Meiryo UI字体（**图12**、**图13**）。

这两种字体无论是页面中还是打印后，可视性极高，深受Excel高手们欢迎。但Meiryo字体的行距与文字间空隙略显过大，而Meiryo UI字体则稍显过窄。无论设置哪种标准字体，根据自己的个人喜好与文档类型进行适当的选择即可。

便捷
小工具

使用有趣而免费的字体来装饰表格

有兴趣的读者可以试试这些日语字体

Shinekyabusyon(chiphead)
http://www.vector.co.jp/soft/data/writing/se314690.html

シェーン、明日は明日の風が吹くわ！
必ず使える！必ずわかる！日経PC21

电影字幕风格，包括平假名、片假名、各种符号以及常用汉字等。

大甘書道体(櫻井 幸一氏)
http://www.vector.co.jp/soft/data/writing/se506577.html

のど元過ぎれば熱さを忘れる
必ず使える！必ずわかる！日経 21

自由奔放的宽体书法字体，只收录部分常用汉字。

Popuramu☆Cute(moji-waku研究)
https://moji-waku.com/poprumcute/

かわいいは正義！誰ももう止めないで！
必ず使える！必ずわかる！日経PC21

超可爱的圆形字体，有漫画字体、Ron-Ron字体之称。

Utsuroku明朝体(Flopdesign)
https://www.flopdesign.com/freefont/utsukushi-mincho-font.html

日本の美を伝える伝統行事が今ここに
必ず使える！必ずわかる！日経PC21

优质而柔和的明朝字体，结合了自创的假名与现有汉字。

怨灵字体(暗黑工房)
http://www.vector.co.jp/soft/win95/writing/se400162.html

誰もいないのに生温かい吐息を背中に受けた
必ず使える！必ずわかる！日経PC21

怨灵风格恐怖字体，收录了JIS二级水平的汉字。

不靠谱的恐怖明朝体(Fontna)
http://www.fontna.com/blog/1371/

田中は体が震えて上着の袖を通せない
必ず使える！必ずわかる！日経PC21

摇摆字体，看起来一点都不恐怖，反而给人柔弱的印象（注）。

Eruma-字体 Windows版
http://www.vector.co.jp/soft/data/writing/se407463.html

帰ったら手洗いとうがいを忘れない
必ず使える！必ずわかる！日経PC21

荧光笔手写风格字体，设有与英文字体相同的等宽字体。

🔾**图1** 设置与文档氛围相匹配的字体，要比设置不拿手的格式更有效果！请读者一定试一试！
※该部分仅供读者参考。

［注］单击"下载字体"按钮，确认蓝色文字的密码后，单击"输入密码后下载"后，在弹出的对话框中输入密码即可开始下载。

根据用途，选择使用个性化的字体可以为文档增色添彩。网上有很多免费的字体可用使用（**图1**）。例如，制作可爱风格的贴纸时，可以使用Popuramu☆Cute字体。因为在Excel中想要完成同样的任务需要添加很多工具，但采用这样的字体可以一次搞定。

图1中的字体以ZIP格式压缩文件的方式提供给读者，下载后需要解压文件，将使用说明与使用规范一起放入字体文件夹即可（**图2**）。其中后缀为ttf或otf的即为字体源文件。双击后可以打开预览界面，单击"安装"按钮可以加入到当前的操作系统中。当再次重启Excel等程序后，从字体栏中选择该字体使用即可。有些字体中并没有收录全部的日语文字，使用时需特别注意。

双击安装字体文件

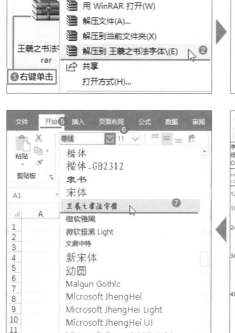

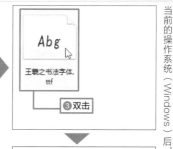

❹ **图2** 下载ZIP格式的字体包之后，单击右键对文件包进行解压缩（❶❷）。解压缩后的文件夹中含有字体源文件，双击打开（❸），单击『安装』按钮（❹）。字体安装到当前的操作系统（Windows）后，打开Excel等程序可以使用该字体（❺~❼）。

告别"渔网阵",美观表格的九成取决于线条

使用Excel制作文档时,渔网阵一样的边框线设计是十分常见的。这种千篇一律的作图风格,使文档缺少了趣味性。本节中,我们将介绍提高表格可视性的技巧。

如果想要表现简约风格,推荐在表格中仅设置水平方向的边框线(**图1**)。结合边框线条的粗细,既表现出表格的简约风格,又提高了数据的可读性,一举两得。

图1下图中调整背景颜色效果也很明显。通过选择背景的颜色,增强读

仅用边框线或背景颜色区分

姓名	英语	数学	语文	理科	社会
青木 修	95	88	62	78	80
赤城 哲也	66	54	68	55	58
秋山 弘道	78	55	69	62	45
浅沼 稔	35	32	55	56	65
池田 文彦	78	88	45	90	84
平均	70.4	63.4	59.8	68.2	66.4

Before

渔网阵风格的边框画线欠缺层次感

姓名	英语	数学	语文	理科	社会
青木 修	95	88	62	78	80
赤城 哲也	66	54	68	55	58
秋山 弘道	78	55	69	62	45
浅沼 稔	35	32	55	56	65
池田 文彦	78	88	45	90	84
平均分	70.4	63.4	59.8	68.2	66.4

After

仅设置水平方向边框线提高表格的可读性

姓名	英语	数学	语文	理科	社会
青木 修	95	88	62	78	80
赤城 哲也	66	54	68	55	58
秋山 弘道	78	55	69	62	45
浅沼 稔	35	32	55	56	65
池田 文彦	78	88	45	90	84
平均分	70.4	63.4	59.8	68.2	66.4

After

背景颜色可以用于演示文档

◐ **图1** 使用Excel制作文档时,渔网状的边框线是经常被使用的一种边框风格。尽管这种设计并没有问题,但缺少层次感,可视性较差。提高Excel操作水平,边框线的设计也是一项重要的内容。在表格中仅设置水平方向的边框线(中),或设置背景颜色(下),都可以大大提升表格的可视性,使表格看起来更加简约、干练。

者对表格的印象。

　　然而，采用这种边框线也是有风险的，那就是会令工作表看起来更宽。而解铃还须系铃人，其解决方法依旧是对边框线的操作。如果将边框线的颜色设置为白色，对表格的整体美感不会产生负面影响（**图2上**）。当然，还有其他的备选方案，将表格隔行设置着色，可以有效地解决这个问题（**图2下**）。无论哪种方式都可以帮助读者左右移动视线时不出现错觉，提高可视性。

最便捷的设置方法—快捷键

　　接下来我们介绍一下具体的操作方法。首先介绍水平边框线的设置方法，操作时取消表示单元格边界的"网格线"，从B2单元格开始录入数据，边框线的效果就显而易见了（下页**图3**）。同时，将数值列中的项目名称设置为右对齐，项目名称与数值的位置保持一致，使数据更耐看。

　　设置边框线有最便捷的方式。首先选定除去最顶行的项目名称行与最底

●提高表格可视性的两种方法

设置用于演示文档的白色边框线

姓名	英语	数学	语文	理科	社会	美术	音乐	技术	体育
青木 修	95	88	62	78	80	85	62	48	80
赤城 哲也	66	54	68	55	58	55	87	98	98
秋山 弘道	78	55	69	62	45	78	80	57	60
浅沼 稔	35	32	55	56	65	45	50	82	90
池田 文彦	78	88	45	90	84	68	76	92	60
平均分	70.4	63.4	59.8	68.2	66.4	66.2	71.0	75.4	77.6

单元格的边界被白色边框线替代

为幅度大的表格设置各行着色

姓名	英语	数学	语文	理科	社会	美术	音乐	技术	体育
青木 修	95	88	62	78	80	85	62	48	80
赤城 哲也	66	54	68	55	58	55			8
秋山 弘道	78	55	69	62	45	78	80	57	60
浅沼 稔	35	32	55	56	65	45	50	82	90
池田 文彦	78	88	45	90	84	68	76	92	60
平均分	70.4	63.4	59.8	68.2	66.4	66.2	71.0	75.4	77.6

每隔一行设置着色

⬆ **图2** 按照图1中的方法，表格越大，设置后愈加显得表格幅度更宽。此时，如果设置白色边框线（上），或是每隔一行设置背景着色（下），都可以有效提高表格的可视性。

制作只有水平边框线的表格

◆ **图3** 当设置水平方向的边框线时，取消表示单元格的网格线，效果会更加明显。在"视图"选项卡中取消"网格线（Excel 2013之前的版本成为框线）"复选框的勾选（❶~❸）。从B2单元格开始录入数据后，上端与左端的边框线也十分清晰（❹）。

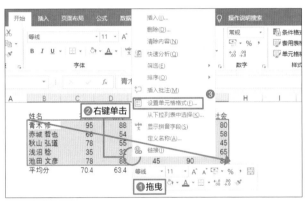

◆ **图4** 选定除去最顶行的项目名称行与最底行的合计行之外的所有数据，单击右键打开"设置单元格格式"命令（❶~❸）。选定目标单元格后同时按下Ctrl+1组合键也可打开"设置单元格格式"对话框。

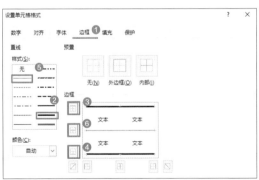

◆ **图5** 打开"边框"选项卡，将上边框与下边框设置粗线（❶~❹）。再为表格内部设置细线（❺❻），最后单击"确定"按钮。

行的合计行之外的所有数据，打开"设置单元格格式"对话框中的"边框"选项卡（**图4**）。接下来，为上边框与下边框设置粗线，为表格内部设置细线（**图5**、**图6**）。之后选择含有项目名称的单元格区域，同时按下Ctrl+Y组合键，这是重复上一步操作的快捷键。通过这种方式，可以为该区域的单元

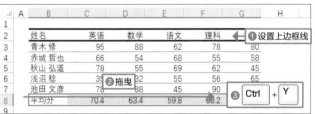

⊘ **图6** 将图5中的设置复制到此处。

边框线设置完毕

⊘ **图7** 使用鼠标拖曳选定项目名称单元格区域，按下Ctrl+Y组合键重复前一步操作（❶❷）。F4键具有相同的功能。

❶拖曳

❷ Ctrl + Y

⊘ **图8** 为项目名称栏的上边框设置为粗线（❶）。选择底部"平均分"行按下Ctrl+Y组合键复制前一步的操作，为底部边框设置同样的线条（❷❸）。

❶设置上边框线

❷拖曳

❸ Ctrl + Y

打印前设置打印区域

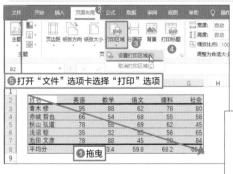

❺打开"文件"选项卡选择"打印"选项

❶拖曳

⊘ **图9** 如果只需打印从B2单元格开始的区域，可以设置打印区域。选择全部表格后，打开"页面布局"选项卡，从"打印区域"按钮的下拉列表中选择"设置打印区域"选项（❶~❹）。之后，单击"文件"选项卡中的"打印"按钮（❺），开始正常的打印作业。如需图10中的打印方式，需按照❶~❺进行设置。

❷仅打印设置"打印区域"的范围

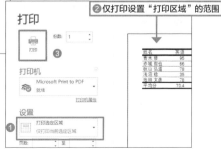

⊘ **图10** 在打印面板中的"设置"选项组中，选择"打印选定区域"后，将仅打印图9中❶处设置的"打印区域"的内容（❶~❸）。

设置单元格着色与白色边框，提高表格可视性

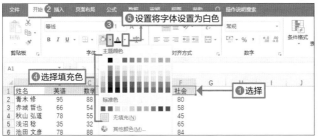

◐图11 首先为项目名称栏设置着色。选定该单元格区域，单击"开始"选项卡中的"填充颜色"按钮（❶～❹）。单元格中填充偏浓的颜色时，须将字体设置为白色（❺）。

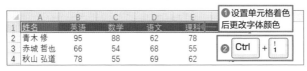

◐图12 设置完单元格着色后，按下Ctrl+1组合键打开"设置单元格格式"对话框（❶❷）。

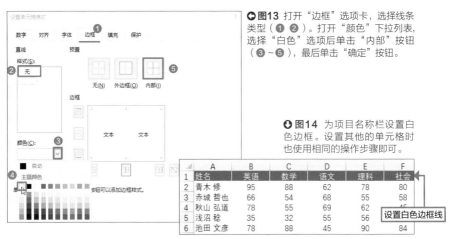

◐图13 打开"边框"选项卡，选择线条类型（❶❷）。打开"颜色"下拉列表，选择"白色"选项后单击"内部"按钮（❸～❺），最后单击"确定"按钮。

◐图14 为项目名称栏设置白色边框。设置其他的单元格时也使用相同的操作步骤即可。

格的上端与下端同时设置粗线（**图7**）。最后选定"平均分"行，再次按下Ctrl+Y组合键，对其也设置相同格式的边框线（**图8**）。

　　需要注意的是，打印从B2单元格开始的区域，表格的上侧与左侧会出现过度的留白。为了避免这种现象，可以设置表格的打印区域，选择仅打印含有数据的区域（前页**图9**）。一旦设置打印区域后，每次都会从表格的左上角开始打印。如果只是一次性的打印设置，从表格的打印设置中设置"打印区域"即可（**图10**）。

设置灰色

◆ **图15** 首先，按照图11的操作方法，先为一行单元格设置填充色。

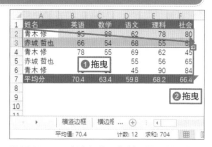

❶拖曳

❷拖曳

◆ **图16** 下一步选择前两行单元格区域，拖曳右下角的黑色十字图标（❶ ❷）。

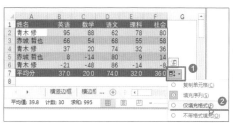

◆ **图17** 不必担心数据被更改。单击右下角的智能选项卡，选择"仅填充格式"单选按钮（❶ ❷）。

◆ **图18** 数据恢复到原始状态，隔行着色设置完毕。

隔行着色
设置完毕

设置隔行着色时活用智能选项卡

接下来介绍背景色的设置方法。从"开始"选项卡中的"填充颜色"按钮开始设置。首先为项目名称栏的单元格区域设置着色（**图11**）。

选定需要设置白色边框线的单元格范围，打开"设置单元格格式"对话框中的"边框"选项卡（**图12**）。在"颜色"下拉列表中选择"白色"选项，单击"内部"按钮，单元格的纵横边框线被设置为白色（**图13**、**图14**）。

设置隔行着色时可以使用格式复制功能。首先，选定一行单元格对其设置着色，再选定与其相邻的行使用右下角的十字图标，两行一起拖曳（**图15**、**图16**）。但拖曳后会出现数据填充或变化等问题，使用右下角的智能选项卡，单击"仅填充格式"单选按钮（**图17**）。数据恢复到原始状态，隔行着色设置完毕（**图18**）。

Part 3

文档·制图

制表篇

让标题更立体的
边框线设置技巧

充分发挥边框线的功能，可以让标题看起来具有3D效果（立体感）（**图1**）。虽然前一节中介绍了关于边框线的设置方法（"设置单元格格式"对话框中的"边框"选项卡），但技多不压身，多掌握一些技巧终究不是坏事。

首先，将使用中间色系的浓色为单元格设置着色，其次，用同色系的淡色设置单元格左侧与上侧的粗线边框（**图2、图3**），再次，用同色系的浓色设置单元格下侧与右侧的粗线边框（**图4**）。调整后的按钮，仿佛被从来自左上方的光线照射，熠熠生辉。通过淡色、中色和浓色的组合搭配，制作出明暗效果。

这或许与哥伦布竖鸡蛋如出一辙，但要想做到这些，需要对边框设置界面有充分的理解。在边框设置界面中，需要对水平方向的上侧、内部和下侧，以及垂直方向的左侧、内部和右侧设置不同的颜色与粗细的线条。在目标位置实际操作之前，通过预览面板设置线条的粗细与颜色是整个操作的核心。

使用边框线设置光影效果

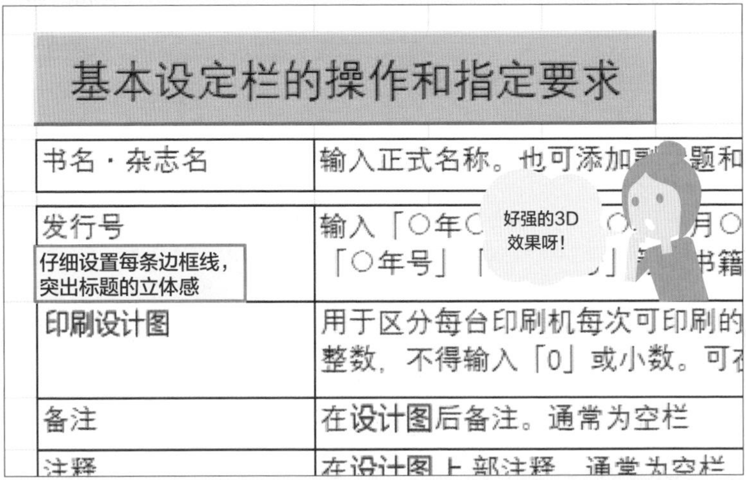

基本设定栏的操作和指定要求

书名·杂志名	输入正式名称。也可添加副标题和
发行号	输入「○年○...
仔细设置每条边框线，突出标题的立体感	「○年号」「... 」等书籍
印刷设计图	用于区分每台印刷机每次可印刷的整数，不得输入「0」或小数。可有
备注	在设计图后备注。通常为空栏
注释	在设计图上部注释，通常为空栏

好强的3D效果呀！

◆图1 通过设置，突出了蓝色背景下标题的立体感。左侧与上侧采用了淡蓝色的粗线条，下侧与右侧使用了深蓝色的粗线条，视觉效果不言而喻。

区分使用淡色、中色和浓色

◆◆图2 为合并单元格中的标题设置格式。选定后单击"开始"选项卡中的"填充颜色"按钮，选择中段的蓝色系（❶～❹）。避免选择极浓或极淡的颜色。

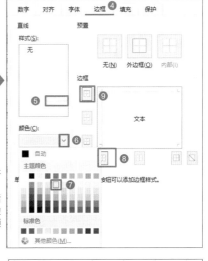

◆◆图3 单击"边框"按钮右侧的▼按钮，打开下拉列表，选择"其他边框"选项（❶～❸）。使用Ctrl+1组合键打开"设置单元格格式"对话框后再选择"边框"选项卡也可以。打开"边框"选项卡，选择"样式"中最粗的线条，"颜色"下拉列表中选择"蓝色"选项（❹～❼）。单击"上边框"与"左边框"按钮（❽❾）。

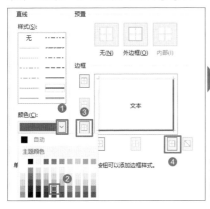

基本设定栏的操作和指定要求	
书名·杂志名	输入正式名称。也可添加副标题
发行号	输入「○年○月号」「○年○月 「○年号」「○年春号」等。书
印刷设计图	用于区分每台印刷机每次可印刷 整数，不得输入「0」或小数。
备注	在设计图后备注。通常为空栏
注释	在设计图上部注释。通常为空栏

◆◆图4 再次打开"颜色"下拉列表，选择"深蓝色"选项，单击"下边框"与"右边框"按钮（❶～❹）。设置结束后单击"确定"按钮关闭对话框，完成对标题的立体化设置。

快速调整表格外观的秘诀

制表篇

设置样式，调整表格外观

产品类别	数量	租赁日期	周	预计返还日期	租赁单价	租赁总额
笔记本电脑	2	2017/8/1	2	2017/8/15	¥2,500	¥10,
投影仪	1	2017/8/2	1	2017/8/9	¥1,500	¥1,
平板电脑	5	2017/8/4	4	2017/9/1	¥2,200	¥44,0
打印机	1	2017/8/4	1	2017/8/11	¥1,700	¥1,700
显示器	2	2017/8/5	2	2017/8/19	¥2,000	

Before 平淡无奇！

⬆ **图1** 表格中以行为单位，每行录入一项信息。将标题行（水平位置）设置为"中间对齐"，金额设置为"货币"格式。未设置边框或背景着色等单元格区域，通过"套用表格格式"可以轻而易举地调整表格格式。

产品类别 ▼	数量 ▼	租赁日期 ▼	周 ▼	预计返还日期 ▼	租赁单价 ▼	租赁总额 ▼
笔记本电脑	2	2017/8/1	2	2017/8/15	¥2,500	¥10,000
影仪	1	2017/8/2	1	2017/8/9	¥1,500	¥1,500
板电脑	5	2017/8/4	4	2017/9/1	¥2,2	¥44,000
印机	1	2017/8/4	1	2017/8/11	¥1,	
显示器	2	2017/8/5	2	2017/8/19	¥2,000	

After 隔行着色，视觉效果明显增强！

⬆ **图2** 本例中设置了蓝色系"表格格式"，每隔一行自动设置背景颜色。如果觉得颜色过于鲜艳，取消背景着色即可。

产品类别 ▼	数量 ▼	租赁日期 ▼	周 ▼	预计返还日期 ▼	租赁单价 ▼	租赁总额 ▼
笔记本电脑	2	2017/8/1	2	2017/8/15	¥2,500	¥10,000
影仪	1	2017/8/2	1	2017/8/9	¥1,50	
板电脑	5	2017/8/4	4	2017/9/1	¥2,20	
印机	1	2017/8/4	1	2017/8/11	¥1,70	
显示器	2	2017/8/5	2	2017/8/19	¥2,000	¥8,000

After 还可以自定义颜色风格

产品类别 ▼	数量 ▼	租赁日期 ▼	周 ▼	预计返还日期 ▼	租赁单价 ▼	租赁总额 ▼
笔记本电脑	2	2017/8/1	2	2017/8/15	¥2,500	¥10,000
影仪	1	2017/8/2	1	2017/8/9		
板电脑	5	2017/8/4	4	2017/9/1		
印机	1	2017/8/4	1	2017/8/11	¥1,700	¥1,700
显示器	2	2017/8/5	2	2017/8/19	¥2,000	¥8,000

After 用于文档演示的背景着色与白色边框

⬆ **图3** 当找不到理想的样式时，也可以创作自定义风格。上图中设置黑色边框线的简约风格的表格样式。下图中设置了全色背景，内部采用了白色边框。

图1中首行输入标题栏，第二行之后以行为单位每行录入一项信息。如果将这种格式的表格设置"表格格式"后，整体效果瞬间提高不少（**图2**）。设置套用表格格式后，排序和筛选的功能也可以使用（**图3**），但此处我们的着眼点在于外观。接下来我们介绍一下自定义样式的操作方法。

选择样式变换格式

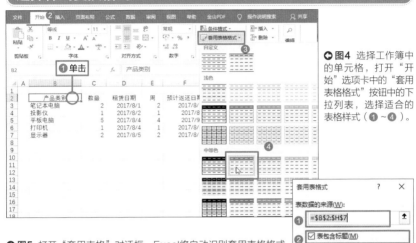

◐ **图4** 选择工作簿中的单元格，打开"开始"选项卡中的"套用表格格式"按钮中的下拉列表，选择适合的表格样式（❶~❹）。

◑ **图5** 打开"套用表格"对话框，Excel将自动识别套用表格格式的单元格范围（❶）。勾选"表包含标题"复选框后单击"确定"按钮（❷❸）。

◑ **图6** 选择整个表格，设置适当风格的表格格式。Excel自动将完成的表格命名为"表格1"。在"设计"选项卡中的"表名称"文本框中可以确认和更改表格的名称（❶❷）。除标题栏之外，表格中其他的数据都可以通过VLOOKUP等函数进行查询与引用等操作。

●更改表格样式

○ 图7 对于颜色过于鲜艳的隔行背景着色，清除方法也十分简单。在"表格格式"的"设计"选项卡中，取消"镶边行"复选框的勾选即可（**❶ ❷**）。

○ 图8 表格格式的样式风格在后期也可以轻松更改。在"表格格式"的"设计"选项卡中单击"其他"按钮，在下拉列表中选择合适的样式即可（**❶ ❷**）。

表格样式种类丰富，方便选择

　　设置表格套用格式时，选择格式中的任意单元格，单击"开始"选项卡中的"套用表格格式"按钮，选择适当的格式风格即可（前页**图4**）。其后在自动弹出的对话框中，会自动识别将要设置的单元格范围。识别范围正确时，勾选"表包含标题"复选框后单击"确定"按钮即可（**图5**）。

　　到此为止，表格样式设置完毕（**图6**）。设置后的表格将被自动命名为"表格1"，这个名称可以在公式中引用。在"设计"选项卡中的"表名称"文本框中可以确认和更改表格的名称。

　　Excel中预设的表格样式中，经常出现颜色浓重的隔行着色设计。对于数据行数少的表格来说，这样的着色未免有些过于鲜艳。如果需要取消隔行着色，在"表格格式"的"设计"选项卡中，取消"镶边行"复选框的勾选即可（**图7**）。在相同的"设计"选项卡中，后期也可以对表格格式的样式进行重新设置，简便快捷（**图8**）。

自定义表格格式风格

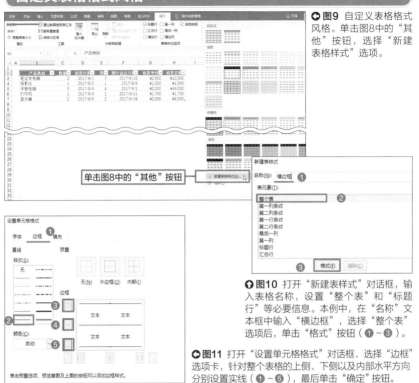

○ **图9** 自定义表格格式风格。单击图8中的"其他"按钮,选择"新建表格样式"选项。

单击图8中的"其他"按钮

○ **图10** 打开"新建表样式"对话框,输入表格名称,设置"整个表"和"标题行"等必要信息。本例中,在"名称"文本框中输入"横边框",选择"整个表"选项后,单击"格式"按钮(❶~❸)。

○ **图11** 打开"设置单元格格式"对话框,选择"边框"选项卡,针对整个表格的上侧、下侧以及内部水平方向分别设置实线(❶~❺),最后单击"确定"按钮。

除此之外,在"插入"选项卡中使用"表格"按钮也可以对表格的样式进行设置。但此时只能选择预设的表格样式,如果需要更改,仍要在"设计"选项卡中进行相关操作。

设置自定义风格,变换格式

预设的表格风格中找不到想要的风格时,可以通过自定义设置独创样式。单击"表格样式"中"其他"按钮(**图8**),或从"套用表格样式"(**图4**)按钮的下拉列表中选择"新建表样式"选项(**图9**)。

打开"新建表样式"对话框,输入样式名称,设置"整个表"和"标题行"等必要信息。前者针对整个表格,后者针对第一行的项目名称分别进行了相应的设置。在本例中,首先选择"整个表"选项,单击"格式"按钮(**图10**)。

● **图12** 返回到"新建表快速样式"对话框，选择"标题行"选项后再次单击"格式"按钮（❶❷）。

● **图13** 打开"设置单元格格式"对话框，在"字体"选项卡中选择"加粗"选项和深蓝色系的颜色（❶~❸）。

● **图14** 再次打开"设置单元格格式"对话框，选择淡橙色的背景颜色（❶❷）。单击"确定"按钮后返回图12对话框，再次单击"确定"按钮。

打开"设置单元格格式"对话框，在"边框"选项卡中设置水平方向的边框线（**图11**）。按照同样的操作方法，再对"标题行"的字体与着色进行相应的设置（**图12**~**图14**）。

　　设置好的表格样式，被自动添加到"套用表格格式"(图4)与"表格样式"（**图8**）下拉列表中（**图15**）。在今后的操作中，这些自定义的表格样式与预设的一样，都可以设置到新的表格中使用。

　　如图3中的下图，按照同样的操作方式，也可以将白色边框设置为新的表格样式，此处的要点是白色边框的设置方法（**图17**）。当针对"整个表"设置边框需事先选择白色。

●应用独创的表格样式

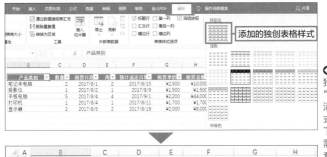

⊙**图15** 设计完毕的独创表格样式将以"自定义设置"的形式添加到"套用表格格式"与"表格样式"下拉列表中（图8），需要使用时直接选择套用即可。

●修改独创表格样式的格式

⊙**图16** 需要修改独创表格样式的格式时，从下拉列表中找到相应表格样式后单击右键，在快捷菜单中选择"修改"命令（❶❷）。预设的表格样式是无法修改的，但可以先"复制"再对其进行修改。

●设置白色边框线时需事先选择白色

笔记本电脑	2	2017/8/1	2	2017/8/15	¥2,500
投影仪	1	2017/8/2	1	2017/8/9	¥1,500
平板电脑	5	2017/8/4	4	2017/9/1	¥2,200
打印机	1	2017/8/4	1	2017/8/11	¥1,700

⊙**图17** 将表格背景设置为淡橙色和白色边框，并将该样式命名为"橙色背景"。针对"整个表格"设置边框时的操作重点是在"颜色"下拉列表中选择白色后单击相应的内部边框按钮。

便捷 小工具
分两段打印横向 表格的窍门

　　从公司数据库中提取的数据很多都是幅度非常宽的表格。如果直接打印，要么页数很多，要么缩小在一页纸时文字很小。这时需要对打印格式进行重新设置，将大宽度的表格分割成数个部分后再进行打印（**图1**）。具体操作方式是将单元格以"图片"的形式进行复制。

　　首先，复制需要打印的第一部分单元格（**图2**）。复制后，将其以"图片"形式粘贴到新的工作簿中（**图3**）。与处理图片文件一样，按照需要的大小，使用鼠标拖曳进行相应的调整。但这种操作与复制单元格有所不同，可以通过目视确认列宽与行高保持不变。

　　接下来，在与第一部分大小相同的单元格区域内，删除含有顾客姓名的

❶**图1** 如果将大宽度的表格压缩到一张纸打印字体会变小，而将其分为数张纸打印又会造成不必要的浪费。现在介绍一些将同一个表格分为两部分，打印在同一张纸上的操作技巧。即使在第二部分中也能打印出顾客姓名。

列（**图4**）。这样就得到了第二部分的表格，将其复制后以"图片"形式粘贴到图3右侧的工作簿中（**图5**）。如果遇到经过将此操作还没有结束的超宽表格，就继续重复当前的操作，得到第三部分、第四部分……直到复制完整个表格。需要保留原表格时，将其另存为即可。

分割后以"图片"形式粘贴

●**图2** 选择需要打印的第一部分单元格区域，单击"开始"选项卡中的"复制"按钮（❶～❸）。

❶选择需要打印的第一部分单元格区域

以图片形式粘贴

新工作簿

●●**图3** 打开新工作簿，单击"粘贴"下方的▼按钮，在下拉列表中选择"图片"选项（❶～❸），将复制后的结果以图片形式粘贴到新的工作簿。将光标放在图片中间拖曳鼠标可以移动该图片，将其放在四周白色圆圈中拖曳鼠标可以调整图片大小。

❶拖曳第一部分的标题列

❷右键单击

保留顾客姓名

❸选择

●**图4** 返回到原工作簿，将复制范围除顾客姓名外的全部内容删除（❶～❸）。操作过程中不要使用覆盖保存。

复制第二部分，将其以"图片"形式粘贴到图3右侧工作簿中

●**图5** 图1中还残留部分表格。将其复制作为第二部分，以"图片"形式粘贴到图3右侧工作簿中。

调整"主题"与"颜色"，让你的表格更加成熟

精心挑选能够设置为基础色调的颜色

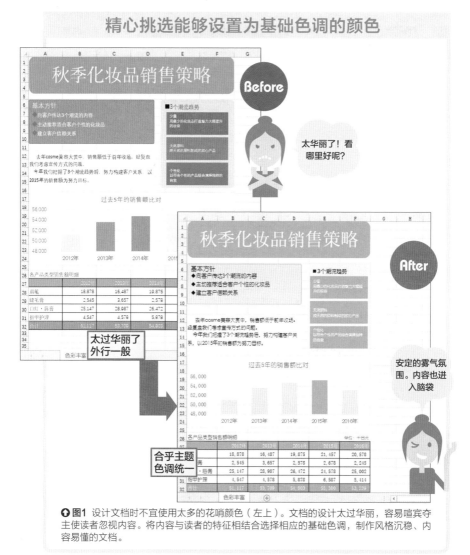

↑图1 设计文档时不宜使用过多的花哨颜色（左上）。文档的设计太过华丽，容易喧宾夺主使读者忽视内容。将内容与读者的特征相结合选择相应的基础色调，制作风格沉稳、内容易懂的文档。

主编：桑原徹（Kuwa Design）

前页示例中，第一份文档使用色彩过于华丽，与内容主次不分，喧宾夺主。这种华丽的设计，让使用者觉得很不成熟，想表达的内容不够清晰（**图1左**）。而**图1右下**文档，斟酌颜色设计，无疑是一件优秀文档。

制作文档时，颜色的选择需要充分考虑"想表达的内容"与"听众"的融合。制作印象文相关的文档，可以考虑使用蓝色系等冷色调颜色，而强调朝气蓬勃的气氛时，可以考虑使用粉色系或黄色系等暖色调颜色。在此基础上，将需要突出的内容再设置为其他的颜色，表现效果将大大提高。

灵活使用调色盘，设置色调三步走

然而，优秀的色彩设计不是一蹴而就的，可以参照**图2**将其分为三步分别设置。即1更换主题；2搭配颜色；3颜色微调。

首先需要掌握的是如何在Excel中设置"主题"。所谓主题，是Excel预设的具有统一感的表格格式，包括"背景色"、"字体"、"效果"等内容。切换主题时，色调与字体等也随之变化。切换方法也很简单，从"页面布局"选项卡中单击"主题"按钮，从下拉列表中选择所需的选项即可（下页**图3**）。

同时，由于主题的变换会导致列宽与行距也发生变化，因此需要手动调整。当熟悉主题的特点后，下次操作时可以先完成文档，再设置主题。

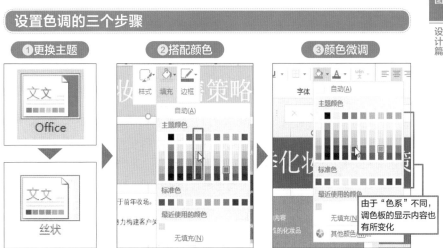

设置色调的三个步骤

❶更换主题　　❷搭配颜色　　❸颜色微调

> 由于"色系"不同，调色板的显示内容也有所变化

❶ **图2** 设置色调分为三步，分别是1更换主题；2搭配颜色；3颜色微调。如果在第一步即可得到满意的结果则设置结束。否则，当需重置整个表格的色调时则执行第二步。最后，需要对个别图形与单元格进行微调时则执行第三步。

更换主题

❸选择主题

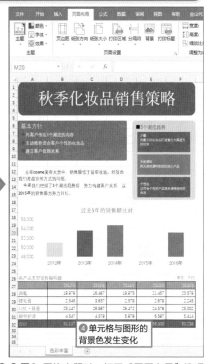

❹单元格与图形的背景色发生变化

◐◑**图3** 更换主题时，打开"页面布局"选项卡，选择合适的"主题"（❶～❸）。设置后，单元格与图形的背景色发生变化（❹）。由于主题不同，字体与图形效果也会发生变化，有时需要根据实际情况手动调整单元格的大小和字号。

需要对整体色调进行设置时，可以从颜色开始调整（**图4**）。Excel预设了从"暖色系的蓝色"到"黄色系的橙色"等多种色系可供选择。但主题与颜色的种类会因Excel版本的不同而产生差异。

最后，需要对图形或表格的颜色进行微调整时，单独对其设置"填充"颜色即可。调整图形时，单击右键从快捷菜单中进行设置，方便快捷（**图5**）。在颜色下拉列表（调色盘）中的"主题颜色"，会根据主题的变化而自动切换。左右单元格显示不同色系的颜色，上下单元格显示不同浓淡的颜色。需要统一色调时，设置同一列的颜色或同一行的颜色即可。图5中的示例采用了前者，统一选用粉红色系设置颜色的深浅。

搭配颜色

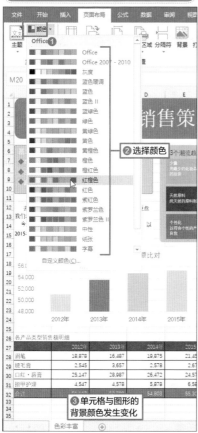

② 选择颜色

③ 单元格与图形的背景颜色发生变化

◆ **图4** 设置搭配颜色时，可从"颜色"按钮中选择需要的颜色组合。移动光标，与颜色重合后会自动显示效果预览，可以实时判断适合文档的颜色搭配（**①~③**）。

颜色微调

① 右键单击

③ 选择图形的填充颜色

◆ **图5** 右键单击图形的外框，选择"填充"命令，可以设置图形的填充颜色（**①~③**）。图表颜色的设置也是同样的方法。

设计篇

使用"网格布局"
确定A4表格

无需创意！任何人都能完成的美观布局

⬆ 图1 使用Excel制作单页A4文档时，经常会使用大众化的页面布局。然而，千篇一律的文章布局并不能归结于Excel的功能不够强大，只需通过基本设置，就可以做出与众不同的Excel文档。

主编：桑原徹（Kuwa Design）

　　有很多人制作单页A4文档时，通常会选择Excel而不是Word。这是因为设置图片或表格的布局更容易。然而，**图1左**中使用Excel制作的这种风格的文档布局未免有些单调。接下来，我们将介绍**图1右**中文档的操作技巧。实际上，这个文档是设计师将DTP软件中设计好的文档通过Excel再现的结果。掌握技巧后，Excel也能实现同样的效果。

手写决定大致布局

◆↑图2 网格布局是指将纸张用网格分割成不同的单元，再按照需求设置相关内容。图片左侧是3×3格式，右侧是3×2格式的网格布局。突然使用Excel设计布局或许有些不习惯，读者可以通过手写先在白纸上画出蓝图（上图）。

使用Excel完成专业美工的"网格布局"

图1右图中的文档是按照"网格布局"进行设计的。网格布局是指将纸张用网格分割成不同的单元，再为每个单元设计标题、文本和图片等元素。这种设计方法是专业美工经常使用的，但对于普通用户也很有帮助。无需别出心裁的创意，只要把握好整体的平衡感就可以创作出很漂亮的文档。

网格布局中最重要的一点是不能直接应用在Excel中，可以将操作分为几个步骤。首先在白纸上画出网格，每个单元设置什么内容，事先设计蓝图（**图2**）。A4纸经常使用的网格是3×2、3×3、4×3和4×4等布局。可以多设计几张类似的布局，从中挑选最满意的一张。满意的设计图就是即将在Excel中操作的设计蓝图。如果没有设计蓝图，很难在Excel中展开操作，因此建议读者一定要事先设计一张蓝图。

下一步，我们将在Excel中开始具体操作。在本例中，将打印纸设置为无边距打印，即将上下的页边距设置为0（下页**图3**）。

接下来，调整单元格列宽与行距使其形成网格。本例中使用3×3的布局格式，为了明确打印效果，先调整"页面布局"（**图4**）。

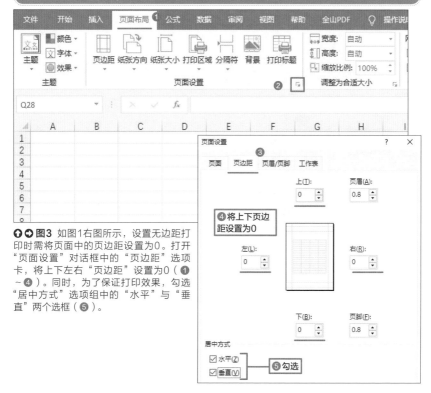

图3 如图1右图所示，设置无边距打印时需将页面中的页边距设置为0。打开"页面设置"对话框中的"页边距"选项卡，将上下左右"页边距"设置为0（❶~❹）。同时，为了保证打印效果，勾选"居中方式"选项组中的"水平"与"垂直"两个选框（❺）。

集中调整列宽，设置3×3网格布局

下一步调整列宽。同时选定多个标题栏调整列宽时，可以将其统一设置为相同的尺寸。本例中左右留白以及A列、C列、E列、G列等网格单元之间的间隙设置为13毫米，而B列、D列、F列等网格之间的间隙设置为55毫米。设置后，水平方向的排列分别是留白（A列）、网格单元（B列）、间隙（C列）、网格单元（D列）、间隙（E列）、网格单元（F列）和留白（G列）。

将A列与G列设置为留白，而设计内容分布于中间的B~F列中。页面设置中将页边距设置为0，因此不能保留任何留白。G列作为右侧留白，图片的右侧部分可以溢出，而标题与正文不能溢出到G列中。同时，打印时还要将打印机设置为"无边距"打印。由于打印机种类不同，图片部分可能会溢出到第二页中，此时只需打印第一页即可。

设置单元格尺寸，构成网格单元

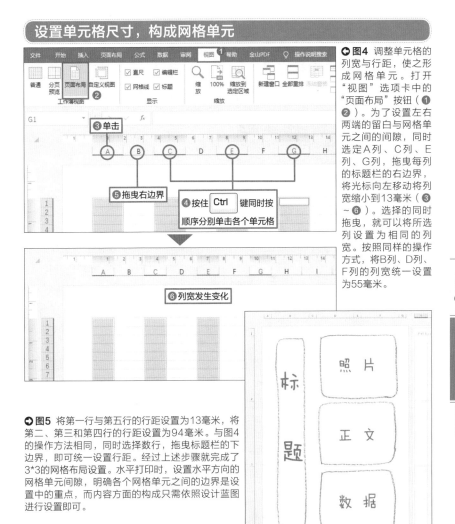

○**图4** 调整单元格的列宽与行距，使之形成网格单元。打开"视图"选项卡中的"页面布局"按钮（❶❷）。为了设置左右两端的留白与网格单元之间的间隙，同时选定A列、C列、E列、G列，拖曳每列的标题栏的右边界，将光标向左移动将列宽缩小到13毫米（❸~❻）。选择的同时拖曳，就可以将所选列设置为相同的列宽。按照同样的操作方式，将B列、D列、F列的列宽统一设置为55毫米。

○**图5** 将第一行与第五行的行距设置为13毫米，将第二、第三和第四行的行距设置为94毫米。与图4的操作方法相同，同时选择数行，拖曳标题栏的下边界，即可统一设置行距。经过上述步骤就完成了3*3的网格布局设置。水平打印时，设置水平方向的网格单元间隙，明确各个网格单元之间的边界是设置中的重点，而内容方面的构成只需依照设计蓝图进行设置即可。

重点是明确各个网格单元之间的间隙

将C列与E列设置为两个单元之间的间隙。本例中，水平方向三个网格单元并排排列，在其中间设置间隙。在网格布局中，这个间隙意味着每个网格单元的边界，由此确保正文整齐排列。间隙可依照正文方向设置，水平显示则设置水平间隙，垂直显示则设置垂直间隙。

以零件组装的方式拼凑页面布局

设置无边距图片
（图11）

图片正下方设置说明文字
（图12、图13）

垂直方向特大标题（图7~图10）

正文（图14）

自由设置行间距（图15、图16）

⚫ **图6** 完成图。将本例中处理标题、图片、正文以及数据的方式掌握后，按照自己的创意构建布局。

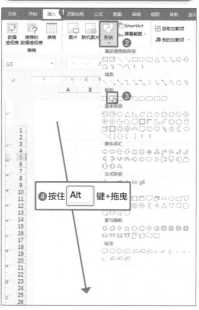

插入图形输入标题

❹按住 Alt 键+拖曳

⚫ **图7** 设置标题用形状。在"插入"选项卡中打开"形状"按钮中的下拉列表，选择"圆角矩形"选项，然后将图形在需要设置的位置拖曳。拖曳时按住Alt键，可以将图形正好设置为符合空隙的大小（❶~❹），与左侧三个网格单元大小相同。

列宽设置完毕后继续设置行距。将充当留白的第一行与第五行的行距设置为13毫米，将充当网格单元间留白的第二、第三和第四行的行距设置为94毫米（前页**图5**）。遇到水平方向文字时，垂直方向的网格单元之间不设置间隙。垂直方向的网格单元顶多算是设计时的备选方案。而在实际排列时，上下位置不一定要对其网格单元之间的空隙设置。

根据**图6**中的完成图，在Excel表中插入形状设置垂直显示的标题。从"插入"选项卡中打开"形状"下拉列表，选择"圆角矩形"选项。拖曳形状时按住Alt键可以将形状正好设置为与所在区域相匹配的大小（**图7**）。在网格布局中，操作重点是沿着网格设置内容。

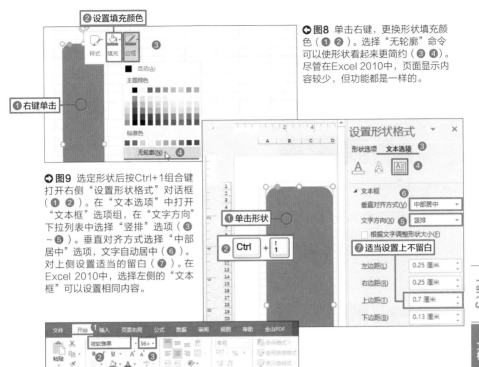

○**图8** 单击右键，更换形状填充颜色（❶❷）。选择"无轮廓"命令可以使形状看起来更简约（❸❹）。尽管在 Excel 2010 中，页面显示内容较少，但功能都是一样的。

○**图9** 选定形状后按 Ctrl+1 组合键打开右侧"设置形状格式"对话框（❶❷）。在"文本选项"中打开"文本框"选项组，在"文字方向"下拉列表中选择"竖排"选项（❸~❺）。垂直对齐方式选择"中部居中"选项，文字自动居中（❻）。对上侧设置适当的留白（❼）。在 Excel 2010 中，选择左侧的"文本框"可以设置相同内容。

○**图10** 单击形状外框选定后打开"开始"选项卡，设置字体与字号（❶~❹）。设置文字格式时，可以以一个字符为单位分别设置。可以拖曳选择形状内的文本字符，统一设置字号等内容。

按住Ctrl键并拖曳，使图形与网格紧密相连

　　下一步设置形状的颜色与轮廓（**图8**）。设置"无轮廓"可以让形状看起来更加简约。打开"设置形状格式"对话框，文字方向设置为"竖排"，垂直对齐方式选择"中部对齐"选项（**图9**），再将上侧保留适当的留白。

　　打开"开始"选项卡，设置字体、文字颜色与字号，输入标题（**图10**）。文字的格式可以以单个字符为单位分别进行设置，同时输入副标题。需要设置副标题的字号等项目时，拖曳选定后即可设置。

插入图片，设置无边距

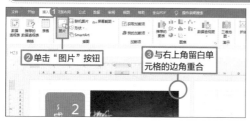

❷单击"图片"按钮

❸与右上角留白单元格的边角重合

◐**图11** 插入图片时，打开"插入"选项卡，单击"插图"选项组中的"图片"按钮进行操作（❶ ❷）。操作重点是将右上角设置无边距，并将其与作为留白的右上角单元格完全重合（本例中为G1单元格）（❸）。按住Alt键拖曳图片边缘，可以使其与单元格边缘自动重合。同时，单击鼠标右键，选择"裁剪"命令可以去掉图片中多余的部分。

使用文本框，适当设置图片说明

❺ Alt +拖曳

❶按下 Alt 键

▲奔向烟火大会的孩子们

▲奔向烟火大会的孩子们

❷垂直方向慢慢向上移动

⊙**图12** 使用文本框，设置图片说明。打开"插入"选项卡，单击"文本"按钮，选择"文本框"选项，再选择下拉列表中的"绘制横排文本框"选项，按住Alt键+拖曳（❶～❺）。按照图8中的操作要点，设置"无轮廓"。同时，按照图9中的要点，将左右边距设置为0，文本框刚好嵌入到网格单元之间。

⊙**图13** 文本框尺寸如果过大，可以拖曳位于上边或下边中间部位的圆圈进行调整高度。选定整个文本框，使用方向键中的上下键，可以使其在垂直方向移动（❶❷）。

设置零边距图片，突出正文分栏

通过"插入"选项卡中的"图片"选项插入图片。如前文所述，按住Alt键同时拖曳，可以使其与留白单元格完美填充（**图11**）。拖曳顶部调整图片尺寸。需要裁剪图片时，单击右键选择"裁剪"，图片四周会呈现黑色线段，使用鼠标拖曳即可将其裁剪至所需范围。

下一步，插入文本框设置图片说明。本例中插入"绘制横排文本框"选项（**图12**）。按住Alt键拖曳文本框，可以使其与单元格边界完美重合，然后再调整高度。当将其设置在图片正下方时，拖住外框，使用方向键进行微调（**图13**）。如果使用鼠标进行拖曳，在水平位置上，会导致与单元格的边

使用文本框设置正文分栏

⏫⏬**图14** 设置正文也可以使用文本框，本例中也选择了"无轮廓"选项。在"设置形状格式"对话框中，将上下左右的页边距全部设置为0，使文章在垂直方向能够与网格完美重合（①～③）。需要设置分栏时，单击"分栏"按钮，输入数量与间距即可（④～⑥）（注）。

通过"多倍行距"调整行间距

⏫**图15** 将文字录入到文本框或形状中时，需要调整行间距。首先选择需要调整的文字，单击右键选择"段落"命令（①～③）。

⏫**图16** 在默认设置中，"行距"下拉列表中显示为"单倍行距"，现在将其设置为"多倍行距"，并在右侧数值框中输入相应的数值（①②）。如果使用Yu Gothic或Yu Mincho等字体，可以设置为0.8～1.2。

际出现微妙的顺移，操作时需引起注意。

　　设置正文也可以使用文本框，网格布局中习惯沿着网格方向设置。在本例中设置了两个段落。在"设置形状格式"对话框中设置两个段落的结构，并设置段与段之间的间隔（**图14**）。

　　向形状或文本框输入文字时，行间距过大或过小就会失去平衡感，但这是可以调整的。全选文本框内所有文字，右击选择"段落"命令（**图15**）。在默认设置中，"行距"为"单倍行距"，现在将其设置为"多倍行距"，将数值设置为0.8、1.2等（**图16**）。

[注]设置段落分割线时从"插入"选项卡中单击"形状"按钮选择"直线"选项。

巧用留白制作
令人羡慕的印刷品

打印篇

　　文档制作完成后都希望立即打印出来，再考虑一下是否还有修改的余地，特别是页数较多的文档。如果要发给别人看，加入页码会让读者感觉更加亲切（**图1**）。如果是要交给客户的文档，那么在所有页面中加入公司LOGO也会大大提高文档的格调。

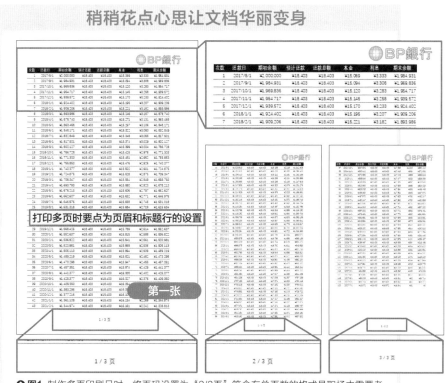

⬆图1 制作多页印刷品时，将页码设置为"2/3页"等含有总页数的格式是职场中需要考虑的内容。本节中将学习如何设置LOGO、每页打印标题行等内容。

页数多的表格中还需要考虑标题行。在多页文档中，如果直接打印则只有第一页包含标题行，其余的页面中则不包含标题行，这将对浏览之后的内容造成很大的不便。接下来，我们将为所有的页面设置标题行和打印格式。

充分利用页面布局，设置页码等打印选项

在打印中设置页码时，需要充分利用页面的留白。通常，将纸张的上侧留白称为"页眉"，下侧留白称为"页脚"。在Excel中，页眉与页脚还可以设置更多重要的信息。设置方法有很多，其中最简便的是在"页面布局"中设置（**图2**）。在这个界面中，可以以工作簿的形式设置包括留白在内的所有纸张。

单击被称为页眉与页脚的纸张的上侧与下侧，可以对其内容进行编辑。编辑时，菜单栏会显示"页眉和页脚"的"设计"选项卡，其中罗列着包括插入页数与文件名等功能的按钮。

设置页码时，也需要考虑如何方便读者阅读，例如将其格式设置为"1/?"的形式，单击"页脚"按钮进行选择即可（下页**图3**）。这种格式可以让读者清晰地了解文档的总页数，单击单元格确认实际打印效果。需要修改时，再次单击页脚位置即可。

↑图2 在"视图"选项卡中单击"页面布局"按钮（**①②**），编辑页眉与页脚。单击页脚中间位置（**③**）。

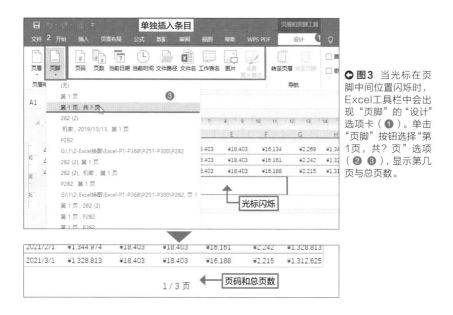

● **图3** 当光标在页脚中间位置闪烁时，Excel工具栏中会出现"页脚"的"设计"选项卡（❶）。单击"页脚"按钮选择"第1页，共？页"选项（❷❸），显示第几页与总页数。

单独插入条目

光标闪烁

1 / 3 页 ← 页码和总页数

A	B	C	D	E	F	G	H
42	2021/1/1	¥1,361,108	¥18,403	¥18,403	¥16,134	¥2,269	¥1,344,974
43	2021/2/1	¥1,344,974	¥18,403	¥18,403	¥16,161	¥2,242	¥1,328,813
44	2021/3/1	¥1,328,813	¥18,403	¥18,403	¥16,188		

&[页码] / &[总页数] 页 ← 页脚格式字符串

● **图4** 再次单击页脚中间位置，显示本文，其中"&[页码]"表示第几页，"&[总页数] 页"表示总页数。在图3上的界面中单击"页码"按钮也能进行同样的设置。"/"与"页"等常用文本字符也可以随意设置和编辑。

　　编辑页眉的方法与页脚相同。需要插入LOGO时，从"设计"选项卡中单击"图片"按钮选择需要插入的LOGO（**图5**）。如果页眉高度不够，可以拖曳标尺调整留白距离（**图6**）。

　　设置"标题行"，将第一行的项目名称在所有页面中打印。从"页面布局"选项卡中单击"打印标题"按钮（**图7**）。打开对话框后，将光标放在"顶端标题行"文本框中，选择第一行的标题行，自动引用单元格后，单击"确定"按钮。

　　操作结束后，从"视图"选项卡中单击"普通"按钮，取消设置"页面布局"状态。

向页眉插入LOGO

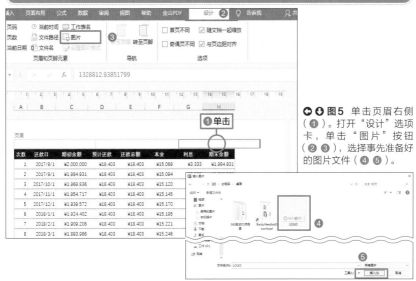

◐◑ **图5** 单击页眉右侧（❶）。打开"设计"选项卡，单击"图片"按钮（❷❸），选择事先准备好的图片文件（❹❺）。

◐ **图6** 向页眉插入LOGO。高度不足时，拖曳滚动条调整留白。

设置全页标题行打印

◐ **图7** 设置打印全页标题行时，从"页面布局"选项卡中单击"打印标题"按钮（❶❷）。打开"页面设置"对话框后，选择"工作表"选项卡（❸），单击"顶端标题行"文本框（❹），选择需要全页打印的标题行所在的单元格区域（❺）。使用鼠标拖曳，可以选择数行单元格，当对话框中显示"$1:$1"后（❻），单击"确定"按钮。

令人乏味的饼状图添上数据标签也可耳目一新

饼状图最适合表示构成比例。在Excel中，饼状图制作简便深受广大用户欢迎。然而，未经加工的饼状图虽然很直观，但经不起推敲，**图1左上图**就是一例。尽管将大概的比例表示出来了，但并没有具体的百分比数值，对于读者来说显然这是不够的。如果不参考图例是无法分辨每个扇形代表的内容的，所以这些都是在制作饼图时需要考虑的问题。

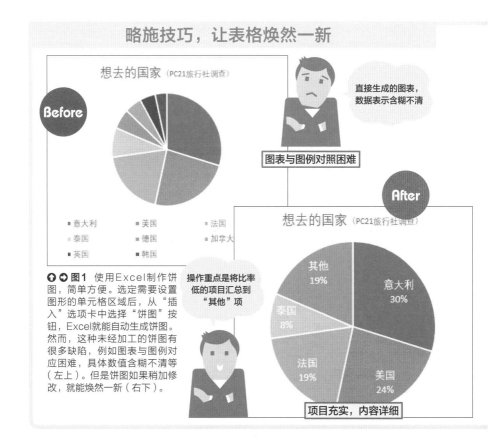

① ②图1 使用Excel制作饼图，简单方便。选定需要设置图形的单元格区域后，从"插入"选项卡中选择"饼图"按钮，Excel就能自动生成饼图。然而，这种未经加工的饼图有很多缺陷，例如图表与图例对应困难，具体数值含糊不清等（左上）。但是饼图如果稍加修改，就能焕然一新（右下）。

稍加修改，让饼图焕然一新

在**图1右下**中Excel自动生成的饼图略加修改，就能让人耳目一新。这样项目名称与数值也都一目了然，既省去了图例，饼图也会相应地自动扩大。

当然，还有更直观的一个优点。或许读者已经注意到了，就是将占比低的项目自动汇集到"其他"项目中，而这种设计可以让读者更加关注重点项目，使数据更加清晰明了。

除此之外，对于占比较低的项目，还可以使用辅助图表进一步说明。**图2**中将占比较低的项目以表格形式进行再次说明。以上内容，都是可以通过Excel的基本功能完成的。接下来，我们将按顺序介绍操作技巧。

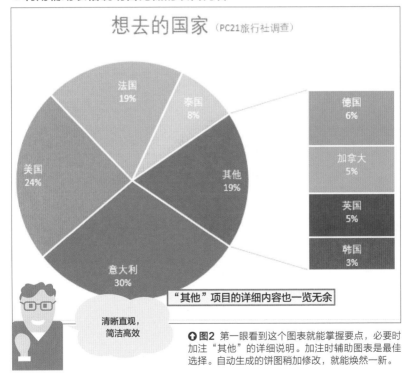

● 利用辅助表格说明占比低的项目内容

想去的国家 (PC21旅行社调查)

法国 19%
泰国 8%
德国 6%
加拿大 5%
美国 24%
其他 19%
英国 5%
韩国 3%
意大利 30%

"其他"项目的详细内容也一览无余

清晰直观，简洁高效

◆**图2** 第一眼看到这个图表就能掌握要点，必要时加注"其他"的详细说明。加注时辅助图表是最佳选择。自动生成的饼图稍加修改，就能焕然一新。

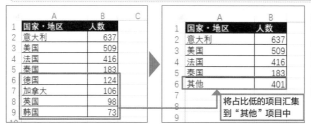

一键生成图表

○ **图3** 图1中，与其他饼图相比，右下图清晰易懂的理由之一就是，将占比低的项目汇集到"其他"项目中。如果占比低的项目不是重点，就可以将其汇总显示。

将占比低的项目汇集到"其他"项目中

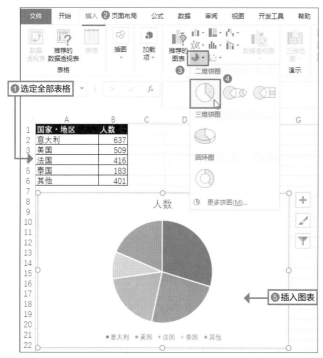

○ **图4** 选定设置饼图的表格数据，打开"插入"选项卡中的"饼图"按钮，选择"二维饼图"选项组中第一个图形（❶~❹）。单击后，工作簿内自动生成一个饼图（❺）。

❺插入图表

汇总占比低的项目，追加数据标签

首先，我们试着还原图1右下的饼图。如前文所述，这个饼图的重点就是汇总占比低的项目。接下来，我们重新设置饼图（**图3**）。

选定全部数据单元格后，在"插入"选项卡中选择饼图，Excel将自动生成一个饼图（**图4**）。然而，这个图与图1并无二致，都有先天不足的问题，而后续的修改技巧则是核心内容。

快速设置标题与图例

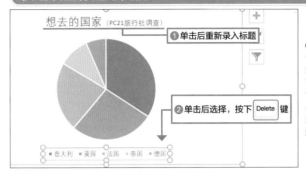

❶ 单击后重新录入标题

❷ 单击后选择，按下 Delete 键

❺ 图5 如果饼图的标题不合适时，单击标题可以重新设置（❶）。字体与字号可以从"开始"选项卡中设置（可以以一个字符为单位进行设置）。接下来选择图例，按下Delete键删除（❷）。

设置简洁清晰的项目名称

❶ 单击留白

❺ 图6 单击图表中的留白选择整个图表，再单击右上角+按钮，勾选"数据标签"复选框（❶～❸）。单击右侧下拉列表按钮，打开后选择"更多选项"选项（❹～❺）。Excel 2010中，将鼠标放在饼图上单击右键选择"添加数据标签"命令，右键单击新添加的数据标签，选择"设置数据标签格式"命令。

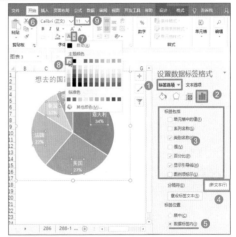

❺ 图7 从"设置数据标签格式"对话框中选择"标签选项"选项，勾选需要设置的项目名称（❶～❸）。本例中勾选了"类别名称"与"百分比"复选框。在"分隔符"下拉列表中选择"新文本行"选项（❹），在"标签位置"选项组中选择"数据标签内"单选按钮（❺）。最后在"开始"选项卡中设置字体颜色与字号（❻～❾）。

第一步，重新设置合适的标题，删除图例（**图5**）。第二步，添加"数据标签"复选框。在"图表元素"选项组中选择"数据标签"→"更多选项"，打开"设置数据标签格式"对话框（**图6**）。勾选"标签选项"中的"类别名称"与"百分比"复选框（**图7**）。并将"分隔符"设置为"新文本行"。最后在"开始"选项卡中设置字体颜色与字号。

设置复合条饼图

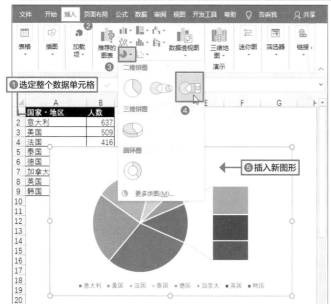

①选定整个数据单元格

⑤插入新图形

◐ **图8** 设置复合条饼图，选定表格中的数据单元格，在"插入"选项卡中选择"复合条饼图"选项（①~⑤）。

◐ **图9** 按照图5~图7的顺序，重新设置标题，删除图例，添加数据标签（① ②）。

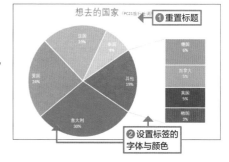

①重置标题

②设置标签的字体与颜色

调整扇形与复合条饼图平衡感的关键是间隙与大小……

接下来，我们再看复合条饼图的制作方法。这个操作也非常简单，只需在"插入"选项卡中选择相应的饼图种类即可（**图8**）。然而，这样默认生成的图形只是最基础的图形，仍需手动修改。需要重新设置标题、删除图例和添加数据标签（**图9**）。

调整图形间隙等项目

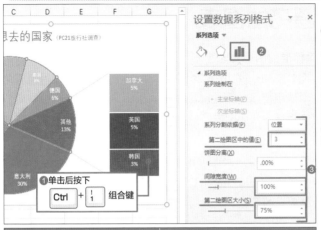

◐ **图10** 单击饼图或辅助图后，按下Ctrl+1组合键，打开"设置数据系列格式"对话框。选择"系列选项"选项组，设置含有第二绘图区的相关数值与大小（❶ ~ ❸）。Excel 2010中的设置要点与此相同。

项目	内容
第二绘图区中的值	辅助绘图区中项目数量
间隙宽度	饼图与辅助图之间的距离
第二绘图区大小	辅助图的大小

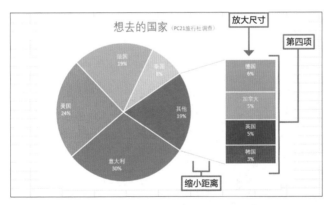

◐ **图11** 本例中在第二绘图区中增加一项，扩大图表尺寸，缩小与饼图的间隙。除此之外还有很多微调项目，有兴趣的读者可以尝试一下。

　　关于第二绘图区，还有很多微调项目。单击饼图或第二绘图区中除数据标签之外的位置，按下Ctrl+1组合键，打开"设置数据系列格式"对话框（**图10**）。更改"第二绘图区中的值"，可以在第二绘图区的下方增减项目数量。更改"间隙宽度"数值框中的百分数，可以改变饼图与第二绘图区之间的距离。另外，通过设置"第二绘图区大小"可以调整辅助图表的尺寸。通过这些微调项目，可以调整两个图形之间的平衡感，提高可视度（**图11**）。

使用人形图标制作漂亮的图表

在Excel中，除标准的图表功能，还可以通过加载项使用可爱的人像图标制作精美图表（**图1**）。Excel 2016/2013版本中，可以在微软应用商店免费下载人像图标。本例中使用的是People Graph图标。这组图表中包括颜色各异样式新颖的人像和钱袋状的图标，通过简单的操作就能构建丰富多彩且可视度极强的图表。

加载项只需在最开始设置一次即可（**图2**）。图表中加入人像图标时，在"插入"选项卡中选择People Graph选项，一次完成（**图3**）。自动添加的加载项图表使用的是假设的数据，因此需要重新设置标题和选择需要图像化的单元格区域（**图4**）。

使用鼠标拖曳四周附着白色圆圈的边框可以调整图表的大小（**图5**）。单击右上角齿轮状图标按钮，可以重新设置图表的样式与图标（**图6**）。图标的种类有很多，例如心形、星星、时钟、房子和钻石等。

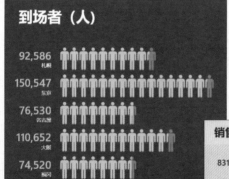

引人注目的图像图表

到场者（人）

92,586 札幌	
150,547 东京	
76,530 名古屋	
110,652 大阪	
74,520 福冈	

◖◗图1 Excel 2016/2013加载项中的People Graph，制作精美的图像图表。制作方法与以往的图表有所不同，但掌握要点就能举一反三。

销售额（千日元）

831,051 札幌	
993,611 东京	
621,270 名古屋	
1,226,909 大阪	
668,891 福冈	

从微软应用商店下载人像图标

◆ **图2** 在"插入"选项卡中单击"获取加载项"按钮（❶❷），在搜索栏中输入people（❸），找到People Graph后，单击"添加"按钮（❹）。

制作人像图表

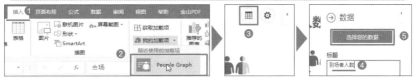

◆ **图3** 单击"插入"选项卡中"我的加载项"按钮，选择People Graph选项（❶❷）。生成人像图表后，单击右上角表格状图标（❸）。如需更改标题，在"标题"文本框中输入即可（❸❹）。

◆ **图4** 使用鼠标拖曳选定包括项目名称在内的单元格区域，单击"创建"按钮后该区域内数据将被自动图像化（❶❷）。

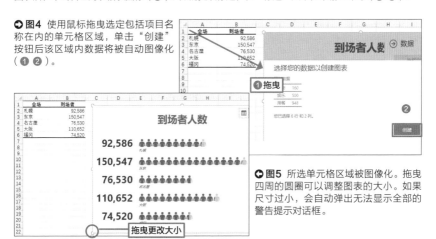

◆ **图5** 所选单元格区域被图像化。拖曳四周的圆圈可以调整图表的大小。如果尺寸过小，会自动弹出无法显示全部的警告提示对话框。

◆◆ **图6** 单击右上角齿轮状图标按钮（❶），设置图表格式。在"类型"选项中可以选择图标的种类（❷）。颜色样式可以通过主题设置，而人像和钱袋等图标可以在"形状"选项中切换更改。

与众不同！柱状图&折线图的完美修正术

图表篇

制作结构紧凑外观漂亮的图表

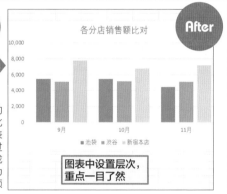

图表中设置层次，重点一目了然

⬆⬇**图1** 前后两图是针对柱状图标的位置与文字的大小进行调整的对比图。调整前，数值之间有差距，但表现在柱状图上的参差感不明显。经过调整，加粗后的右图更加稳重、成熟。并且，将所有的柱状图都设置为统一的颜色样式，不同月份的相同项目颜色一致，便于比较。

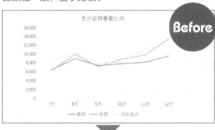

⬆⬇**图2** 本例中，上下两图也是针对大小与位置等项目进行调整前后的对比图，与图1相同，统一了颜色样式。原图中的颜色偏浅，显得软弱无力。而下图中经过调整，重点线条颜色加粗加深，设置数据标签。特别是在数据标签的右侧设置了标注，使数据更加醒目。本例中，将最小数值设置为4000，突出折线的变化趋势。

重点内容表达清晰，易于理解

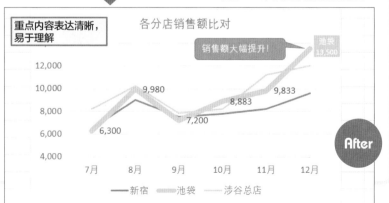

Excel制作折线图也很简单。为了方便初学者学习，我们再复习一遍操作要点，设置折线图时，首先选定数据所在的单元格区域，从"插入"选项卡中的"图表"选项组中选择所需折线种类即可，设置过程简便快捷。

可是，这种直接生成的折线图缺乏"表现力"。例如，体现"九月新宿总店业绩异常优秀"、"池袋分店业绩增长稳健"等效果时，为了让读者一眼就能抓住要点需要再次对其进行设置（**图1**、**图2**）。

除此之外，可视度也非常重要。直接生成的图表存在"立柱太细则空隙太大"、"多条折线重合在一起容易分辨不清"等问题。这种缺乏表现力的折线图会令读者十分困惑，因此需要通过手动操作弥补这些缺陷。

粗线条营造稳定感

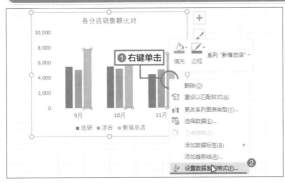

○**图3** 将光标放在任意立柱上，单击鼠标右键打开快捷菜单，选择"设置数据系列格式"（❶ ❷），打开对话框。另一种方式是选定立柱后按下Ctrl+1组合键。

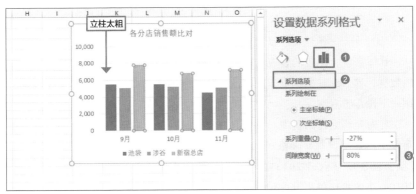

○**图4** 设置界面中项目内容根据所选的设置对象的不同而自动调整。本例中显示的是"设置数据系列格式"对话框中的内容。在"系列选项"选项组中通过"间隙宽度"数值框调整立柱粗细（❶ ～❸）。数值越小，立柱越粗。

突出重点内容

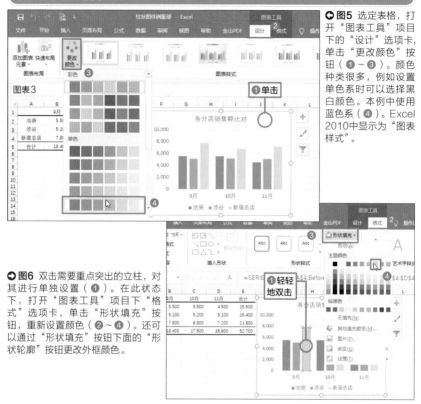

◎**图5** 选定表格，打开"图表工具"项目下的"设计"选项卡，单击"更改颜色"按钮（❶～❸）。颜色种类很多，例如设置单色系时可以选择黑白颜色。本例中使用蓝色系（❹）。Excel 2010中显示为"图表样式"。

◎**图6** 双击需要重点突出的立柱，对其进行单独设置（❶）。在此状态下，打开"图表工具"项目下"格式"选项卡，单击"形状填充"按钮，重新设置颜色（❷～❹）。还可以通过"形状填充"按钮下面的"形状轮廓"按钮更改外框颜色。

格式决定图表的表现力！数据标签的影响力不容小觑

具体来说，图表的表现力取决于格式。立柱的粗细、折线的颜色、折线的数据标签、纵轴的刻度、图表的构成要素等格式都是重点。接下来我们介绍一下操作重点。

首先介绍立柱的粗细。设置立柱格式时，鼠标右键单击该立柱，在快捷菜单中选择"设置××格式"命令（柱形图显示为"设置数据系列格式"）（前页**图3**）。Excel 2013之后的版本中，将在屏幕右侧打开设置对话框，2010版本中直接弹出设置对话框。

立柱的粗细可以通过"系列选项"选项组中的"间隙宽度"数值框进行设置（**图4**）。数值越小，立柱之间的间隔越小，而立柱的粗度越大。

设置纵轴刻度，强调变化范围

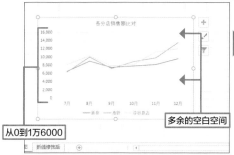

从0到1万6000

多余的空白空间

❶右键单击

➋➊ 图7 由于Excel自动设置纵轴数据格式，因此在纵轴的上下会保留多余的空白空间。右击纵轴或数据标签，在快捷菜单中选择"设置坐标轴格式"命令（❶❷）。在"坐标轴选项"选项组中的"最小值"与"最大值"数值框中分别输入4000与14000（❸～❼）。

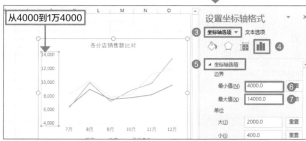

从4000到1万4000

突出重点折线

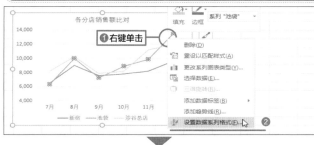

❶右键单击

❷

➊ 图8 右击需要突出的重点折线，在快捷菜单中选择"设置数据系列格式"命令（❶❷）。在对话框中单击"填充与线条"按钮，在"线条"选项组中"颜色"下拉列表中选择"黄色"选项（❸～❻），"宽度"数值框设置为"6磅"（❻）。在Excel 2010中，可以在"线条颜色"与"标记线样式"中进行同样的设置。

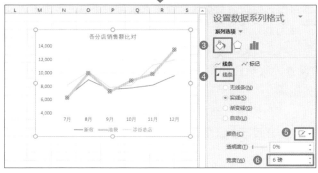

在特定折线上添加数据标签

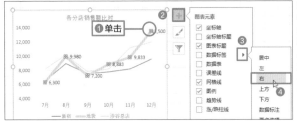

○**图9** 单击需要设置数据标签的折线（①），在"图表元素"按钮中单击"数据标签"复选框右侧的按钮，在下拉列表中选择"右"选项（②～④）。如果选择整个图表，则自动为所有折线添加数据标签。

● 突出重点数据标签

○**图10** 双击需要设置在右端的数据标签选定该标签（①）。单击右键在快捷菜单中选择"设置数据点格式"（②③）。勾选"标签选项"选项组中"系列名称"与"值"两个复选框，在"分隔符"下拉列表中选择"新文本行"选项（④～⑧）。

○**图11** 更改颜色时，单击选定需要设置的数据标签，在"图形工具"的"格式"选项卡中选择"形状样式"选项组（①②）。单击"其他"按钮打开下拉列表可以看到更多样式（③）。关于字体和字号可以在"开始"选项卡中字体字号选项中进行设置。移动位置通过鼠标拖曳即可完成。

对于需要着重强调立柱的设置是第二阶段的任务。首先，选定整个图表，统一颜色样式（前页**图5**），再将需要突出的立柱单独设置醒目的颜色（**图6**）。

Excel会根据原数据自动设置图表纵轴的刻度。但这种设置会导致折线图的上下出现过度的留白，因此需要重新设置最大值与最小值。本例中通过"设置坐标轴格式"进行相应的设置（**图7**）。缩小最大值与增大最小值，可以将折线的变化范围增大，突出变化幅度。

强调折线图的设置方法与柱状图大同小异（**图8**）。而且设置折线图时，也需要重新设置线条。

添加数据标签时，可以使用"图表元素"按钮（**图9**）。如果针对所有的折线都添加数据标签会显得冗杂繁琐，故而只针对需要强调的重点折线设置即可。

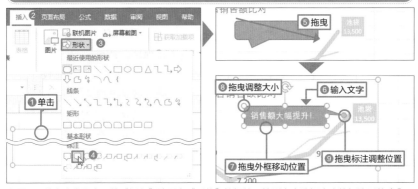

↑ 图12 单击选定图表，从"插入"选项卡"形状"按钮的下拉列表中选择喜欢的标注形状（**①** ~ **④**）。需要注意的是，如果不选定图表而直接设置形状，当移动图表时所添加的标注不能随着一起移动。当光标变成十字形后，可在图表中拖曳鼠标，设置标注形状输入相应的标注内容（**⑤⑥**）。拖曳外框既可移动形状的位置，也可以调整形状的大小，区别是拖曳时是否单击外框中的白色圆圈（**⑦⑧**）。当拖曳黄色圆圈时则可以调整标注的位置（**⑨**），设置与图11相同的颜色。

显示合计数值

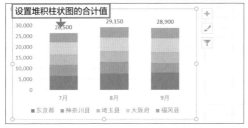

↑ 图13 本例中介绍如何在堆积柱状图中添加各项目的合计值。操作中使用文本框更加灵活方便。

    数据标签的格式也可以重新设置。**图10**中针对最右侧的数据标签重新设置了格式，将项目名称与值设置了换行显示，同时也变更了颜色（**图11**）。需要设置重点强调的内容时，最便捷的方式是在"形状样式"中更改颜色。

    需要设置标注时，可以通过添加形状完成（**图12**）。此时，需选定整个图表后再进行设置，这是由于选定后的设置可以保证图表与形状保持一体，移动图表时形状也随之移动。

    最后，介绍两项使用的操作技巧。首先如何在堆积柱状图中添加各项目的合计值（**图13**），操作中使用文本框更加灵活方便。

设置堆积柱状图的秘诀——保留数据标签，设置立柱透明

　　操作的重点是如何设置包括合计值在内的堆积柱状图（**图14**）。然后设置表示每个立柱（数据系列）合计值的数据标签（**图15**），将立柱透明化。由于仅将立柱设置为透明，而纵轴上的刻度仍将保留，因此需要手动变更最大值（**图17**）。最后手动删除图例中的"合计"，全部设置完成（**图18**）。

　　另外一个问题是，如何解决垂直柱状图中较长的项目名称自动倾斜的问题。作为解决方法，将项目名称设置为垂直显示（**图19**、**图20**），并在适当的位置设置换行即可解决这个问题。其中，操作重点是在原表格中设置项目名称和单元格内换行（**图21**）。

●将合计图表化后设置透明显示

◎**图14** 选定包括合计值在内的全部数据单元格，在"插入"选项卡中选择堆积柱状图。然后在"图表工具"中选择"设计"选项卡，单击"切换行/列"按钮，将横轴设置为月，调整立柱粗度。

◎**图15** 选择合计中的绿色立柱，按照图9中的操作要点，在"轴内侧"添加数据标签（❶~❹）。

◎**图16** 保持选定合计立柱的状态，在"图表工具"中选择"格式"选项卡，单击"形状填充"按钮，选择"无填充"选项（❶~❹）。如果立柱设置了边框，在"形状轮廓"按钮的下拉列表中选择"无轮廓"选项。

⊙图18 使用鼠标双击图例中的"合计",按下Delete键删除,完成设置。

⊙图17 由于纵轴的平衡感不好,需要按照图7中的操作要领,将纵轴的"最大值"设置为35000(❶~❺)。

设置较长的项目名称的垂直显示并换行

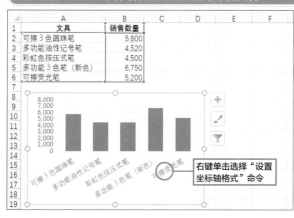

右键单击选择"设置坐标轴格式"命令

⊙图19 选定整个表格重新设置纵向立柱。由于较长的项目名称自动倾斜显示,因此需要重新设置。右键单击项目名称后选择"设置坐标轴格式"命令。

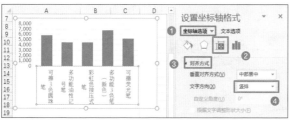

⊙图20 在"设置坐标轴格式"对话框中选择"大小与属性"选项,在"对齐方式"选项组中的"文字方向"下拉列表中选择"竖排"选项(❶~❹)。Excel 2010中可从"格式"选项卡中进行相应的设置。

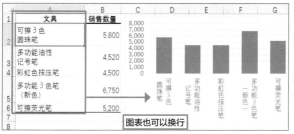

图表也可以换行

⊙图21 由于换行位置不佳,需要在原数据表中重新设置换行。通过Alt+Enter组合键设置单元格内换行后,结果也会反映在图表中。

制作流程图要点是
"对齐"与"统一感"

制图篇

使用流程图可以非常有效地解释说明某件事情。使用矩形与箭头等简单的形状，就可以制作出清晰易懂的流程图。而制作流程图的核心要点就是如何配置图表元素的大小与位置，提高视觉效果的统一感（**图1**）。统一同类型的图表元素，通过位置与间隔的搭配使其更加美观（**图2**）。

通过数值设置统一的位置与大小

首先通过有效的方式统一设置形状的大小，同时选定数个形状，在"大小"选项组中输入数值，将各个形状的大小一次设置完成（**图3**）。

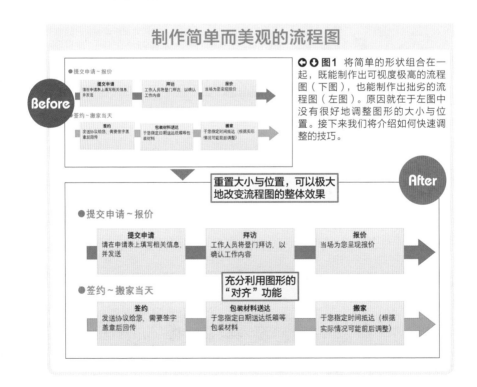

●轻松搞定四大拙劣问题

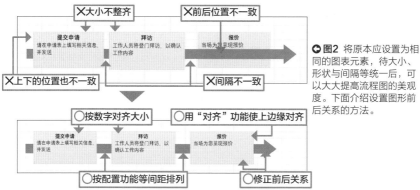

◆**图2** 将原本应设置为相同的图表元素，待大小、形状与间隔等统一后，可以大大提高流程图的美观度。下面介绍设置图形前后关系的方法。

通过数值设置指定大小的形状

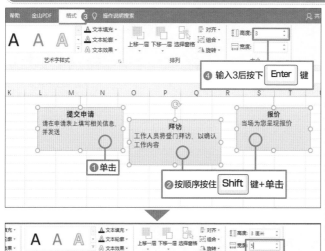

◆**图3** 单击最开始的形状，按住Shift键后顺序单击余下的各个形状（❶ ❷）。在"形状工具"栏中选择"格式"选项卡，在"大小"选项组中的"高度"与"宽度"数值框中分别输入半角数字3和5（❸ ~ ❺），将所有的形状设置为高度为3，宽度为5的统一尺寸。

设置形状之间的位置关系时，同时选定多个形状后，在"形状工具"栏中选择"格式"选项卡单击"对齐"按钮。例如，选择"顶端对齐"可以将各形状的顶端呈水平对齐，选择"横向分布"可以将各形状呈等间隔对齐（**图4**、**图5**）。另外，还可以使用"下移一层"功能，将形状移动到最下层（**图6**）。

设置完毕的流程图使用也很方便，但需要将其设置为组合对象（**图7**）。所有的形状与箭头被捆绑成为一个整体，可以像拖曳单个形状一样自由移动，而且复制时也非常简便（**图8**）。

使用"对齐"按钮调整位置

● **图4** 同时选定数个形状后，在"格式"选项卡中单击"对齐"按钮，在下拉列表中选择"顶端对齐"选项（❶~❹），将各形状的顶端呈水平对齐。本例中三个形状均被设置为相同的高度，也可以选择"垂直居中"选项。再从"对齐"中选择"横向分布"选项，将所有形状按等距设置（❺❻）。

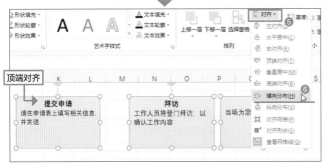

● **图5** 三个形状按等间隔排列。调整间隔时，可以使用"横向分布"功能在形状左右之间设置等间距。

调整形状的前后关系

①单击

◀**图6** 操作后期制作的形状默认显示在最上层。形状设置在最底层时，选定形状后，从"格式"选项卡中单击"下移一层"按钮右侧的▼按钮，在下拉列表中选择"置于底层"选项（**①**~**④**）。

设置"组合对象"轻松完成复制

①同时选定数个形状

◀**图7** 同时选定数个形状后，在"格式"选项卡中单击"组合"按钮，在下拉列表中选择"组合"选项（**①**~**④**）。

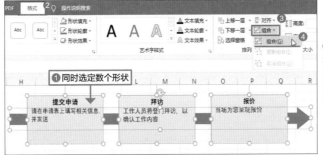

单击外框后拖曳

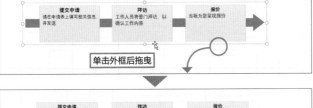

◀**图8** 设置组合对象的流程图被默认成为一个形状时，可以作为一个整体按住Ctrl键＋拖曳自由移动和复制。

Part 3

文档·制图

制图篇

305

任意设定超链接
来打开预设网站

超链接篇

在Excel中可以在单元格和形状中设置"超链接"，只需单击设定好的超链接即可访问预设的网站或向特定的邮箱地址发送邮件，也可以显示其他工作簿（**图1**）。

自动设置网址和邮箱地址，还可以防止误操作。

在单元格内设置超链接后，该处的文字会自动变成蓝色并加下横线。当光标停留在文本字符上时，呈现出手指的形状，单击后即可打开预设的网址。例如，如果超链接的对象是一个网站，单击后就会自动启动网页浏览器，显示该网址的内容（**图2**）。需要注意的是，超链接的文字颜色会因表格主题的不同而产生差异。

将类似于网址的字符输入到单元格内时，Excel会自动将其设置为超链接（**图3**）。但如果想取消自动设置功能，打开"文件"选项卡，找到"选项"选项，打开"Excel选项"对话框，在"校对"选项中单击"自动更正选项"按钮，进入后找到"键入时自动套用格式"选项卡，取消勾选"Internet及网络路径替换为链接"复选框即可。

通过这种方式设置的超链接，在单元格内会直接显示网页文本字符，也可以通过编辑单元格数据，将其显示成为其他的文本字符。但针对显示文字的编辑，并不会影响超链接的目的端。

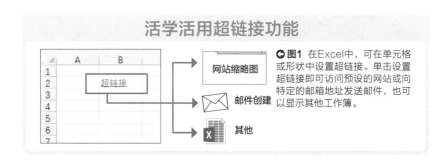

活学活用超链接功能

网站缩略图

邮件创建

其他

○ **图1** 在Excel中，可在单元格或形状中设置超链接。单击设置超链接即可访问预设的网站或向特定的邮箱地址发送邮件，也可以显示其他工作簿。

指定显示网址的文本字符，设置"屏幕提示"。

　　另外，设置超链接时，还可以设置显示文本列以及其他选项。选定设置对象单元格，从"插入"选项卡中单击"链接"按钮（下页**图4**）。在"插入超链接"对话框中，选择"浏览过的网页"选项，将会看到最近打开过的网址，选择目标地址后，该地址将会自动显示在"要显示的文字"文本框中，可以对其内容进行适当的修改。同时还可以在"屏幕提示"按钮中进行适当的修改（**图5**）。

　　在"插入超链接"对话框中单击"屏幕提示"按钮，输入相应的内容后单击"确定"按钮关闭对话框（**图6**）。返回到"插入超链接"对话框中后再次单击"确定"按钮关闭该对话框完成超链接的设置。设置完毕后，当光

单击单元格打开特定网址

❶图2 在"采购资料清单"表中，设置了相关出版社与各个书籍相关联的超链接。单击带有下划线的蓝色文本字符可以直接打开该网址（注）。

● **自动设置超链接**

❶图3 将类似于网址的字符输入到单元格内时，Excel会自动将其设置为超链接。如果想取消自动设置功能，在"键入时自动套用格式"选项卡中取消勾选"Internet及网络路径替换为链接"复选框即可。

[注] 单击示例中的"日经Trendy"的预置网址时，会首先出现广告页。

● 在设置界面中编辑超链接

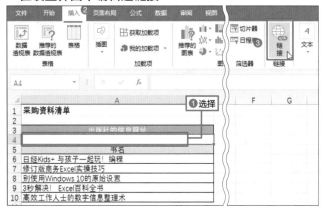

○**图4** 设置超链接时，单元格中原有的网址或邮箱地址经过设置可以显示为其他的文本字符。选定对象单元格（❶），在"插入"选项卡中单击"链接"按钮（❷❸）。

○**图5** 在"插入超链接"对话框中，选择"浏览过的网页"选项（❶），可以看到最近浏览过的网页地址。选择目标地址后（❷），该地址将自动显示到"要显示的文字"文本框中，用户可根据需要进行适当的修改（❸）。另外，在"屏幕提示"按钮中也可以进行相应的修改（❹）。

○**图6** 在"设置超链接屏幕提示"对话框中可以设置相应的内容，以便当光标放在该超链接上时显示相应的提示内容。在"屏幕提示文字"文本框输入适当内容（❶），单击"确定"按钮（❷），返回到图5对话框后再次单击"确定"按钮，关闭对话框。

标移动到单元格的文本字符上时，将会自动显示图6中设置的提示内容。如果单击该超链接，将会自动打开图5中设置的网址（**图7**）。

　　按照上述方法，将出版社主页中关于每本书籍的信息设置为超链接（**图8**）。需要注意的是，如果保持输入到单元格内的文本字符不变并为此单元格添加超链接时，单元格内的文本字符将成为"要显示的文字"文本框中的初始值。

◯图7 单元格中将以蓝色字体加下划线的格式显示设置的文本字符。当光标移动到该文本字符上时，将会自动显示图6中设置的屏幕提示内容。单击该超链接，将会自动打开设置的网址。

◯图8 按照前文所述操作顺序，即使是录入到工作簿中的书籍标题，也可以设置与之有关的超链接信息。需要注意的是，如果保持输入到单元格内的文本字符不变并为此单元格添加超链接时，单元格内的文本字符将成为"要显示的文字"文本框中的初始值。

单击形状打开超链接

◯图9 超链接不仅可以设置在单元格内，也可以设置在形状或图表等制图单元中。本例中，以"采购资料清单"表为基础，为其添加箭头，并将此设置为出版社的超链接。

将超链接设置在形状、图表、图片等制图单元中。

　　设置超链接的位置不仅限于单元格，在工作簿中已经完成的形状、图表、图片、艺术字等各种制图单元，按照同样的操作方法也可设置超链接。本例中，以"采购资料清单"表为基础，为其添加箭头并将此设置为出版社的超链接（**图9**）。

　　选择需要设置超链接的形状，单击"插入"选项卡中"链接"按钮（下页**图10**）。在"插入超链接"的对话框中，按照设置单元格的方法设置目标网址与屏幕提示。与单元格稍稍不同的是，没有"要显示的文字"文本框（**图11**）。单击"确定"按钮即可关闭对话框，完成设置后，单击该形状即可自动打开预设网页。

●为形状设置超链接

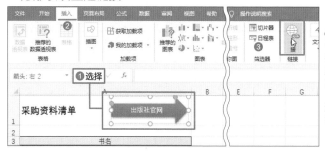

◎**图10** 为工作簿中右向箭头设置超链接，并添加文本字符使其显示为"出版社官网"。选定该形状后（**①**），单击"插入"选项卡中"链接"按钮（**②③**）。

◎**图11** 打开"插入超链接"对话框。设置形状的超链接时，与单元格不同的是无法设置"要显示的文字"文本框中的内容。设置完其他内容后（**①~③**），单击"确定"按钮（**④**），完成形状的超链接设置。

单击启动邮件，自动输入邮件名

超链接的目标端除了网页，还可以设置为邮件地址、同一工作簿中的特定区域、其他工作簿以及Excel之外的文档。由于目标端的不同，并不是通过单击直接打开目标端，而是显示打开前的安全提示信息或选择打开软件等界面。本例中，将介绍如何设置打开邮箱地址与其他工作簿的超链接（**图12**）。

在Excel中，选择自动设置超链接选项时，如果输入含有@的邮件地址等文本字符时，也可以将其自动设置为超链接（**图13**）。而设置邮件地址的超链接时，在目标端地址前Excel会自动加上"mailto："字符。

单击这个超链接，将以新邮件的形式打开邮件软件并将该链接地址自动输入到收件人文本框中。如果使用网络邮箱而没有在电脑中预装邮件软件时，即使单击也不会打开相应的新邮件界面。

设置邮件超链接的显示内容时，选定单元格，单击"插入"选项卡中

设置邮件与其他工作簿的超链接

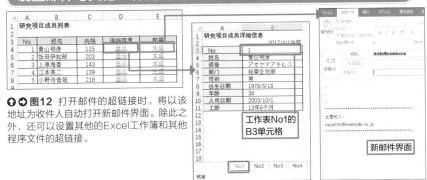

⊙⊙ **图12** 打开邮件的超链接时，将以该地址为收件人自动打开新邮件界面。除此之外，还可以设置其他的Excel工作簿和其他程序文件的超链接。

● 自动设置邮件地址超链接

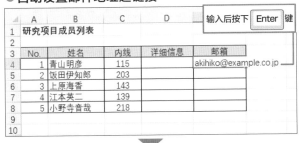

⊙ **图13** 当自动设置超链接功能有效时，单元格内录入被认为是邮件地址的文本字符后，该地址将被自动设置为超链接。在链接中，前面将会自动添加"mailto："字符，单击后将打开新邮件界面。

"链接"按钮（下页**图14**）。在"编辑超链接"对话框中选择"电子邮件地址"选项，分别在"要显示的文字"与"电子邮件地址"文本框中输入相应的内容后，单击"确定"按钮。由此，便成功地在选定的单元格内设置了特定邮件地址的超链接（**图15**）。

在对话框中的"主题"文本框中输入任意文本字符将成为超链接打开后新邮件的"主题"。设置的"主题"，将会以"？subject="为链接，自动添

●设置邮件地址超链接

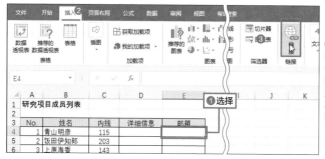

◎图14 除了邮件地址，其他的文字字符也可以设置为自动打开新邮件的超链接。选定目标单元格（❶），单击"插入"选项卡中"链接"按钮（❷❸）。

◎图15 在"编辑超链接"对话框中选择"电子邮箱地址"选项（❶），分别在"要显示的文字"与"电子邮件地址"文本框中输入相应的内容（❷❸）。录入邮件地址后，该文本框中开头处将自动添加"ma-ilto:"，最后单击"确定"按钮（❹），完成超链接的设置。

加到邮件地址的后面。这是因为Excel中默认区分网址的格式是以"mailto："为开头的超链接，自动生成新邮件以"？subject="为名称自动设置邮件名。

设置其他文件的超链接，打开特定工作簿。

还可以设置打开其他文件的超链接。目标端可以设置为某个文件，还可以设置为该文件中的特定工作簿的特定单元格。

选定目标单元格，单击"插入"选项卡中"链接"按钮（**图16**）。在"插入超链接"对话框中，选择"现有文件或网页"选项选择目标端的文件。本例中从"当前文件夹"选项中选取文件，而实际操作中也可以从其他的文件夹以及"最近使用过的文件"选项中进行选择。在"要显示的文字"文本框中输入内容后单击"书签"按钮（**图17**），弹出"在文档中选择位置"对

● 设置其他表格的超链接

◯ **图16** 本例中，根据各位成员的详细信息，设置关联其他表格中相关内容的超链接。选定目标单元格（❶），单击"插入"选项卡中"链接"按钮（❷❸）。

◯ **图17** 在"插入超链接"对话框中，选择"现有文件或网页"选项（❶）。从"当前文件夹"选项中选取成员信息（❷❸）。在"要显示的文字"文本框中输入"显示"后（❹），再单击"书签"按钮（❺）。

◯ **图18** 在"在文档中选择位置"对话框中可以指定工作簿中的特定位置。本例中设置为No1工作簿的B3单元格（❶❷），单击"确定"按钮（❸）。返回到"插入超链接"对话框后再次单击"确定"按钮，完成针对该工作簿的超链接设置。

话框，选择目标工作簿输入目标单元格后，单击"确定"按钮（**图18**）。返回到"插入超链接"对话框后再次单击"确定"按钮，完成针对该工作簿的超链接设置。

当然，还可以设置针对除Excel之外的其他软件的文件和图片的超链接，但都需要电脑中预装能够打开该文件的软件。

数据
验证篇

防止不规范
数据的输入与编辑

Excel单元格内可以输入包括数值、文本字符等多种类型的数据。然而，原本输入数值的单元格内却被误输入文本字符而导致计算结果错误的现象是屡见不鲜的。

通过设置"数据验证"功能可以事先决定可输入数据的类型与范围，拒绝该类型与范围之外的数据的录入（**图1**）。本例中，以"商品销售记录"表为基础，设置录入日期、文本字符和整数等特定格式的数值（**图2**）。

设置数据验证的单元格，如果遇到不符合条件的数据录入，按下Enter键后将会提示信息输入有误而无法录入该数据（**图3**）。

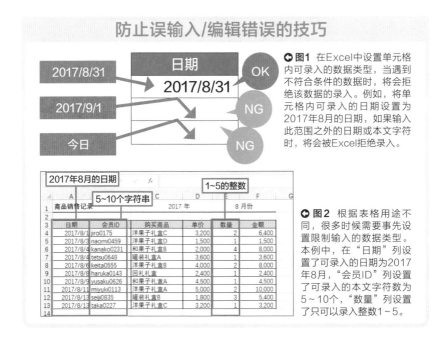

防止误输入/编辑错误的技巧

◆**图1** 在Excel中设置单元格内可录入的数据类型，当遇到不符合条件的数据时，将会拒绝该数据的录入。例如，将单元格内可录入的日期设置为2017年8月的日期，如果输入此范围之外的日期或本文字符时，将会被Excel拒绝录入。

◆**图2** 根据表格用途不同，很多时候需要事先设置限制输入的数据类型。本例中，在"日期"列设置了可录入的日期为2017年8月，"会员ID"列设置了可录入的本文字符数为5～10个，"数量"列设置了只可以录入整数1～5。

监测数值与文本字符的长度，限制数据输入的范围。

　　首先，设置"商品销售记录"表的格式。根据表格中各列的内容，事先设置输入数据的类型（下页**图4**）。"单价"与"金额"列中设置了公式，其他列是需要用户直接录入数据的。在这份销售表中规定同一种商品一次最多只能购买五个，因此在"数量"列中只能输入整数1～5。

　　选定E4~E13单元格，单击"数据"选项卡中的"数据验证"按钮（**图5**）。在"数据验证"对话框中选择"设置"选项卡，"允许"下拉列表选择"整数"选项。"数据"下拉列表中选择"介于"选项，"最小值"文本框中输入1，"最大值"文本框中输入5，最后单击"确定"按钮完成设置（**图6**）。

　　再次回到"数量"列选定一个单元格，向其输入1～5之外的数值或文本字符数据将会自动提示信息错误（**图7**）。此时如果单击"重试"按钮，单元格将继续保持编辑状态。而如果单击"取消"按钮，则单元格将恢复到原来的值，终止编辑状态。

　　会员ID可由会员任意设置，但长度必须为5～10个文本字符。因此，在本表中"会员ID"列需事先设置用户值可以输入5～10个文本字符。选择B4~B13单元格，再次打开"数据验证"对话框，选择"设置"选项卡，在"允许"下拉列表中选择"文本长度"选项，"数据"下拉列表中选择"介于"选项，"最小值"文本框中输入5，"最大值"文本框中输入10，最后单击"确定"按钮完成设置（**图8**）。

设置"数据验证"

⊕ 图3 设置数据验证后，可以显示单元格录入数据的类型与范围。如果遇到不符合条件的数据，将会自动提示信息错误无法录入该数据。

●设置可录入的整数范围

图4 本例的表格中，记录了2017年8月商品的销售情况。设置表格格式时，按照需要的形式设置相应的格式。表格中将会员ID限制为5~10个字符，同一商品一次购买的数量限制为5个以内。

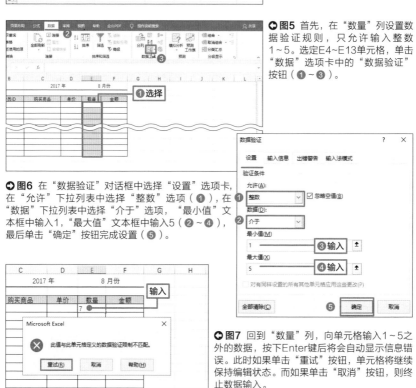

图5 首先，在"数量"列设置数据验证规则，只允许输入整数1~5。选定E4~E13单元格，单击"数据"选项卡中的"数据验证"按钮（❶~❸）。

❶选择

图6 在"数据验证"对话框中选择"设置"选项卡，在"允许"下拉列表中选择"整数"选项（❶），在"数据"下拉列表中选择"介于"选项，"最小值"文本框中输入1，"最大值"文本框中输入5（❷~❹），最后单击"确定"按钮完成设置（❺）。

输入

图7 回到"数量"列，向单元格输入1~5之外的数据，按下Enter键后将会自动显示信息错误。此时如果单击"重试"按钮，单元格将继续保持编辑状态。而如果单击"取消"按钮，则终止数据输入。

　　另外表格限制只能输入2017年8月的日期，在"日期"列中只能录入在此范围内的日期。选定A4~A13单元格，打开"数据验证"对话框，选择"设置"选项卡，在"允许"下拉列表中选择"日期"选项，"数据"下拉列表中选择"介于"选项。"开始日期"文本框中输入2017/8/1，"结束日期"文本框中输入2017/8/31，最后单击"确定"按钮完成设置（**图9**）（注）。

[注] Excel 2013/2010版本中，"开始日期"与"结束日期"分别显示为"从下一个日期开始"和"从下一个日期结束"。

●设置文本字符与日期的输入范围

↑图8 设置"会员ID"列数据验证规则。选定B4~B13单元格后打开"数据验证"对话框，选择"设置"选项卡，在"允许"下拉列表中选择"文本长度"选项，"数据"下拉列表中选择"介于"选项（❶ ❷）。"最小值"文本框中输入5，"最大值"文本框中输入10，最后单击"确定"按钮完成设置（❸~❺）。

↑图9 按照同样的操作方法继续设置"日期"列。选定A4~A13单元格后打开"数据验证"对话框，选择"设置"选项卡，在"允许"下拉列表中选择"日期"选项，"数据"下拉列表中选择"介于"选项（❶ ❷）。"开始日期"文本框中输入2017/8/1，"结束日期"文本框中输入2017/8/31，最后单击"确定"按钮完成设置（❸~❺）（注）。

设置输入候选目录，选择一项输入到单元格。

在"购买商品"列中设置在售商品目录，选择其中一项输入到单元格中（下页**图10**）。这样的设置，可以防止将错误的商品名称录入到单元格中。作为候选输入目录的商品名称，可以事先录入到其他的表格中。由于示例表格中设置了公式，为了便于其他表格的引用可以为其设置名称。

选定该工作簿的A4~A12单元格，在公式栏左侧的名称框中输入"商品名"，然后按下Enter键。由此，这个单元格区域被命名为"商品名"（**图11**）。按照同样的操作方法，将A4~B12单元格命名为"商品清单"（**图12**）。

再次返回到"商品销售记录"表，在"购买商品"列中，设置从候选目录中选择商品名称输入。选定C4~C13单元格，单击"数据"选项卡中"数据验证"按钮（**图13**）。打开"数据验证"对话框，选择"设置"选项卡，在"允许"下拉列表中选择"序列"选项，"来源"文本框中输入"=商品名"，最后单击"确定"按钮完成设置（**图14**）。回到"购买商品"单元格其右侧将出现▼按钮，单击后打开下拉列表，单击相应的商品名称后，该名称将自动填充到单元格内。

从候选目录中选择输入

○**图10** 在"购买商品"列中设置候选目录，供使用者选择输入。选择单元格后将出现▼按钮，单击将弹出下拉列表，从中选择一项后，该名称将自动填入到单元格内（❶❷）。

● 设置数据引用表格

○**图11** 将在售商品名称录入到其他的工作簿，并为该单元格区域设置名称。选定A4~A12单元格，在名称栏中输入"商品名"，然后按下Enter键（❶❷）。由此，这个单元格区域被命名为"商品名"。

○**图12** 按照图11的操作要点，再选定"商品名"列与"价格"列的所有单元格，在名称栏中输入"商品清单"，然后按下Enter键。由此，这个单元格区域被命名为"商品清单"。

设置"保护工作簿"，除可输入单元格外，其他数据不可变更

在"商品销售记录"表的"单价"列中设置公式，使其自动显示"购买商品"列中对应的价格。同时，在"金额"列中计算"单价"与"数量"的积（**图15**）。

首先，在"单价"列中使用VLOOKUP函数设置公式，以输入到同行

●设置"数据验证"的候选"目录"

⬆ 图13 将表示"在售商品清单"表的"商品名"列的数据生成候选目录，选择一项输入到"购买商品"列的相应单元格中。选择C4~C13单元格，单击"数据"选项卡中的"数据验证"按钮（❶~❸）。

⬆ 图14 打开"数据验证"对话框，选择"设置"选项卡，在"允许"下拉列表中选择"序列"选项（❶）。"来源"文本框中输入"=商品名"，最后单击"确定"按钮完成设置（❷ ❸）。经过上述操作，将命名为"商品名"的单元格区域内输入的商品名称作为候选目录，选择其中一项输入到单元格中。本例中将引用的单元格区域单独设置名称。

"购买商品"列中的商品名称为关键字，查询并引用在被命名为"商品清单"区域中所对应的价格。需要注意的是，如果同行中"购买商品"列中未录入任何数据将返回错误值，因此需要将IF函数组合使用，使其能够保留空白单元格状态（**图16**）。

按照同样的操作方法，使用IF函数在"金额"列中也设置函数，确认同行"购买商品"列中是否为空白，计算"单价"与"数量"的积（**图17**）。

最后，为了防止对标题行和公式单元格的误操作，对工作簿设置"保护"操作（**图18**）。然而，如果将所有单元格都设置为限制输入将造成工作簿无法使用，因此需事先解除"锁定"状态。使用鼠标拖曳或Ctrl+拖曳，选定所有的单元格范围，从"开始"选项卡中单击"格式"按钮，在下拉列表中选择"锁定单元格"选项，将锁定状态设置为OFF（**图19**）。除此之外的单元格，Excel的初始默认状态全都被设置为锁定ON。

锁定的ON与OFF状态，只有设置工作簿保护后才有效。单击"开始"选项卡中的"格式"按钮，在下拉列表中选择"保护工作表"选项（**图20**）。打开"保护工作表"对话框后，根据需要设置允许用户的操作范围。如果不希望随意解除保护状态，还可以设置密码，单击"确定"按钮后关闭对话框（**图21**）。关闭后将打开"密码确认"对话框，再次输入相同的密码后，单

设置公式计算"单价"与"金额"

	A	B	C	D	E	F
1	商品销售记录			2017 年		8 月份
2			自动显示购买商品的单价		计算单价与数量之积	
3	日期	会员ID	购买商品	单价	数量	金额
4	2017/8/1	jiro0175	洋果子礼盒C	3,200		0
5						
6						
7						
8						
9						
10						
11						
12						
13						
14						

◑**图15** 在"单价"列中设置公式，使其从"商品清单"中自动查询输入"购买商品"列中的商品名称对应的价格。同时，在"金额"列中设置公式，计算同行的"单价"与"数量"之间的积。当单元格未录入数据时，都保持空白。

●查询商品名称对应的价格

IF －根据条件切换处理方式
＝IF（逻辑公式,逻辑公式为真时,逻辑公式为假时）

VLOOKUP －在表格中查询并引用值
＝VLOOKUP（索引值,索引区域,列号,匹配类型）

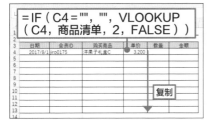

＝IF（C4＝"", "", VLOOKUP（C4，商品清单，2，FALSE））

复制

◑**图16** 同行"购买商品"列中，单元格为空白时，保留空白状态。否则，将从被命名为"商品清单"的单元格区域内查询并引用同行中录入的商品名称对应的价格。将示例中的公式输入到D4单元格，并复制到D13单元格。

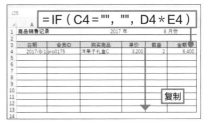

＝IF（C4＝"", "", D4＊E4）

复制

◑**图17** 同行"购买商品"列中，单元格为空白时，保留空白状态。否则，计算同行"单价"与"数量"单元格的积。将示例中的公式输入到F4单元格，并复制到F13单元格。

击"确定"按钮关闭对话框，工作簿将处于保护状态。在保护状态下，只有事先将锁定设置为OFF的单元格才可以进行编辑（**图22**）。

当然，需要取消保护时，在"开始"选项卡中单击"格式"按钮，在下拉列表中选择"撤销工作表保护"选项即可。设置密码时，在"确认密码"对话框中输入正确的密码后，单击"确定"按钮即可。

设置保护工作簿，限制部分数据的更改

● **图18** 通常含有标题与公式等数据的单元格，除最初设置外，输入过程中都不会进行更改。为了防止误操作或公式变更，除了数据录入与编辑的区域外，可以锁定整个工作簿限制对其进行更改操作。

● 取消需要更改的单元格的锁定

● **图19** Excel中所有单元格默认的锁定状态都是ON。需要更改时将其设置为OFF。选定A4~C13单元格，使用Ctrl+拖曳，将E4~E13也一同选定（❶❷）。在"开始"选项卡中单击"格式"按钮，从下拉列表中选择"锁定单元格"选项（❸❹）。

● 设置保护工作簿

● **图20** 通常，即使锁定单元格处于ON状态，也可以对单元格进行更改。而"保护工作表"功能就是禁止更改被锁定的单元格。从"开始"选项卡中单击"格式"按钮，选择下拉列表中的"保护工作表"选项即可设置（❶❷）。

● **图21** 打开"保护工作表"对话框，根据需要设置允许用户可进行的操作内容。同时，为了防止随意解除保护状态，可以设置"取消工作簿保护时使用的密码"（本例中设置为Excel），输入密码后单击"确定"按钮完成设置（❶❷）。

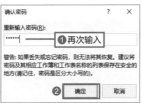

● **图22** 输入密码后，将会弹出"确定密码"对话框，再次输入密码后，单击"确定"按钮后关闭对话框（❶❷）。当工作簿处于保护状态下，被锁定的单元格处于ON的状态下时，其内容将不会被更改。

Part 4

编程（宏）

在现代社会生活中，
编程已经成为不可或缺的必备技能。
在本章中，
将结合Excel自带的VBA编程语言，
介绍有助于日常工作的编程技巧。

文／土屋和人、森本笃德

总论

立竿见影的
编程技巧

本章中，我们将介绍作为职场高手应该掌握的Excel编程技巧。Excel中使用的编程语言是VBA。VBA在众多编程语言中是一种可以直接在Excel中运行的语言（**图1**），而不需要安装其他的专业软件。

VBA的强大优势是通过编程可以操控Excel。在Excel中经常会出现重复和固定的操作内容，既耗时又费事，而VBA可以替代人工完成相应的操作。

如**图2**所示，《产品信息》中的表格格式设置、总额计算由VBA自动完成。

在Excel中，编程也被称为"宏"。严格意义上讲，控制Excel程序语言或构成"宏"的程序语言都是VBA。在绝大多数场合，宏就是VBA，VBA就是宏，是可以相互替换的。

本章内容分为三篇，分别是"函数篇"、"实践篇"和"操作篇"。其中"函数篇"围绕函数的使用方法，介绍编程的基本流程。"实践篇"介绍Object、"方法"和"属性"等控制Excel所需的基础知识。"操作篇"选取了工作中常见的示例，结合用户的实际情况希望能够在职场中发挥积极作用。

VBA是众多编程语言的一种	
C#	PHP
JavaScript	Python
Swift	Ruby
C语言	C++
VBA	VB
Java	

⬆ **图1** 对于Excel用户来说，只要稍稍掌握VBA编程技巧就能起到立竿见影的效果。

※本章中，在编程时如果加入规定范围之外的操作或数据，可能会导致结果错误。如果没有遵照说明进行操作，也可能会导致结果错误。

初学者的编程也能发挥重要作用

被称为"产品信息"的文件

使用VBA编写的程序

❶ **图2** 图中是公司租赁各产品的信息统计数据，对该表格设置格式、计算总额是由VBA自动完成。这个程序是十八年前，由一名完全不懂编程的编辑部员工花费一天时间编写而成的。现在，相同的程序正在被众多杂志编辑部所使用。

函数篇

在Excel中创造属于
自己的专属函数

众所周知，VBA是Excel和Word等办公软件中自带的"编程语言"。所谓的"宏"是指使用这个语言编写的可以在软件中完成一系列自动化操作的程序。通过VBA，按照特定用途编写相应的程序，充分发挥Excel的功能，使其自动完成模式化操作。

Excel中的VBA除了可以完成自动化操作之外，还有一种独特的使用方法，那就是通过输入到单元格的公式自动生成"函数"的功能（**图1**）。本节中，我们以设计"自定义函数"为例，介绍VBA编程的基础知识。

通过编程制作新函数

现有函数

SUM、IF、SUMIF、MOD、AVERAGE、VLOOKUP、PMT、LEFT、SIN、其他

新函数

计算税后价格的函数，计算海伦公式的函数，变换假名与汉字的函数，查询素数的函数，其他

◆**图1** 程序中不仅可以使用现有函数，还可以通过编程创建新函数。在学习编程的同时提高工作效率。

编程界面

按下 Alt + F11 组合键

程序编辑器

显示工作中的程序项目

◆**图2** VBA编程需要在被称为Visual Basic Editor(VBE)的专用界面中进行。同时按下Alt+F11组合键即可打开编辑界面（左图）。VBE编辑界面独立于Excel，是一个单独运行的程序（右图）。在这个界面中，左上部被称为"程序编辑器"，显示当前打开的所有工作簿中的程序项目。

在VBE专用界面编辑VBA程序

编辑VBA程序需要在被称为Visual Basic Editor（VBE）的专用界面中完成。无论是设置自动操作的宏还是自定义函数，都需要使用这个界面。

初始设置中，Excel功能菜单中没有打开VBE的功能按钮。需要这项功能时，可以在"Excel选项"对话框中的"自定义功能区"选项中看到"开发工具"选项卡。频繁使用VBE编程时，可以将"开发工具"选项卡添加到功能菜单中。

如果只需打开VBE一次，可以使用Alt+F11组合键。本例中，我们以这种方式打开VBE界面。打开之后，VBE界面完全独立于Excel显示在新的窗口中。请留意界面左上角的"程序编辑器"（**图2**）。

编辑程序的区域

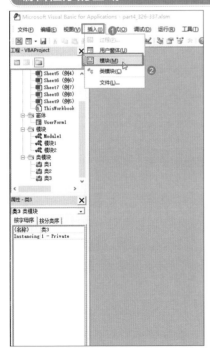

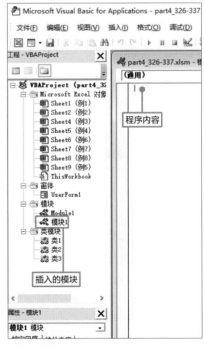

◆图3 "宏"和"自定义函数"的程序以"模块"的形式插入到相应的项目所在工作簿中。选定对象项目，在VBE界面从"插入"按钮的下拉列表中选择"模块"选项（❶❷）。

◆图4 在程序编辑器中，选定项目后插入新的模块。与此同时，屏幕右侧显示白色窗口（被称为"代码窗口"），光标闪烁表示可以编辑。这个窗口中显示VBA程序的具体内容。

Part 4

编程（宏）

函数篇

生成自定义函数

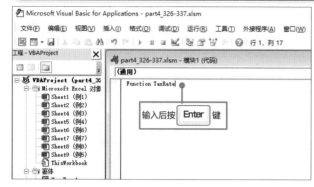

◎ **图5** 将程序作为自定义函数使用时，在模块代码窗口中输入Function开始。再输入半角空格键，设置函数名称，最后按下Enter键。

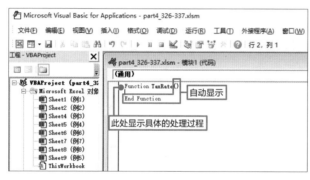

◎ **图6** 输入函数名称后，将自动加上"( )"，再空一行添加End Function行。从Function 00（ ）到End Function位置，都是程序自定义函数的内容。在这两行之间，输入具体处理的程序代码。

　　"项目"是指将记录程序代码的模块打包的单元。通常在Excel的VBA中，一个工作簿代表一个项目。

　　在初始状态下记录用户自定义函数的代码模块并不存在于项目之中。单击"插入"按钮，在下拉列表中选择"模块"选项（前页**图3**）。项目中插入新模块后，将在右侧打开一个新的白色窗口，显示其代码内容（**图4**）。这个窗口被称为"代码窗口"，光标将会显示在第一行表示可以编辑代码。我们将在这个窗口中输入自定义函数的程序代码。

　　在本例中，由于打开的项目（工作簿）只有一项，自动插入模块。如果是多个项目同时打开，首先单击选定需要插入的程序或是其中的任何一项图标再插入模块。

　　编辑完成的VBA程序，最终将保存在表示该项目的工作簿中。在VBE中，操作可以不保存就直接关闭，而在Excel中将会连同程序一起保存。

设置返回相同税率的简单函数

接下来，我们将通过程序设置自定义函数。先从简单的示例开始，在这个函数中不需要任何参数，类似能返回圆周率的PI函数一样返回特定税率。

在模块代码窗口中输入半角Function，空格，再输入函数名称。本例中将其命名为TaxRate，按Enter键换行（**图5**）。函数名称后自动添加"（）"，空一行后再自动添加End Function（**图6**）。

在上述的开始行与结尾行之间就是将发挥实际作用的程序内容。将自定义函数程序汇总到一起的功能被称为"Function 程序"。

顺便说一下，如果将Function更换为Sub，则称之为"Sub 程序"，这些都是常用的"宏"程序（参照第338页）。

实际的编程过程是在开始行与结尾行之间的空间进行的。VBA程序以行为单位，从上到下按行执行命令。本例中，程序内容仅有"TaxRate = 0.08"一行代码而已。但这仅有的一行代码就定义了自定义函数（**图7**）。代码中的=不表示"等于"，而表示将右边的内容代入到左边。换句话说，是将0.08带入到被称为TaxRate的函数名中。将值直接代入到函数名后，这个值就是自定义函数的返回值。

需要注意的是，这行代码与前一行相比自动设置了首行缩进。这并不是必须的，通常为了更清晰地体现程序代码，相对于表示开始行与结尾行的Function与End行而设置缩进。当光标换行后按下Tab键，即可设置缩进。

回到常用的Excel界面，向任意单元格输入"=TaxRate（）"公式将会自动返回0.08。需要说明的是，这个单元格设置的数据格式是"百分比"，因此显示出来的结果是8%（**图8**）。

```
Function TaxRate() ------------------------------ 定义名称为TaxRate的自定义函数
        TaxRate = 0.08 ------------------------------ 将值代入函数名，设置函数返回值
End Function ------------------------------------------- 自定义函数的定义到此为止
```

⬆图7 =被称为代入运算符，表示将右边的内容代入左边的内容中。代入到左边的内容将在后文中被称为"变量"或"属性"。本例中，将表示税率的0.08直接代入到自定义函数名之中。

⬅图8 回到常用的Excel界面，向单元格输入TaxRate函数公式。尽管这个函数并没有设置参数，但也需要添加"（）"。代入函数名的0.08，作为返回值显示在单元格内。需要说明的是，C3单元格设置的数据格式是"百分比"。

使用程序引用公式作为参数

在程序中可以引用单元格中输入的公式作为参数使用。本例中，设置自定义函数OffTax，将"含税价格"与"税率"设置为参数，计算税前价格。

在用户自定义函数中，需在函数名后的（ ）中设置参数。多个参数时，中间以","进行隔开。在本例中，将"含税价格"与"税率"设置为OffTax函数的参数。

在本例中，每个参数与函数名后都设置了As Long代码，这被称为"数据类型"，表示在参数中或函数中可设置的数据范围。Long表示整数（不处理小数点后的数值），Double表示处理小数点后的实数（双精度浮点），分别对应相应的使用范围。

使用程序计算时，可以直接使用最开始设置的参数名。本例中，计算"含税价格/（1+税率）"的商并返回结果（**图9**）。

在工作簿中使用这个函数时不仅可以直接为参数设置数值，还可以引用其他的单元格。本例中，将之前制作的TaxRate函数公式输入到单元格中，将其引用为"税率"（**图10**）。

设置参数进行运算

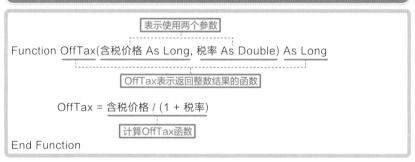

表示使用两个参数

Function OffTax(含税价格 As Long, 税率 As Double) As Long

OffTax表示返回整数结果的函数

OffTax = 含税价格 / (1 + 税率)

计算OffTax函数

End Function

↻**图9** 函数的参数设置在函数名后的"（ ）"中。设置多个参数时，中间以","进行区分。本例中，设置了整数的"含税价格"与小数的"税率"两个参数，并设置函数返回值的计算公式为"含税价格/（1+税率）"。

⊿	A	B	C	D
1				
2		含税价格	¥1,300	
3		税率	8%	
4		税前价格	● ¥1,204	
5				
6		=OffTax（C2, C3）		

↻**图10** 将设置完毕的OffTax函数公式输入到单元格中，并分别设置引用单元格表示"含税价格"与"税率"等两个参数。最后输入含税价格，计算税前价格。

自定义函数时，在"插入函数"对话框中也有"自定义"分类。选择函数后，在后续的"函数参数"对话框中可以设置各个参数。

设置"变量"临时保存计算结果

接下来，我们设置自定义函数计算三角形面积。需要说明的是给定条件中只有三边长没有高，无法使用"底*高/2"的通用公式（**图11**）。

依据上述条件，可以通过"海伦公式"计算三角形的面积。首先，将三边和的二分之一定义为s，再计算s与三边长之差后，将三个差与s之积开平方，所得平方根即为三角形面积（**图12**）。

在计算中s将出现在每一步运算中，因此可以将其以公式的形式输入到单元格中（**图13**）。稍稍变形后，公式略显简洁，但还是有些复杂。我们姑且将这个自定义函数命名为Heron。

设置变量完成复杂计算

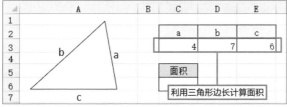

◆**图11** 通常的三角形面积公式是"底*高/2"，然而已知三边长而高未知时，计算三角形面积就需要使用海伦公式。

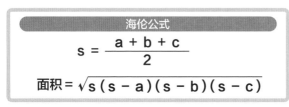

◆**图12** 假设将各边长设置为a、b和c，计算三角形面积，即先计算三边长之和的二分之一与各边长的差，再将其与三边长相乘后开平方，所得平方根就是所求的面积。

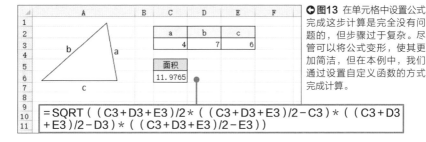

◆**图13** 在单元格中设置公式完成这步计算是完全没有问题的，但步骤过于复杂。尽管可以将公式变形，使其更加简洁，但在本例中，我们通过设置自定义函数的方式完成计算。

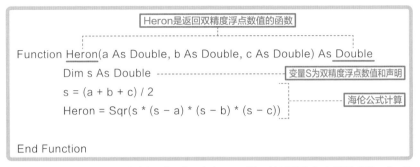

Heron是返回双精度浮点数值的函数

Function Heron(a As Double, b As Double, c As Double) As Double

    Dim s As Double ------------------ 变量S为双精度浮点数值和声明

    s = (a + b + c) / 2

    Heron = Sqr(s * (s − a) * (s − b) * (s − c)) ------ 海伦公式计算

End Function

○ **图14** 这个被称为Heron的自定义函数，在程序中几乎原封不动地照搬海伦公式进行计算。将三边和的二分之一s设置为"变量"，作为临时数据使用。另外，Sqr是计算平方根的VBA函数。

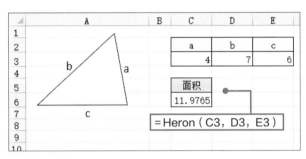

○ **图15** 将含有Heron函数的公式输入到单元格，并分别设置引用单元格，作为表示三边长的a、b和c参数值。计算结果与图13一样，但这个公式看起来更加简洁。

    使用VBA编程时，遇到反复使用的某个值可以将其作为"变量"临时保存在某个位置。变量可以直接用在程序中，通常以Dim作为关键字事先定义其含义。通常根据其使用的范围设置数据类型。

    此时，将公式中使用的s设置为变量。再利用VBA中Sqr函数计算平方根（**图14**）。Sqr函数的功能与Excel中的SQRT函数的功能相同。

    最后，使用Heron函数根据三边长计算三角形面积更加简洁明了了（**图15**）。

    当然，在VBA中除了Sqr之外，还有很多可使用的函数。这其中有一些函数名称和功能都与Excel中的函数相同，也有一些功能相同但名称不同，使用时不要混淆。

根据逻辑判断结果进行相应处理。

    用户自定义函数中，不仅可以计算数值数据，也可以对文本数据进行加工和处理。接下来，我们介绍如何设置Kana2Mode函数，使平假名与片假名相互转换（**图16**）。

根据条件设置两种处理方式

◎图16 这个函数中，参数"文本字符"表示文本字符，参数"转换后"表示变换为对应的"平假名"或"片假名"。If之后的"转换后"的值为True时，执行Then与Else之间的代码，否则执行Else与End If之间的代码。函数中都是通过StrConv函数在不同的文字类型之间相互转换。

	A	B	C	D	E	F	G	H
1								
2		入力データ	変換データ					
3		マグロ赤身	まぐろ赤身 ●					
4		冷凍みかん	冷凍みかん					
5		うなぎ蒲焼	うなぎ蒲焼		复制			
6		いかソーメン	いかそーめん					
7		エビてんぷら	えびてんぷら					
8		=Kana2Mode（B3，True）						
9								

◎图17 将Kana2-Mode函数公式输入到单元格，将左侧单元格的文本字符设置为参数"文本字符"，将逻辑值True设置为参数"变换后"。"变换后"设置为True后，"文本字符"中所有的假名被转换为平假名。如果希望都转换为片假名时，将逻辑值设置为False即可。
※该操作涉及到日语中的假名，仅供读者参考。

　　使用这个函数，将参数"文本字符"中特定字符的假名部分按照"转换后"的设定值，在平假名与片假名之间相互转换。"转换后"的设定值为逻辑值，结果只有两种即True或False。本例中指定为True，"文本字符"中包含的所有假名全部被转换为平假名（**图17**）。

　　VBA中If可以根据条件的真伪进行相应处理。根据事先设置的True或False的条件格式，为True时，执行Then之后的代码。为False时，执行Else之后的代码。根据实际需要，在End If之前可以设置各种各样的处理方式。

　　使用VBA的StrConv函数转变文本字符，通过设置第二项参数常量决定变换为平假名还是片假名。

　　当条件为False时，如果还需判定其他的条件，可以用ElseIf设置新的条

根据条件设置三种处理方式

```
Function Kana3Mode(文本字符 As String, 转换后 As Integer) As String
                                         参数"转换后"为整数
    If 变换后 > 0 Then                    根据转换后的值, 执行相应的代码
        Kana3Mode = StrConv(文本字符, vbHiragana)         值为正数时
    ElseIf 变换后 = 0 Then       转换为平假名
        Kana3Mode = StrConv(文本字符, vbKatakana + vbWide)      值为0时
    Else               转换为全角片假名
        Kana3Mode = StrConv(文本字符, vbKatakana + vbNarrow)
    End If             转换为半角片假名              结果为负数时
End Function
```

⊙图18 程序中设置了新的代码, 使其不仅可以转换为平假名和片假名, 还可以转换为半角片假名。当"转换后"的值为正数、0或负数时, 转换为与之相应的文字类型。当程序需要判断三种以上情形时, 需要将If与ElseIf组合使用。

⊙图19 将Kana3Mode函数公式输入到单元格, 左侧单元格的文本字符设置为参数"文本字符", -1设置为参数"变换后"的值。由于"变换后"设置为负数, "文本字符"中所有的假名被转换为半角片假名。如果设置为正数, 则转换为平假名; 设置为0, 则转换为全角片假名。

件。Kana2Mode函数中, 通过设置ElseIf, 在平假名/片假名的转换之后再加上转换为半角片假名的命令(**图18、图19**)。在这个示例中, 还将参数"变换后"的数据类型由逻辑值更换为整数, 即正整数时转换为平假名, 0时转换为片假名, 负数时转换为半角片假名。

变换变量值的同时, 重复相同的处理。

最后, 综合利用作为编程基本要素的"变量"与"条件判断"进行"重复处理", 设置处理素数的函数。

先使用IsPrime函数判断参数中引用的值是否为素数, 并返回True/False的

334

循环执行命令

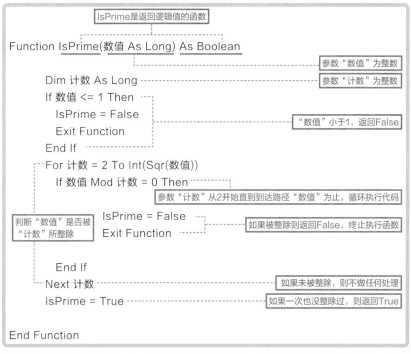

IsPrime是返回逻辑值的函数

```
Function IsPrime(数值 As Long) As Boolean
    Dim 计数 As Long
    If 数值 <= 1 Then
        IsPrime = False
        Exit Function
    End If
    For 计数 = 2 To Int(Sqr(数值))
        If 数值 Mod 计数 = 0 Then
            IsPrime = False
            Exit Function
        End If
    Next 计数
    IsPrime = True

End Function
```

参数"数值"为整数

参数"计数"为整数

"数值"小于1，返回False

参数"计数"从2开始直到到达路径"数值"为止，循环执行代码

判断"数值"是否被"计数"所整除

如果被整除则返回False，终止执行函数

如果未被整除，则不做任何处理

如果一次也没整除过，则返回True

⊙图20 从For开始设置参数，在=之后设置初始值与终止值，中间用To设置两个值的范围。参数从初始值到终止值，以1为单位递增，到达Next之前一行位置，重复执行代码命令。本例中，从2开始计算参数"数值"的平方根，舍掉其小数部分而保留整数部分并判断"数值"是否被整除。如果出现一个被整除的数值，则判断其为"不是素数，而返回False。

	A	B	C
1			
2		数值	判定结果
3		179	是素数
4			=IF（IsPrime（B3）"是
5			素数"，"不是素数"）
6			

⊙图21 将IsPrime函数公式输入到单元格，与IF函数组合使用，判断B3单元格中的数值，结果为真，则返回"是素数"；如果为假，则返回"不是素数"。

逻辑值（**图20**、**图21**）。

事先检查参数"数值"是否小于1。从For开始设置参数，在=之后设置初始值与终止值，中间用To设置两个值的范围。参数从初始值到终止值以1为单位递增，到达Next之前一行位置，循环执行代码命令。这种表示重复处理的顺

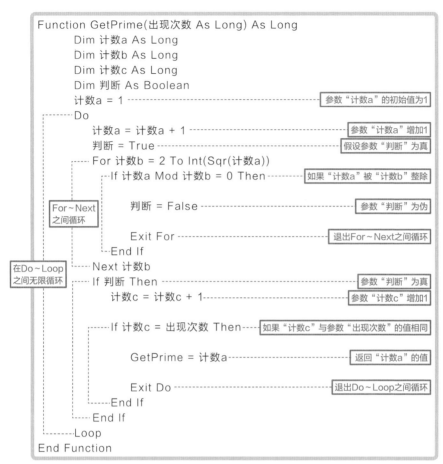

```
Function GetPrime(出现次数 As Long) As Long
        Dim 计数a As Long
        Dim 计数b As Long
        Dim 计数c As Long
        Dim 判断 As Boolean
        计数a = 1 ───────────────────────── 参数"计数a"的初始值为1
        Do
            计数a = 计数a + 1 ─────────────────── 参数"计数a"增加1
            判断 = True ─────────────────── 假设参数"判断"为真
            For 计数b = 2 To Int(Sqr(计数a))
                If 计数a Mod 计数b = 0 Then ──────── 如果"计数a"被"计数b"整除

                    判断 = False ─────────────── 参数"判断"为伪

                    Exit For ─────────────── 退出For~Next之间循环
                End If
            Next 计数b
            If 判断 Then ─────────────────────── 参数"判断"为真
                计数c = 计数c + 1 ───────────────── 参数"计数c"增加1

                If 计数c = 出现次数 Then──── 如果"计数c"与参数"出现次数"的值相同

                    GetPrime = 计数a───────────── 返回"计数a"的值

                    Exit Do ─────────────────── 退出Do~Loop之间循环
                End If
            End If
        Loop
End Function
```

其中标注：For~Next 之间循环、在Do~Loop 之间无限循环

❶**图22** 满足特定条件之前，在Do~Loop之间执行无线循环。在此期间，参数"计数a"每增加1检查一次是否为素数。如果是素数，表示其出现顺序的参数"计数c"加1。当参数"出现顺序"与计数c相等时，返回计数a的值，终止循环。

序或过程的参数被称为"计数变量"。

  本例中，初始值为2，终止值为参数"数值"的正平方根舍去小数的整数部分。用各自的"数值"除以在此期间的整数，结果一旦变成0，则被认为不是素数，将False带入函数返回值，进而执行Exit Function代码，终止函数执行。

  在所有的重复操作中，如果没有得到0，则判断为素数，返回True。

  进一步利用这个函数，设置计算按指定顺序出场的素数的GetPrime函数（**图22**）。

在本例中，将使用三个计数变量。在Do与Loop行设置无限循环，同时添加参数"计数a"，每循环一次参数递增一个单位。

同时，在开始时将参数"判断"设置为True，与IsPrime函数一样循环执行命令，判断"计数a"是否为素数。而"计数b"是这个循环中的计数参数，不是素数时，设置"判断"返回False。

"判断"为True时，则"计数a"为素数，"计数c"加1。"计数c"与参数"出现次数"相等时，"计数a"的值为GetPrime函数的返回值，终止Do～Loop之间的循环。

尽管如此，使用Do～Loop时，必须要加入能够终止循环的判断条件。或是在执行Do之后，设置能够终止循环的条件。如果没有设置这种条件，程序将无限循环地执行下去。

另外，在使用这个函数时，在参数"出现顺序"中，尽可能设置较小的数值进行测试，如**图23**所示。如果设置数值过大将会增加计算量耗费时间，可能导致电脑死机。同时，严禁使用包括小于0等不切实际的数值。

	A	B	C	D
1				
2		○序号	素数	
3		1	2	
4		4	7	
5		7	17	
6		10	29	
7		100	541	
8		=GetPrime（B3）		
9				

复制

◆**图23** 通过GetPrime函数公式，查询"第n个"列中数值所对应的素数。需要注意的是，如果将"出现顺序"设置过大，将会增加计算时间并可能会导致死机。不可以查询小于0的数值。

在Excel操作中
使用"对象"

如果将Excel的"宏"称为VBA用语的话，那么表示工作簿项目的模块则可以称之为"Sub 程序"。为了更好地理解这个程序的结构，我们可以认为与自定义函数Function 程序的含义相同，仅仅是将Sub与Function进行了位置互换。但是，与自定义函数不同的是"Sub 程序"并不返回值，通常也不设置参数。

获得对象，执行方法

在自定义程序中，针对单元格中的值进行直接的更改操作时，很多时候是无法完成的。然而，宏可以替代其完成这个任务。

在VBA中，针对单元格等的操作被表示为"对象"。单独的单元格或单元格区域是Range对象，工作簿是Worksheet对象，表格是Workbook对象。除此之

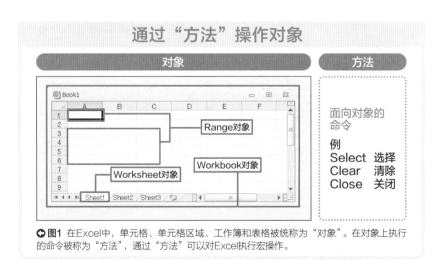

● **图1** 在Excel中，单元格、单元格区域、工作簿和表格被统称为"对象"。在对象上执行的命令被称为"方法"，通过"方法"可以对Excel执行宏操作。

外，不仅限于工作簿与表格等实质性文件，还包括单元格的填充与边框线的设置等功能性的对象。以上述对象为目标执行的"选择""清除""关闭"等操作被统称为"方法"（**图1**）。

首先从简单的操作开始，针对特定的单元格区域设置一个程序。这个程序命名为"选择标题栏"，是仅设置一行代码的Sub程序（**图2**）。

在Range后自动添加"（）"，通过设置表示引用目标单元格区域的文本字符，计算该单元格区域的Range对象。需要注意的是，所谓的Range对象是指通过计算公式"Range（'B2:E2'）"计算得到的结果，代码中的Range并不能被称为Range对象。

后文中我们将重新介绍程序中的Range的含义，但除此之外有很多能够计算Range对象的公式。例如，Selection是表示计算选定范围的Range对象的公式。

控制对象的方法设置在对象公式之后，以半角句号"."隔开。选定的单元格范围的操作以Range对象为目标，实行Select方法即可。

通过VBE，模块中生成的Sub程序在Excel中以宏的形式执行。执行宏的方式有很多，但基本方式是在"宏"界面中选择执行。

即使在不显示"开发工具"选项卡，也可以从"视图"选项卡中显示"宏"按钮（下页**图3**）。同时按下Alt+F8组合键即可打开。在"宏"对话框中，选择需要执行的宏，单击"执行"按钮（**图4**）。通过执行这个被称为"选择标题栏"的宏，选定了B2~E2单元格（**图5**）。

◐**图2** 这个宏程序被命名为"选择标题栏"，功能是选定B2:E2单元格。在Range后插入表示引用单元格的文本字符"（）"，可以获得表示该单元格范围的Range对象。以此为对象执行Select方法，完成选定单元格的操作。

在Excel中执行宏

○图3 不显示"开发工具"选项卡时也可以执行宏。从"视图"选项卡中单击"宏"按钮即可（❶❷）。或是同时按下Alt+F8组合键，也可以打开宏。

○图4 打开"宏"对话框，选择需要执行的宏（❶），单击"执行"按钮（❷）。在这个对话框中，选定目标宏后再单击"编辑"按钮，打开VBE，进入编辑所选宏的状态。

选择单元格区域

○图5 执行"选择标题栏"宏，选定B2~E2单元格。通过相同的代码，还可以选定除此之外的单元格或单元格区域。A1等不仅可以表示单元格的号码，还可以将其设置为单元格或单元格区域的"名称"。

设置对象属性值

作为VBA操作对象的方式，除了方法还可以使用属性。属性表示对象的特定值或设置（图6）。通过属性，可以查询表示对象当前状态的值并更改其状态。属性设置在对象公式之后，以半角句号"."隔开。

例如，Horizontal Alignment表示特定单元格的Range对象，其属性表示将输入到单元格中的数值设置为"水平显示"。属性的设置值中可以表示"左对齐"、"中间对齐"等各种状态。使用便于理解的常数，不仅可以轻松查询当前的设置，还可以对当前的设置进行更改。

更改属性值时，使用代入运算符=，将需要设置的值直接代入到属性中即可。本例中，Selection表示查询选定范围的Range对象，将表示"中间对齐"的常数xlCenter代入到Horizontal Alignment属性（图7）。

设置对象的"属性"

属性（对象的特性）

例

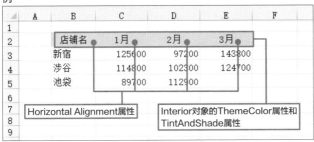

属性
值
单元格颜色
单元格行距
单元格宽度
文字位置

○图6 对象的特性可以通过属性进行查询与设置。更改属性时，会直接影响对象所在单元格的状态。

```
Sub 适用格式()
    Selection.HorizontalAlignment = xlCenter
    Selection.Interior.ThemeColor = xlThemeColorAccent1
    Selection.Interior.TintAndShade = 0.6
End Sub
```

→Selection.HorizontalAlignment = xlCenter

表示选定范围的　　　　表示单元格数据水平显示的属性　　　　表示中间对齐的常数
Range对象

○图7 表示选定范围的Range对象，Horizontal Alignment属性表示将单元格数据设置水平显示，Interior对象的ThemeColor属性表示设置单元格着色，TintAndShade属性表示设置明暗度。

　　在属性中，这个值不是数值或文本字符型的数据而是特定对象的专有特性。尽管属性可以与基本对象组合使用，但偶尔也有省略对象的属性。实际上，为了获得Range对象而使用的Range或Selection等都是省略了对象的属性。这些属性之所以能够得到返回值，完全是由于Range对象的缘故。换句话说，在VBA程序的多行代码中都省略了对象，而从返回对象的属性开始编写。

　　Range对象的Interior属性，表示对目标单元格设置着色的Interior对象。Range对象与Range属性，返回对象的属性与获得属性的对象，名称容易混淆，使用时需要注意。

　　Interior对象的ThemeColor属性，表示将填充单元格的颜色设置为"主题颜色"。TintAndShade属性，表示可以在-1～1之间设置颜色的明暗度。这个值越大颜色越亮（接近白色），越小则越暗（接近黑色）。

A	选定单元格区域后执行图7中的宏	E
1		
2	店铺名	1月	2月	3月
3	新宿	125600	97200	143800
4	涉谷	114800	102300	124700
5	池袋	89700	112900	

A	所选单元格区域被设置格式	E
1		
2	店铺名	1月	2月	3月
3	新宿	125600	97200	143800
4	涉谷	114800	102300	124700
5	池袋	89700	112900	

❶ **图8** 在选定表格标题栏的状态下，执行"适用格式"宏。这个宏将所选单元格内的文本字符在水平方向设置中间对齐，将单元格填充颜色设置为主题色，并设置"色彩1"的"白色＋基础色60%"。颜色的效果会根据Excel版本不同而有所差异。

选定单元格执行"适用格式"宏后，目标单元格区域内的数据在水平方向呈中间对齐并设置填充颜色（**图8**）。标准的主题颜色在Excel 2010以及2013之后的版本中会有所不同。另外，由于表格的设置，也可能导致主题不一致。

Value属性与Formula属性

接下来，我们将介绍一些处理单元格数据的基本方法。

查询特定单元格的值时，通过表示目标单元格的Range对象，查询其Value属性的值即可。本例中，将查询值设置为VBA的MsgBox函数的参数，弹出提示信息（**图9**）。尽管通过Value属性可以直接查询数值或文本字符，但单元格内容为公式时返回的值将是这个公式的计算结果。

向特定单元格输入数据时，可以使用Value属性。通过表示当前单元格的Range对象，将需要输入的数据通过=代入Value属性即可。代入时，如果是数值则无需处理，如果是文本字符则需使用双引号隔开（**图10**、**图11**）。

查询单元格的数据

```
Sub 显示数据()
    MsgBox Range("C3").Value
End Sub
```
表示提示信息的函数　　　　C3单元格的值

❷ **图9** MsgBox是显示指定单元格中数据的VBA函数。本例中，通过表示C3单元格的Range对象的Value属性，查询单元格中输入的值（数值、本文字符或公式的计算结果），并以提示窗口的方式显示出来。

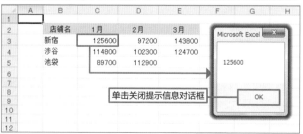

向单元格输入数据

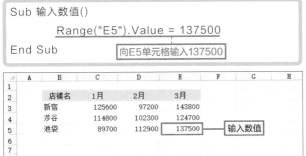

```
Sub 输入数值()
    Range("E5").Value = 137500
End Sub          向E5单元格输入137500
```

◐**图10** 执行向特定单元格中输入数据的操作时，通过ＶＢＡ，将值代入Range对象的Value属性即可。本例中，向E5单元格中输入的数值是137500。

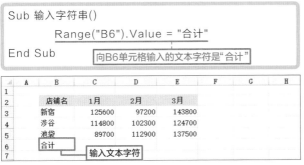

```
Sub 输入字符串()
    Range("B6").Value = "合计"
End Sub          向B6单元格输入的文本字符是"合计"
```

◐**图11** 按照同样的方式，将值代入Range对象的Value属性可以完成向单元格内输入文本字符的操作。略有不同的是在代码中可以直接代入数值，而代入文本字符时需要使用双引号隔开。本例中，向B6单元格内输入的文本字符是"合计"。

```
Sub 一次性输入公式()
    Range("C6:E6").Formula = "=SUM(C3:C5)"
End Sub      向C6~E6单元格输入的公式为"=SUM(C3:C5)"
```

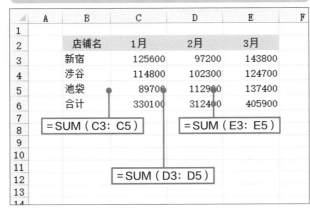

◐**图12** 尽管使用Value属性可以完成公式输入的操作，但为了更加清晰易懂，代入公式时使用Formula属性更合适。以表示单元格区域的range对象作为操作目标，向各单元格内一次性输入公式。在公式中设置相对引用，根据位置不同而自动调整。

自动获得表范围

```
Sub 设置表范围()
        Range("B2").CurrentRegion.Borders.Weight = xlThin
End Sub
```

细线 | B2单元格 | 选定独立区域 | 各单元格的四周边框 | 边框线的粗细

◯图13 使用Range对象的CurrentRegion属性，查询包括对象单元格在内的独立区域。通过Borders属性，查询表示单元格四个边框的格式设置。通过Weight属性，设置边框线粗细。

◯图14 通过Borders对象的Weight属性通过常数xlThin，将目标单元格的边框设置细实线。本例中，所谓的"独立区域"是指包括基准单元格在内的连续输入数据的长方形区域。利用这个优势，设置表的范围会非常便利。

可以输入的内容不仅仅限于数值和文本字符，也可以输入公式。使用Value属性也可以完成相同的代入操作，但为了更加清晰易懂，代入公式时使用Formula属性更合适。到目前为止，我们输入的对象都是单一的单元格，而将Range对象设置为单元格区域后，可以向区域内所有单元格中一次性完成输入。同时在公式中设置相对引用，以左上角单元格为基准，根据位置不同而自动调整（**图12**）。

当然，使用Value属性也可以向区域内所有单元格一次性完成公式输入，而本例只是为了说明方便而采用了Formula属性。

获得"表"的范围，设置边框线

接下来，我们为之前做成的表格设置边框线。尽管我们已经熟知表中单元格区域是B2~E6，但在VBA的程序中，如果没有事前确定单元格区域，通常的处理范围将会扩大到整个表。

使用Range对象的CurrentRegion属性，查询包括对象单元格在内以及连续输入数据的长方形区域。再通过Borders属性查询表示单元格四个边框格式设置的Borders对象。最后通过Weight属性设置边框线的粗细，完成边框线的设置（**图13**、**图14**）。

将公式输入到其他单元格

```
Sub 引用值()
    Range("G3").Value = Range("C6").Value
End Sub
```

G3单元格的值　　　　C6单元格的值

◐图15 将特定单元格的值输入到其他单元格时，使用Value属性引用值，再将其代入新单元格的Value属性即可。需要注意的是，如果单元格的数据为公式时，将以公式计算的结果输入到新单元格内。

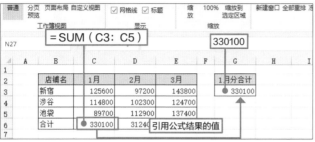

= SUM（C3：C5）　　　　330100

	A	B	C	D	E	F	G	H	I
1									
2		店铺名	1月	2月	3月		1月分合计		
3		新宿	125600	97200	143800		330100		
4		涉谷	114800	102300	124700				
5		池袋	89700	112900	137400				
6		合计	330100	31240	引用公式结果的值				
7									

```
Sub 引用公式1()
    Range("G6").Formula = Range("C6").Formula
End Sub
```

G6单元格的值　　　　C6单元格的值

◐图16 将单元格中输入的公式原封不动地引用到新单元格时，使用Formula属性代替Value属性。操作时将公式以文本字符的形式引用，即使设置了相对引用，也会根据位置的变化而自动调整。

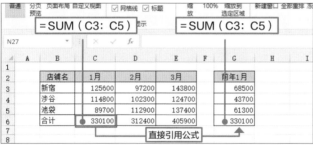

= SUM（C3：C5）　　　　= SUM（C3：C5）

	A	B	C	D	E	F	G	H	I
1									
2		店铺名	1月	2月	3月		前年1月		
3		新宿	125600	97200	143800		68500		
4		涉谷	114800	102300	124700		43700		
5		池袋	89700	112900	137400		61300		
6		合计	330100	312400	405900		330100		
7									
8				直接引用公式					

Part 4

编程（宏）

实践篇

　　到此为止，我们介绍了查询特定单元格的值和向单元格中代入值的操作。我们再进一步思考，如何将查询到的特定单元格的值直接代入到另一个单元格的操作。可以通过Range对象的Value属性查询值，再将其用=直接代入到Range对象的Value属性中（**图15**）。

　　如果查询到的单元格的值为公式时，根据Value属性将会自动转换为公式。当需要将公式原封不动地代入到另一个单元格中时，则需要将查询单元格的对象属性变更为Formula。由此可见，尽管通过代入对象的Value属性也可以进行操作，但Formula属性更加清晰易懂（**图16**）。

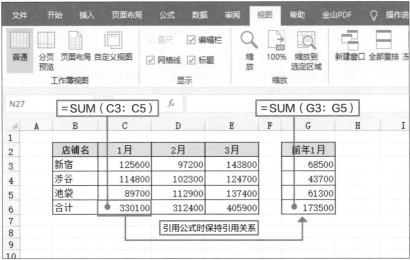

● 图17 保持原公式引用关系的同时还将其输入到新单元格,那么可以使用Formula R1C1属性代替 Formula属性进行设置。R1C1格式表示保持单元格内相对引用关系不变,而以文本字符的形式将其 引用到新的单元格。

Formula属性不仅可以将公式以文本字符的形式直接引用,还能将公式中的相对引用也原封不动地引用到新的单元格。当需要相对引用的单元格根据位置进行相应的变化时,可以使用FormulaR1C1属性(**图17**)。这个属性以R1C1的形式将单元格中的公式引用为文本字符并进行查询与设置。在R1C1格式中,两个公式单元格按照R(-2)C(1)的相对位置表示一个右侧单元格,即使向其他的单元格直接输入数据,也能够保持相对引用的位置关系不变。

通过"集合",集中处理对象

集合是指包括单元格区域在内的复数单元格或一个表格中包含的所有工作簿等相同类型的对象。集合本身也是一个对象,通过方法可以集中进行操作与设置属性。另外,设置名称与序号可以从集合中引用单个对象并且集合中的每个对象可以重复执行相同的操作。

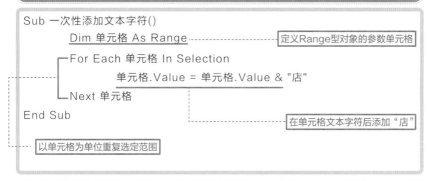

同类对象进行相同的处理

```
Sub 一次性添加文本字符()
    Dim 单元格 As Range ............... 定义Range型对象的参数单元格
    ┌ For Each 单元格 In Selection
    │      单元格.Value = 单元格.Value & "店"
    └ Next 单元格
End Sub
                                    在单元格文本字符后添加"店"
                    以单元格为单位重复选定范围
```

◐**图18** 同种类型对象被称为"集合"。表示单元格区域的Range对象是表示一个单元格的Range对象的集合。通过For Each～Next，对集合内所有的对象进行相同的操作。

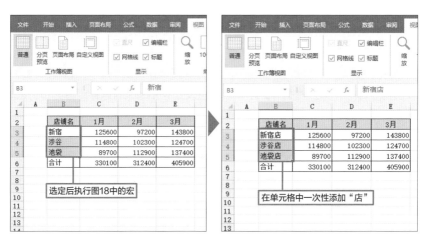

◐**图19** 选定输入"新宿"等字样的店铺名称的单元格，执行"一次性添加文本字符"宏。程序将在每个单元格中重复同样的操作，在其末尾添加"店"字。

Part 4
编程（宏）
实践篇

　　操作时，使用For Each～Next命令。为了控制每个对象的重复操作，还需设置"对象变量"。在程序中，事先通过Dim设置对象变量。此时的数据类型，可以参照Range对象的名称进行设置。

　　在本例中，使用Selection属性查询表示选定范围的Range集合，并针对其中包含代表每个单元格的Range对象进行重复操作。操作内容是首先通过Value属性查询单元格的值，再通过文本运算符&添加"店"，最后将其作为该单元格的值再次输入到单元格（**图18**）。

```
Sub 一次性变更工作簿名称()
        Dim 工作簿 As Worksheet                    定义"工作簿"是Worksheet型
    ┌── For Each 工作簿 In Worksheets              对象变量
    │       工作簿.Name = Replace(工作簿.Name, "例", "操作")
    └── Next 工作簿
    End Sub                                      将工作簿名称中含有的
                                                 "例"替换为"操作"
        在所有的工作簿中循环操作
```

⊕ 图20 将正在操作的表格包含的所有工作簿设置为Worksheets集合，其中包含的每个单独的工作簿设置为Worksheets对象。宏以Worksheets集合为执行对象对每个工作簿进行名称置换。

选择仅仅记录街道名称的店铺单元格，执行"一次性添加文本字符"宏，将每个名称后面添加"店"字（**图19**）。当所选单元格中含有公式时，将会计算公式并取得结果后再添加"店"字。同时，如果单元格中含有"假名"，执行宏后可能会丢失。

再介绍一下通过For Each ~ Next进行重复操作的示例。操作中的表格所包括的全部工作簿，根据Worksheets属性设置Worksheets集合。将其作为For Each ~ Next的对象，对表示每个工作簿的Worksheets对象进行处理。

本例中，通过Worksheet对象的Name属性查询工作簿名称。使用VBAReplace函数，将文本字符"例"替换为"操作"。并将置换后的文本字符再次设置为Worksheet对象的Name属性，即将原名称为"例1"的工作簿重新命名为"操作1"（**图20**）。

返回到Excel界面，执行"一次性变更工作簿名称"宏，将打开的表中包含的所有工作簿名称中的"例"替换为"操作"（**图21**）。即"例1"替换为"操作1"、"例2"替换为"操作2"……。

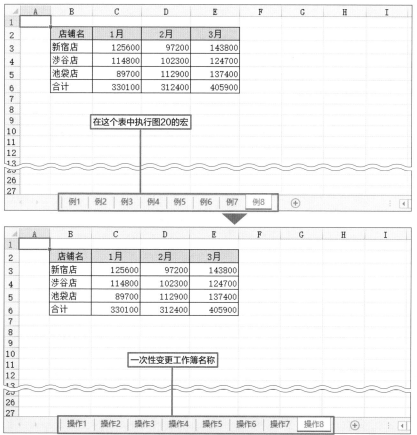

❶图21 打开需要处理的表，执行"一次性变更工作簿名称"宏。通过Worksheet对象的Name属性查询工作簿名称，使用VBAReplace函数将"操作"替换"例"重新设置Worksheet对象的Name属性。

在Excel中
实现指定内容的打印

在Word中，有一种被称为"邮件合并"的打印方式，即打印明信片或付款申请书等固定格式文件时，录入到Excel中的姓名与地址等信息面向多个收件人，自动切换打印内容的功能。

文件的格式采用的是Word格式。然而，如果付款申请书的格式是Excel或用惯了Excel的操作方式，那么通过Excel进行邮件合并，将会十分便利（**图1**）。

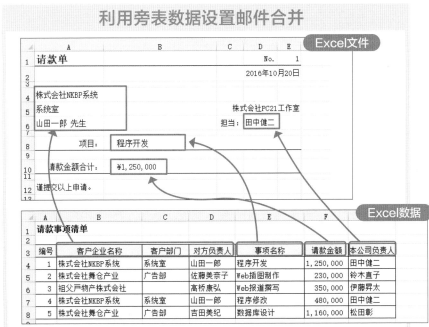

利用旁表数据设置邮件合并

⬆**图1** "邮件合并"是指使用同一份格式文件分别打印不同的内容，在打印时内容会自动切换的打印方式。通常会将Word与Excel组合使用，在本节中我们将介绍使用函数与VBA在Excel中实现邮件合并的技巧。

充分利用函数设计文件格式

虽然只通过VBA实现这个任务并非难事，但因此而编写的程序代码将会变长。这时可以利用VLOOKUP函数设置公式，使其随着输入到单元格中的序号的变更，自动切换姓名与住址等信息从而完成打印。将这个函数与VBA组合使用，设计一个相对简单的程序就能实现具有很强实用性的邮件合并功能。

为含有邮件合并信息的单元格区域设置名称（**图2**），这是为了更好地区分在其他工作簿中的付款申请书公式所引用的单元格区域。

另一方面，在"请款单"工作簿中，向需要变更内容的部分事先输入VLOOKUP函数设置的公式。在表示文本字符的公式结尾设置&" "，表示当查询对象单元格为空白时，返回值不是0而是空白单元格（**图3**）。设置"显示格式"，在姓名后面添加"先生"。

设计工作簿

○**图2** 在同一个表的不同工作簿内，分别制作付款申请书的格式和与之对应的插入付款名单表。为了方便公式引用，将付款名单的数据范围（不包含标题行）命名为"付款名单"。

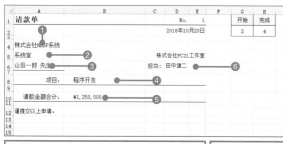

○**图3** 在与付款申请有关的数据区域内，设置查询与E1单元格序号对应数据的公式。通过VLOOKUP函数设置即可，但为了避免空白单元格，除了引用数值的B10单元格之外，仍需在结尾设置&" "。另外，为了避免打印无关信息，将付款申请区域设置为"打印区域"。

❶=VLOOKUP(E1, 付款名单,2,FALSE)&" "　　❹=VLOOKUP(E1, 付款名单,5,FALSE)&" "

❷=VLOOKUP(E1, 付款名单,3,FALSE)&" "　　❺=VLOOKUP(E1, 付款名单,6,FALSE)

❸=VLOOKUP(E1, 付款名单,4,FALSE)&" "　　❻=VLOOKUP(E1, 付款名单,7,FALSE)&" "

```
Sub 一次打印付款申请书()
        Dim 计数 As Integer                              设置"计数"为整数型变量
    ┌─For 计数 = Range("G2").Value To Range("H2").Value
    │       Range("E1").Value = 计数              将变量"计数"的值输入到 E1 单元格
    │       If Range("B8").Value <> "" Then ActiveSheet.PrintOut
    └─Next 计数      在G2单元格的值与H2      如果 B8单元格不为空，则打印活跃工作簿
End Sub                      单元格的值之间循环
```

○图4 从G2单元格的值到H2单元格的值之间，E1单元格的值每增加一次，打开的工作簿就循环打印一次。需要注意的是，在ActiveSheetPrintOut之后加半角空格，再设置"Preview：=True"表示可以不经过实际打印而确认打印预览。

同时，在"请款单"工作簿的右侧分别设置了邮件合并信息的序号，即从G2开始到H2结束。但是，并不希望这部分内容也出现在打印内容中，因此需要事先设置"请款单"工作簿的打印区域。选择目标单元格区域，从"页面布局"选项卡中单击"打印区域"按钮，从下拉列表中选择"设置打印区域"选项即可。

仅改变一个单元格的值，实现循环打印

为了使用这个格式进行邮件合并，接下来我们将解释程序代码。

在这个程序中，使用For ~ Next使计数变量"计数"在这个工作簿的G2~H2单元格的值之间变化，从而实现循环打印（**图4**）。

处理循环打印时，首先将E1单元格的值设置为变量"计数"进行变化。在工作簿的VLOOKUP函数公式中都将引用这个单元格作为参数"索引值"，因此全体"请款单"工作簿也会随其变化而更换与之相对应的打印信息。

确认完B8单元格内不是空白后，打印当前的工作簿。ActiveSheet表示将活跃的工作簿作为Worksheet对象而获得PrintOut属性，是打印目标工作簿的方法。

本例中，分别在G2和H2单元格中输入了2和4，执行"一次打印付款申请书"宏。"No."将在2、3和4之间切换，打印与之相对应的请款单（**图5**）。

然而，在程序中并没有设置PrintOut方法参数，但可以根据需要设置相应的参数，确定打印的数量与使用的打印机。同时，如果设置"Preview:=True"的

● 图5 在G2单元格（开始序号）中输入2，H2单元格（结束序号）中输入4，执行"一次打印付款申请书"宏，E1单元格（信息序号）的值将在2、3和4之间切换。根据VLOOKUP函数公式的设置，请款单的内容自动调整，并打印相关的内容。

参数，不需要实际打印就可以在打印预览中确认打印结果。

顺便介绍一下，"Preview:="表示方法参数名称，True表示实际的参数值。通过方法等使用参数名称时，可以自由设置需要的参数序号。

重新排列指定
单元格

操作篇②

从外部获得数据时，原本应该是按照项目排成数列的数据，输入到表格内时却全部合并在一列。本节中，将介绍能够按照用户的意愿保持原有顺序，将不同列数的数据排列到指定位置的宏程序（**图1**）。

将表格修改为选定的列数

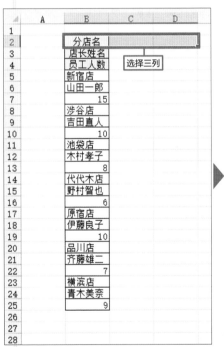

选择三列

重新排列所选内容

居然还能随意变更列数！

○**图1** 在Excel中，记录每三项的数据时，表格的格式通常是3列*数行。然而，插入从外部获得的数据时，经常会出现全部的数据排成一列的情形。通过宏，可以将这样的混乱数据按照要求排列到指定的列中。

在两个单元格之间的区域，按顺序移动单元格

介绍一下这个程序的流程。先准备两个对象变量，分别是包含原数据的单元格区域称为"原区域"和等待排列到新表而临时存放的单元格区域称为"工作区域"。从"原区域"到"工作区域"，由起始单元格开始按顺序一个一个地移动。所有单元格移动完毕后，重新查询转移表的全部范围，再移动到"原区域"的起始位置（**图2**）。

在执行这个宏的过程中，选定含有需要排列的列数和与之数量相同的单元格区域，方向不限、垂直、水平皆可。此时，所选范围的全部单元格与表范围不重合也不要紧，但活跃单元格（颜色未发生变化的单元格）必须与表的单元格重合。

表示活跃单元格的Range对象，可以通过VBA查询ActiveCell属性。之后，再通过它的CurrentRegion属性自动查询包括活跃单元格在内的表范围，设置变量"原区域"（下页**图3**）。

在指定列中重新排列

```
Sub 变换列数()
        Dim 原区域 As Range ┄┄┄
        Dim 工作区域 As Range ┄┄┄        定义"原区域"和"工作区域"为 Range 型变量
        Dim 顺 As Integer ┄┄┄┄┄┄┄┄┄┄┄┄┄┄┄┄  定义"顺"为整型变量
        Set 原区域 = ActiveCell.CurrentRegion ┄┄┄┄┄┄┄┄┄  参照图3
        Set 工作区域 = 原区域.Offset( _
            ColumnOffset:=原区域.Columns.Count). _      参照图4、图5
            Resize(RowSize:=2, ColumnSize:=Selection.Count)
      ┌For 顺 = 1 To 原区域.Count
      │        原区域(顺).Cut Destination:=工作区域(顺) ┄┄┄┄  参照图6
      └Next 顺
        工作区域.CurrentRegion.Cut Destination:=原区域(1) ┄┄  参照图7
End Sub        仅循环数据的值
```

⊕图2 查询原数据在表中的区域，将其称为"原区域"，在与其相邻的右侧，设置2行*目标列数的单元格区域作为"工作区域"。在1与原区域的单元格数值之间循环处理时，剪切各序号的单元格将其粘贴到与之相对应的序号的工作区域的单元格。当所有的单元格移动完毕后，再将整个工作区域移动到原区域的位置。

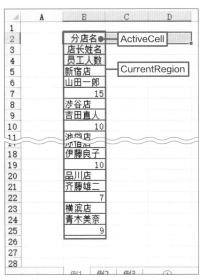

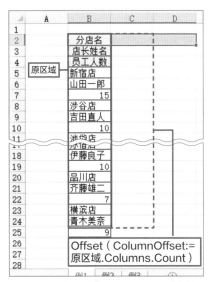

⬆ **图3** 首先使用ActiveCell属性查询表示活跃单元格（颜色未发生变化的单元格）的Range对象。再通过它的CurrentRegion属性自动查询包括活跃单元格在内的独立区域，设置对象变量"原区域"。

⬆ **图4** 通过"原区域"的Columns属性查询单元格列单位的集合，并通过其Count属性计算包含其中的列数量。将其设置为Offeset属性的参数ColumnOffset，查询向右移动的"原区域"列数所对应的单元格区域。

下一步，通过"原区域"的Columns属性重新查询"原区域"中列的单元格集合，并通过Count属性查询列的数量。通过Offset属性查询表示向右移动的"原区域"列数所对应的单元格区域的Range对象（**图4**）。再通过这个Range对象的Resize属性，以左上角单元格为基准，设置行数为2、列数为与所选范围相同的列数的单元格区域，并将这个Range对象设置为变量"工作区域"（**图5**）。

需要说明的是，在某些行的末尾设置"_"表示假设换行，而实际上可以看作是与下面行相连的同一行。

然后，通过For ~ Next将计数变量"顺"从1开始到"原区域"单元格的数量之间变化，循环执行命令。在"原区域"中，通过Cut方法剪切与"顺"的位置相对应的单元格，再使用参数Destination将其粘贴在"工作区域"中相同顺序所对应的位置。尽管"工作区域"仅设置两行，但如果序号超过该范围则自动将第3行之后的单元格设置为可移动的区域（**图6**）。

●**图5** 从原区域移动的位置开始，通过Resize属性更改区域的行数与列数。行数设置为2，列数设置为所选区域的单元格列数。将表示这个单元格区域的Range对象设置为"工作范围"的对象参数。

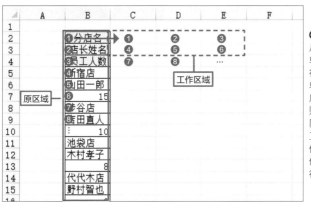

●**图6** 通过For~Next，从1开始到"原区域"的单元格数值位置循环执行命令。从原区域起始单元格开始，剪切每个序号单元格，并将其粘贴到"工作区域"中相同序号的单元格。尽管工作区域仅设置了两行，但如果数据超过这个数值，可以自动扩展到第3行之后。

●**图7** 所有单元格的移动结束后，再次查询"工作区域"活跃单元格所在位置，并向以"原区域"起始单元格（左上角）为基准的区域移动。到此为止，列的排序处理完毕。

当"原区域"的所有单元格全部移动到"工作区域"后，使用Current-Region属性重新查询全部表的范围，再次回到原区域，宏结束（**图7**）。

在这个"原区域"之后添加的"（1）"并不是"原区域"中的，而是表向起始单元格移动。因为如果目标粘贴位置是一个单元格，则将以该单元格为左上角单元格将数据粘贴到该区域中；如果目标粘贴位置是单元格区域，与原单元格范围和大小不一致时将出现错误。

将工作簿分别保存为独立的文件

操作篇③

将工作簿分别保存为独立的文件

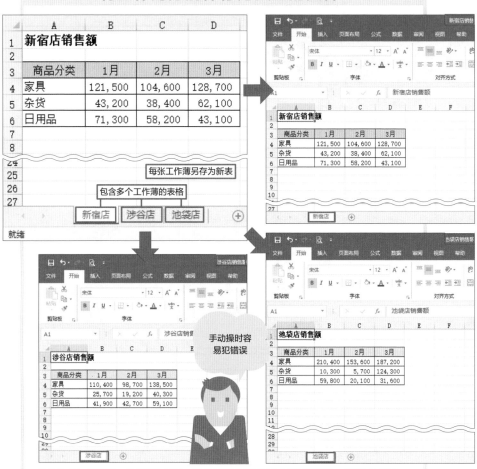

❶ **图1** 同一表格中，以分店为单位，分别在不同的工作簿中记录销售额。在实际工作中，经常需要将这些工作簿独立保存为新表，工作簿数量少时手动操作可以完成，但遇到数量庞大的工作簿时就显得十分麻烦。

将打开的表中的数个工作簿单独保存为新表（**图1**）。只有三个工作簿时手动操作即可完成，而当遇到数量庞大的工作簿时，最简便的处理方式是使用宏。

以Worksheets集合为对象，使用For Each ~ Next循环命令，对Worksheets对象执行Copy方法（**图2**）。在这个方法中，如果省略复制目标位置，将默认为复制到新表中。

复制到新表后，新表将自动打开，通过ActiveWorkbook属性查询Workbook对象，使用SaveAs方法另存为新表。这时通过表示包括正在执行宏的表ThisWorkbook属性查询Workbook对象，在Path方法下查询其保存文件夹的路径，将同一文件夹中的不同工作簿的名称设置为该工作簿A1单元格中的文本字符并保存。需要注意的是，如果A1单元格为空白单元格将返回错误。

最后，使用Close方法关闭活跃的Workbook对象，重复下一项操作。

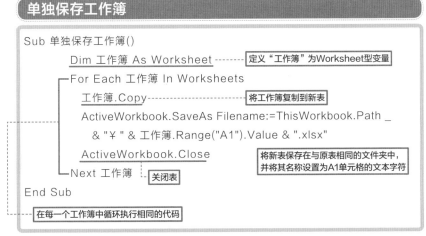

单独保存工作簿

```
Sub 单独保存工作簿()
        Dim 工作簿 As Worksheet          定义"工作簿"为Worksheet型变量
    ┌For Each 工作簿 In Worksheets
        工作簿.Copy                      将工作簿复制到新表
        ActiveWorkbook.SaveAs Filename:=ThisWorkbook.Path _
          & "¥" & 工作簿.Range("A1").Value & ".xlsx"
        ActiveWorkbook.Close             将新表保存在与原表相同的文件夹中，
    └Next 工作簿    关闭表                 并将其名称设置为A1单元格的文本字符
End Sub
        在每一个工作簿中循环执行相同的代码
```

◆ 图2 以表示打开表的全部工作簿的Worksheets为对象进行循环操作，将工作簿复制到新表。当新表处于活跃状态时，将其命名后保存在与原表相同的文件夹中，关闭表。

索引

功能与目的

索引